资助项目
山西大同大学博士科研项目（No.2010-B-12）
山西省自然科学基金（No.201701D121084）
山西省省级一流认定课程细胞生物学

细胞信号转导（上）

XIBAO XINHAO ZHUANDAO(SHANG)

王金香　著

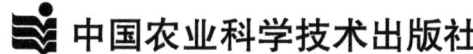
中国农业科学技术出版社

图书在版编目(CIP)数据

细胞信号转导. 上 / 王金香著. -- 北京：中国农业科学技术出版社，2025.8. -- ISBN 978-7-5116-7545-3

Ⅰ. Q735

中国国家版本馆 CIP 数据核字第 20252Z5V46 号

责任编辑　陶　莲
责任校对　王　彦
责任印制　姜义伟　王思文

出 版 者	中国农业科学技术出版社
	北京市中关村南大街 12 号　邮编：100081
电　　话	（010）82109705（编辑室）　（010）82106624（发行部）
	（010）82109709（读者服务部）
网　　址	https://castp.caas.cn
经 销 者	各地新华书店
印 刷 者	北京建宏印刷有限公司
开　　本	170 mm×240 mm　1/16
印　　张	12.25
字　　数	220 千字
版　　次	2025 年 8 月第 1 版　2025 年 8 月第 1 次印刷
定　　价	80.00 元

◁━━ 版权所有・翻印必究 ━━▷

作者简介

王金香（1971—），女，山西大同人。南京农业大学细胞生物学专业博士研究生毕业，2011—2013年山西大学生物学博士后流动站从事博士后研究工作，现为山西大同大学农学与生命科学学院教师。主要从事环境毒理和细胞生物学研究；主讲课程有《细胞生物学》《生命科学导论》《结构生物学》《医学细胞生物学》《动物生理学》等。

2017—2019年主持完成了"山西省自然科学基金"项目"镉胁迫下 p38MAPK 信号途径对河南华溪蟹 DNA 损伤调控的研究"（项目编号：201701D121084）；发表论文13篇，被 SCI 收录9篇。

前　言

细胞作为生命活动的基本结构与功能单位，时刻感知着外界环境的变化。从温度波动、营养物质浓度改变，到激素、神经递质等化学信号变化，这些外界刺激如同"指令"，需要细胞进行精准识别与响应。细胞信号转导正是细胞接收、处理外界刺激并引发相应反应的关键过程，在生命活动中具有不可替代的重要作用。当外界刺激作用于细胞时，位于细胞表面或内部的受体作为"信号接收器"，能够特异性识别这些信号。受体与刺激结合后，将激活一系列胞内信号分子。这些分子通过相互作用形成复杂的信号传递网络，并如同"信使"一般，借助磷酸化、去磷酸化等修饰作用，将信号逐级传递并放大，最终触发细胞内特定的生理反应。

细胞反应涵盖多个层面，包括基因表达改变、酶活性调节、细胞代谢调整、细胞形态改变与运动行为等。例如，在生长因子刺激下，细胞通过信号转导激活相关基因，促进增殖；当血糖浓度升高时，胰岛素作为信号分子，通过信号转导途径调控细胞内代谢通路，促进葡萄糖摄取和利用。细胞信号转导在生命活动中具有根本性意义。在个体发育过程中，它精确调控细胞分化、迁移以及组织器官形成；在维持机体稳态方面，能及时响应环境变化并调节生理功能；在免疫防御中，则介导免疫细胞对病原体的识别与应答。一旦信号转导异常，则可能导致疾病发生，如癌症中常见的信号通路过度激活，或糖尿病中的胰岛素信号转导障碍。

  本书是作者在多年细胞生物学教学实践基础上撰写而成。书中系统介绍了细胞应激反应中的信号转导机制，包括主要信号分子、核内受体介导的信号转导、细胞表面配体门控离子通道受体介导的信号转导等核心内容，旨在帮助读者理解生命活动中精准的信号转导调控是生物适应内外环境变化的基础。深入研究细胞信号转导机制，不仅有助于揭示生命活动的本质规律，更能为疾病治疗和药物研发提供关键靶点与思路。本书在撰写过程中，广泛参阅了相关教材及国内外学术文献。限于篇幅，未能逐一列出所引用的全部参考文献，谨在此一并致以诚挚谢意。

王金香

2025 年 7 月于山西大同大学

目 录

第一章 生物的应激性 ··· 1
  第一节 单细胞生物的应激反应 ·· 2
  第二节 多细胞生物的应激性 ··· 3

第二章 细胞信号转导概述 ··· 8
  第一节 细胞通信的方式 ·· 9
  第二节 信号分子 ·· 15
  第三节 受体 ·· 45
  第四节 第二信使与分子开关 ·· 54
  第五节 信号转导系统及其特性 ··· 59

第三章 细胞内受体介导的信号传递 ·· 81
  第一节 细胞内核受体及其对基因表达的调节 ·· 81
  第二节 维生素 D 促进 Ca^{2+} 吸收的信号途径 ······································· 82
  第三节 视黄酸信号通路 ·· 89
  第四节 甲状腺素信号通路 ··· 95
  第五节 性激素信号通路 ·· 100
  第六节 肾上腺皮质激素信号通路 ·· 118
  第七节 NO 信号通路 ··· 126
  第八节 CO 信号通路 ··· 131

第四章 离子通道偶联受体介导的信息传递 ··· 132
  第一节 乙酰胆碱信号通路 ··· 133
  第二节 谷氨酸信号通路 ·· 138
  第三节 γ-氨基丁酸信号通路 ·· 145
  第四节 甘氨酸信号通路 ·· 149
  第五节 5-羟色胺信号通路 ··· 153

第六节　神经感知温度的信号通路 ·················· 158
　　第七节　神经感知压力的信号通路 ·················· 166
　　第八节　声音传播中的信号通路 ···················· 172

参考文献 ·· 178

缩略语表 ·· 182

本书著者发表的学术论文 ································ 184

第一章 生物的应激性

生物环境包括生物生存的空间及其中的各种自然因素，这些因素可以直接或间接影响生物的生活和发展。生物与环境之间的关系既包括生物与非生物的关系，也包括生物与生物之间的关系。环境对生物的影响也是多方面的，包括为生物提供生存空间和资源，影响生物的生长、发育和繁殖等。例如，沙漠上的植物必须耐旱才能生存；鲫鱼生活在池塘中与水生环境相适应。生物不仅需要从外界摄取到足够生存的必需营养物质进行生命活动，同时需要趋利避害适应环境才能更好生存，否则会被淘汰。如早期地球大气中没有氧气，因此生存的微生物主要是厌氧生物，这些生物能够在缺氧环境下进行代谢活动。随着时间的推移，地球上出现了能够进行光合作用的生物如蓝细菌，蓝细菌最大的特点便是能够吸收二氧化碳，释放氧气。蓝细菌的大量繁殖直接导致了地球大气成分的变化，氧气含量逐渐增加。大量厌氧型生物因无法适应高浓度氧环境而大量死亡，少数微生物逐渐向需氧型进化，从而使得需氧微生物得以进化和发展。地球上氧气的增加对生命的发展意义巨大，具有不可替代的作用，它在消灭一些厌氧生物的同时，催生了生命从单细胞生物向多细胞生物的进化，使得生命形式进入到更高级的发展阶段，才有了今天千姿百态的生物世界。环节动物门的蚯蚓改良土壤，表现为它的活动可以使土壤疏松，排出物还可以增强土壤的肥力，肥沃的土壤更适合植物生长；植物的蒸腾作用可以增加空气湿度，降低局部环境温度，既有利于自身生存又有利于环境的稳定。可见环境影响生物的同时生物也在不断影响环境，且对环境的影响是多方面的且持续不断的。

生物的应激性是生物对外界刺激所产生的反应，生物体随环境变化（如光、温度、食物、声音、化学物质、机械运动、地心引力等）而发生的有目的相应反应的特性。应激性是一种动态反应，并在比较短的时间内完成，丧失这种特性，生命活动就随之停止。所以应激性是生物体对外界刺激快速响应的能力，维持生物个体生存所必需的基本特征。应激性表现在生物的生命过程和功能上，是适应性的生理基础，生物只有在应激性的基础上，调节自身的生命活动及生理行为，以适应环境的变化。所以，应激性的结果是使生物适应环境，是生物适应性的一种表现形式。各种生物所具有的应激性都是通过遗传积累下来的，都是由遗传性决定的。生物因为有了应激性，便能对周围的刺激信号发生反应，从而使生物体与外界环境协调一致，形成了适应性。

第一节　单细胞生物的应激反应

单细胞生物是指由一个细胞组成的生物，比如原生动物、细菌、真菌、藻类等。它们是地球上最古老、最简单、最广泛的生命形式之一，它们没有感觉器官（眼睛、耳朵、鼻子等），也没有内脏器官（心脏、肺、肝等），更没有大脑和神经系统。它们的整个身体就是一个细胞，只有一个细胞膜、一个细胞核（或者没有细胞核）和一些细胞器。那么，这样结构简单的生物靠什么结构去感知外界的变化，又怎么能对外界的不同刺激做出快速而精准的反应和决定呢？可能这些问题让你感到好奇和困惑。其实，科学家们也一直在探索这些问题并努力寻求问题的答案。他们通过一系列的实验和观察，发现了一些令人惊讶的事实既单细胞生物也能通过某些独特的方式进行学习和记忆。2018年，哈佛大学的生物学家 David Sinclair 和他的团队对单细胞生物酵母菌进行了一项有趣的实验：将酵母菌放在一个有两个出口的容器中，一个出口通向含有葡萄糖的营养液，另一个出口通向含有琥珀酸的营养液。葡萄糖是酵母菌的主要能量来源，但是过多的葡萄糖会导致酵母菌老化和死亡。琥珀酸则可以延缓酵母菌的衰老，但是不能提供足够的能量。实验结果发现，酵母菌不是随机地选择出口，而是会根据自己的年龄和状态做出不同的选择。年轻和健康的酵母菌倾向于选择葡萄糖出口，以获取更多的能量和生长；而年老和衰弱的酵母菌倾向于选择琥珀酸出口，以延长自己的寿命。这意味着，酵母菌能够感知周围的环境和自己的身体状况，并根据自己的利益做出最优化的决定。

除了酵母菌之外，还有许多其他单细胞生物也表现出了类似的"认知"能力。比如，一种叫作变形虫的原生动物，它可以通过变换自己的形状来适应不同的环境。它可以在水中游动、在泥土中钻掘、在食物上爬行、在敌人面前逃跑等等。它甚至可以通过分裂或合并来增加或减少自己的数量，根据自己的需要和目标，灵活地变换自己的策略。还有一种硫化氢细菌，它可以通过感知光线来调节自己的运动方向。它有一种特殊的色素分子叫作细菌视紫红质，视紫红质可以将光能转化为电能并驱动细菌上面的鞭毛旋转。当细菌遇到强光时，它会逆时针旋转鞭毛，从而改变运动方向；当细菌遇到弱光时，它会顺时针旋转鞭毛，从而保持运动方向。这样，细菌就可以避开对自己有害的强光区域，寻找对自己有利的弱光区域。这些实验表明，单细胞生物具有一种基本的"认知"能力，即能够处理信息并作出反应。这种能力并不依赖于大脑或神经系统，而是依赖于细胞内部的信号传导和代谢调节机制。这种机制使得细胞能够感知外界刺激，并根据内部状态，调整自己的行为。单细胞生物并不是一种无意识、无思想、无感情的机器，而是一种有着自己的目的、意愿和判断的生命体。它们虽然没有大脑，但是它们也能做出决定。

进一步实验表明单细胞生物虽然没有神经系统，但是它们也能感知和学习。它们虽然没有语言，但是它们也能沟通和合作。研究人员在实验中发现，变形虫能够通过记忆轨迹来找到食物。在实验中，将阿米巴虫放置在一个被分为两个区域的环形舞台上，一侧区域中有食物，而另一侧则没有。经过多次实验，阿米巴虫学会了在舞台上寻找食物，并且在下一次实验中，它们能够准确地走向食物所在的区域。这表明，阿米巴虫能够通过记忆轨迹来实现学习和记忆。类似的发现也出现在其他单细胞生物身上。例如，耳叶虫（*Stentor coeruleus*）能够通过感知和记忆避免遇到危险的情况。在实验中，研究人员在一只耳叶虫的一侧放置了一只蚊子，这只蚊子会通过咬耳叶虫来伤害它。在第一次实验中，耳叶虫对这种情况毫无反应，但在第二次实验中，它能够通过感知和记忆来避免遇到蚊子，保护自己不受伤害。

这些实验表明，单细胞生物能够通过学习和记忆来适应环境和增强生存能力。但是，这些生物是如何实现这一点的呢？研究人员认为，这些生物能够通过某些生物化学机制来实现学习和记忆，例如利用细胞内信号传递和分子运输。这一发现对认知科学和生物学的影响是巨大的，它们挑战了我们对学习和记忆的传统理解，同时也给了我们更广阔的视角来探索认知对生物学的研究。单细胞生物的学习和记忆机制或许可以为我们解释一些复杂生物的行为和思维过程提供一些启示。

第二节　多细胞生物的应激性

多细胞生物是一个有序而可控的细胞社会，这种社会性的维持不仅依赖于细胞的物质代谢与能量代谢，更依赖于细胞间通讯与信号调控，从而协调细胞的行为，诸如细胞生长、分裂、分化、凋亡及其他各种生理功能。多细胞生物从腔肠动物开始出现神经系统，但它的神经系统是动物界中最简单、最原始的类型，其神经细胞彼此以神经突起相连而成网状，仅仅在外胚层有1个神经网，所以被称为神经网。这种神经系统没有神经中枢，神经冲动的传导通常是不定向的，而且神经冲动的传导速度相对较慢，因此也被称为扩散神经系统。

水螅是腔肠动物的典型代表，它的神经细胞与内外胚层中的感觉细胞、皮肌细胞相连，对外界的各种刺激产生有效的反应。水螅的触手十分敏感，上面生有成组的被称为刺丝囊的刺细胞，刺细胞是一种攻击和防卫性细胞，如果触手碰到可以吃的东西，末端带毒的细线就会从刺丝囊中伸出，刺入猎物体内，麻痹或杀死猎物。这表明它们的神经系统能够对外界刺激做出反应，但这种反应是比较简单的应激反应。如，当身体的某一部分感受到刺激时，信号会通过神经网络传递到其他部位，导致整个身体产生收缩。

珊瑚虫也是一种腔肠动物，珊瑚群体以出芽方式增殖自我，由于石灰质骨骼堆积、相连，于是就形成珊瑚礁。在造礁珊瑚迎浪一面多是呈块状或扁平状的脑珊瑚，在背风一面则是多呈细分枝状的鹿角珊瑚。珊瑚礁生态系统中，不同类型的珊瑚分布的位置往往与环境条件密切相关。具体来说，珊瑚礁的背风面和迎风面由于受到海流、波浪、营养成分等自然因素的影响不同，导致了不同种类的珊瑚分布。迎风面通常受到较强的海流和波浪冲击，海浪中携带大量的营养物质，这种环境条件适合脑珊瑚（*Faviidae* spp.）生长。脑珊瑚结构较为坚固、适应性强，并且脑珊瑚通过无性繁殖（如断枝再生）和有性繁殖（释放精子和卵子）两种方式迅速繁殖，生长速度较快，能够迅速占据空间，承受较强的水流和波浪冲击。背风面则相对平静，受到的海流和波浪冲击较小，这种环境条件更适合鹿角珊瑚（*Acropora* spp.）生长。鹿角珊瑚生长速度较慢，能够在较为稳定的环境中长期生存。背风面由于较少受到波浪冲击，水体较为清澈，但光照强度可能较低，鹿角珊瑚能够适应这种低光环境。可见，珊瑚礁背风面和迎风面的不同环境条件影响珊瑚生长和繁殖，导致了脑珊瑚和鹿角珊瑚的分布差异。

扁形动物的神经系统比腔肠动物有显著的进步，表现在神经细胞逐渐向前集中，形成脑及从"脑"向后分出若干纵神经索（Longitudinal nerve cord），在纵神经索之间有横神经（Transverse commisure）相连如梯形，故称梯式神经系统。脑与神经索都有神经纤维与身体各部分联系。这种神经系统虽比腔肠动物的网状神经系统高级，但它仍是原始的，因为神经细胞不完全集中于"脑"，也分散在神经索中。这种梯形神经系统使得扁形动物能够更有效地处理和传递信息，从而提高了它们的感应能力和运动效率。例如，当环境发生变化或者受到外界刺激时，扁形动物能够通过这种简单的神经系统迅速作出反应，如收缩身体或改变运动方向等。这种应激性行为对于扁形动物的生存具有重要意义，可以帮助它们躲避捕食者、寻找食物以及适应环境变化。然而，由于扁形动物大多为寄生生物，其运动能力并没有得到显著进化，因此其应激性行为也相对简单和有限。

环节动物是一类具有分节身体的无脊椎动物,在扁形动物梯状神经系统的基础上向腹部集中,形成了腹神经索。每一体节都有神经节,形成一条贯穿全身的链状神经索,它有利于动物对刺激做出正确感受和反应。环节动物包括蚯蚓、水蛭和许多海洋生物,这些动物在面对环境压力或威胁,如温度、湿度、光照和污染物等环境因素的变化及人类活动,如挖掘、污染和捕捞时,都可能引发环节动物的应激反应。当环节动物感受到威胁时,它们可能会迅速逃离危险区域,例如,蚯蚓在受到惊吓时会迅速钻入土壤中。一些环节动物在遇到刺激时,可能会收缩身体,减少暴露面积,以保护自己。某些海洋环节动物可能会通过改变体色来伪装自己,从而避免捕食者的注意;还有一些在应激状态下会分泌大量黏液,这不仅可以帮助它们逃脱,还可以形成一层保护膜,防止外界有害物质的侵入。在持续的应激状态下,环节动物可能会减少活动量,以节省能量并降低被发现的风险。环节动物在面对环境压力或威胁时,可能会表现出逃避、身体收缩、颜色变化、分泌黏液和减少活动等行为。这些行为有助于它们应对环境中的不利因素,提高生存概率。

节肢动物种类繁多,生活环境多样,其神经系统能够适应不同的生存需求。比如,昆虫通过其神经系统对环境中的各种刺激做出反应,如寻找食物、躲避天敌、寻找适宜的繁殖场所等,从而在各种生态环境中生存繁衍。节肢动物门中的昆虫具有发达的链状神经和由3对神经节愈合的实心"脑",更有敏锐的感觉器官,如触角、复眼、单眼、味觉器官等,能够感知光、温度、湿度、气味等多种环境因子,还能感知重力、磁场等物理因素,以及同种或异种生物释放的化学信号,这些感觉信息通过感觉器官传递给中枢神经系统进行处理。中枢神经系统对接收的信息进行整合处理后,控制昆虫的运动和各种行为,例如昆虫的飞行、爬行、觅食、繁殖等行为都受神经系统的调控。乙酰胆碱(ACh)在昆虫神经肌肉接头处作为兴奋性神经递质,由运动神经末梢释放,与肌肉细胞上的 ACh 受体结合引起肌肉收缩;γ-氨基丁酸(GABA)是抑制性神经递质,广泛分布于昆虫神经系统中,通过与 GABA 受体结合抑制神经元活动;谷氨酸(Glu)在昆虫中枢神经系统中作为兴奋性神经递质,参与多种生理功能的调节,如学习、记忆等。链状神经系统能够协调节肢动物身体各部分的活动,使身体各部分之间能够相互配合,实现复杂的运动行为。例如,在蜘蛛织网、螃蟹行走等行为中,神经系统协调不同体节的肌肉运动,确保动作的准确性和流畅性,适应多样化的生存环境。昆虫应激反应涉及多种生理机制,如神经内分泌系统的调节、代谢途径的变化等。这些机制共同作用使昆虫能够迅速应对外部环境变化。

脊索动物神经系统都相当发达,已分为中枢神经系统和周围神经系统,这是为了适应复杂的生存环境和行为需求。动物在遭遇应激原时，会通过中枢神经系统识别刺激，并启动一系列生物学反应进行防御。这些反应包括行为反应、植物性神经系统反应、神经内分泌系统反应以及免疫系统的反应。应激反应中研究最多的是神经内分泌系统，其所分泌的激素对机体的影响是长期的、广泛的，是应激改变机体生物学功能的主要通路。应激反应主要是机体的神经、内分泌等系统对内外环境刺激的系统性反馈，以此来使机体重新达到平衡状态，对生物的生存具有十分重要的意义。

脊索动物的应激反应涉及多个方面的神经调节机制。

中枢神经系统的反应与调节：中枢神经系统是应激反应的调控中心。下丘脑是维持机体稳定的关键部位，而下丘脑-垂体系统是神经系统的核心。当机体受到脑缺血等应激原刺激时，损伤区可能有白细胞和炎症因子浸润，导致INF-α、IL-6、IL-1、IL-2、TNF等细胞因子大量产生，进而导致下丘脑促肾上腺皮质激素释放激素（CRH）神经元、促甲状腺素释放激素（TRH）神经元、促性腺激素释放激素（GnRH）神经元、下丘脑皮质激素释放激素（CRH）神经元、促甲状腺素释放激素（TRH）神经元产生相应的变化。

外周神经系统的反应与调节：应激发生时，神经系统的反应也可以由自主神经系统控制，调节内分泌激素的分泌，从而影响全身。有研究发现，神经末梢在内毒素和某些炎症介质的直接刺激下，能合成并迅速释放降钙素基因相关肽（CGRP），参与调节活动。

蓝斑-交感-肾上腺髓质系统：蓝斑及其相关的去甲肾上腺素能在神经元应激时经去甲肾上腺能神经元广泛的纤维上传至杏仁体、边缘皮质、新皮质导致去甲肾上腺素（NA）释放，引起相应的情绪反应；一直到脊髓的外侧角，它调节交感神经和肾上腺髓质的兴奋，然后引起血浆肾上腺素和去甲肾上腺素浓度的迅速升高，调节机体对应激的急性反应，并介导一系列代谢和心血管代偿机制，克服应激源对内环境的损害，如调节心律、外周血管阻力和抑制胰岛素分泌刺激胰高血糖素的分泌。

下丘脑-垂体-肾上腺轴（HPA轴）：下丘脑室旁核（VPN）可以合成并分泌抗利尿激素和促肾上腺皮质激素释放激素（CRF/CRH）。HPA轴是应激反应中最重要的内分泌系统之一，它通过分泌促肾上腺皮质激素（ACTH）和糖皮质激素（GC）来调节机体对应激的反应。

脊索动物的应激反应是一个复杂的生理过程，涉及中枢神经系统、外周神经系统以及内分泌系统的相互作用和调节。这些神经调节机制共同作用，帮助动物应对环境中的压力和挑战，维持机体的稳定和生存。应激反应和信号转导是紧密相关的，应激反应中的神经内分泌反应，如交感神经兴奋和垂体-肾上腺皮质分泌增多，实际上就是一种信号转导过程。这些反应通过特定的信号分子和受体相互作用，启动了一系列的级联放大反应，最终导致机体对应激原的适应性反应。例如，肾上腺皮质分泌的糖皮质激素就是一种重要的信号分子，它通过与其受体结合，调控基因表达，从而影响机体的代谢和免疫功能。

生物应激性是生物对外界刺激作出规律性反应的特性，是生物维持生存、适应环境变化的重要保障。这一特性广泛存在于从单细胞生物到高等动植物的各个生命层次，其意义深远且关键，信号转导在生物应激性中发挥着核心作用。当生物感受到外界刺激，如物理、化学或生物因素时，细胞表面或细胞内的受体首先识别刺激信号，形成"第一信使"。随后，细胞内启动复杂的信号转导通路，通过一系列信号分子的激活与传递，将外界信号转化为细胞内可以"理解"的指令。例如，当血糖浓度升高时，胰岛素作为信号分子，经信号转导调节细胞内代谢通路，促进葡萄糖摄取和利用；在动物面对寒冷刺激时，下丘脑感知温度变化，通过神经-体液调节，经信号转导促使甲状腺分泌甲状腺激素，提高细胞代谢速率，增加产热。信号转导不仅能够放大初始信号，确保细胞做出足够强度的反应，还能整合多种信号，使生物的应激反应更精准、协调，从而在复杂多变的环境中维持内环境稳定，实现生长、发育、繁殖等生命活动。生物应激性与信号转导紧密相连，共同构筑起生命适应环境的坚固防线。

第二章 细胞信号转导概述

细胞通讯（Cell communication）是指一个细胞（信号细胞）发出的信息通过介质（信号分子，又称配体）传递到另一个细胞（靶细胞）并与其相应的受体相互作用，然后通过细胞信号转导在靶细胞内产生一系列生理生化变化，最终表现为靶细胞整体的生物学效应的过程。细胞信号转导（Cell signal transduction）是指细胞（靶细胞）通过受体（细胞膜上或胞内受体）感受细胞外因子（信息分子）的刺激，经细胞内信号转导系统转换，引发细胞内的一系列生物化学反应以及蛋白间相互作用，细胞生理反应所需基因表达、各种生物学效应形成的过程（图2-1）。水溶性信息分子及前列腺素类（脂溶性）必须首先与胞膜受体结合，启动细胞内信号转导的级联反应，将细胞外的信号跨膜转导至胞内；脂溶性信息分子可进入胞内，与胞浆或核内受体结合，通过改变靶基因的转录活性，诱发细胞特定的应答反应。

通过胞外信号所介导的细胞通讯通常涉及如下步骤：①信号细胞合成并释放信号分子；②转运信号分子至靶细胞；③信号分子与靶细胞表面受体特异性结合并导致受体激活；④活化受体启动靶细胞内一种或多种信号转导途径；⑤引发细胞代谢、功能或基因表达的改变；⑥信号的解除并导致细胞反应终止（翟中和等，2011）。

多细胞生物所处的环境无时无刻不在变化，机体功能上的协调统一要求有一个完善的细胞间相互识别、相互反应和相互作用的细胞通讯机制。在这一系统中，细胞或者识别与之相接触的细胞，或者识别周围环境中存在的各种信号（来自周围或远距离的细胞），并将其转变为细胞内各种分子功能上的变化，从而改变细胞内的某些代谢过程，影响细胞的生长速度，甚至诱导细胞的死亡。信号转导是细胞针对外源性信号所发生的各种分子活性的变化，以及将这种变化依次传递至效应分子，以改变细胞功能的过程，其最终目的是使机体在整体上对外界环境的变化做出最为适宜的反应。在物质代谢调节中往往涉及神经-内分泌系统对代谢途径在整体水平上的调节，其实质就是机体内一部分细

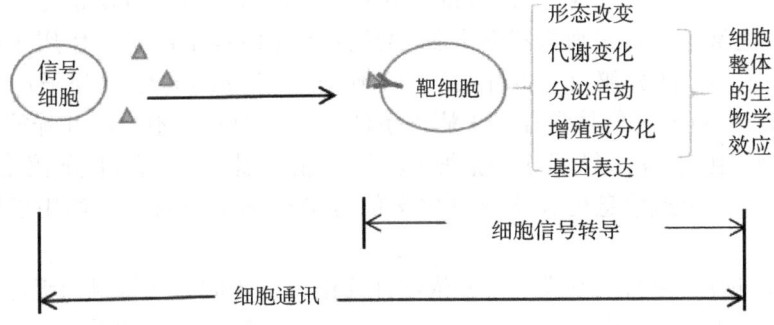

图 2-1 细胞通讯与细胞信号转导

胞发出信号，另一部分细胞接收信号并将其转变为细胞功能上的变化的过程。由此可见，细胞信号转导是实现细胞间通讯的关键过程，它是协调多细胞生物细胞间功能，控制细胞的生长和分裂，组织发生与形态建成所必需的，也是细胞感知并应对外界环境刺激而进行生理学反应的基础。细胞内信号通路在演化上是高度保守的，现已知道，细胞内存在着多种信号转导方式和途径，各种方式和途径间又有多个层次的交叉调控，是细胞信号转导一个十分复杂的网络系统。

第一节　细胞通信的方式

细胞通讯可概括为 3 种方式：①细胞通过分泌化学信号进行细胞间通讯，这是多细胞生物普遍采用的通讯方式；②细胞间接触依赖性通讯（Contact-dependent signaling），细胞之间直接接触，通过信号细胞跨膜信号分子（配体）与相邻靶细胞表面受体相互作用，引发信号传递；③动物相邻细胞间形成间隙连接（Gap junction）、植物细胞间通过胞间连丝（Plasmodesma）使细胞间相互沟通，通过交换小分子来实现代谢偶联或电偶联，从而实现功能调控（翟中和等，2011）。

细胞分泌化学信号可长距离或短距离发挥作用，其作用方式分为：①旁分泌（Paracrine），细胞通过分泌局部化学介质（如生长因子、局部介质）到细胞外液中，经过局部扩散短距离作用于邻近靶细胞（图 2-2A）。②通过化学突触传递神经信号（图 2-2B），当神经元接受刺激后，神经信号以动作电位的形式沿轴突快速（100 m/s）传递至神经末梢，刺激突触前化学信号（神经递质或神经肽）的分泌，化学信号通过扩散经过突触间隙到达突触后膜，再通过后膜上配体门控通道将化学信号转换回电信号，实现电信号-化学信号-电信号的快速转导。③内分泌（Endocrine），由内分泌细胞分泌信号分子（如激素）到血液中，通过血液循环长距离运送到体内各个部位，作用于靶细胞（图2-2C）。④自分泌（Autocrine），细胞对自身分泌的信号分子产生反应（图2-2D）。自分泌信号常存在于病理条件下，如肿瘤细胞合成并释放生长因子刺激细胞自身，导致肿瘤细胞的增殖。此外，通过分泌信息素（Pheromone）传递信息也属于通过化学信号进行细胞间通讯，作用于同类的其他个体。

细胞间另一种通讯方式是接触依赖性通讯，细胞间直接接触而无需信号分子的释放，通过信号细胞质膜上的信号分子与靶细胞质膜上的受体分子相互作用来介导细胞间的通讯（图2-2E）。这种通讯方式包括细胞-细胞黏着、细胞-基质黏着，这种接触依赖性通讯在胚胎发育过程中对组织内相邻细胞的分化命运具有决定性影响。在胚胎发育过程中，胚胎上皮细胞层将发育成神经组织。最初相邻的上皮细胞是彼此相同的，但在发育过程中，某些单个上皮细胞通过独立分化成为神经元，而与其相邻的周边细胞则受到抑制保持非神经细胞状态。这是因为预分化形成神经元的细胞通过膜结合的抑制性信号分子（Delta）与其相接触的周边细胞的膜受体（Notch受体）相互作用，Notch受

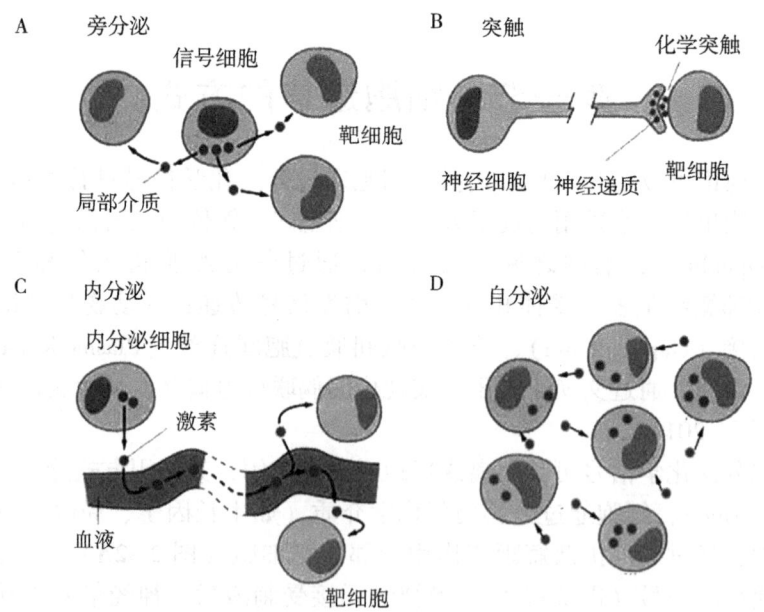

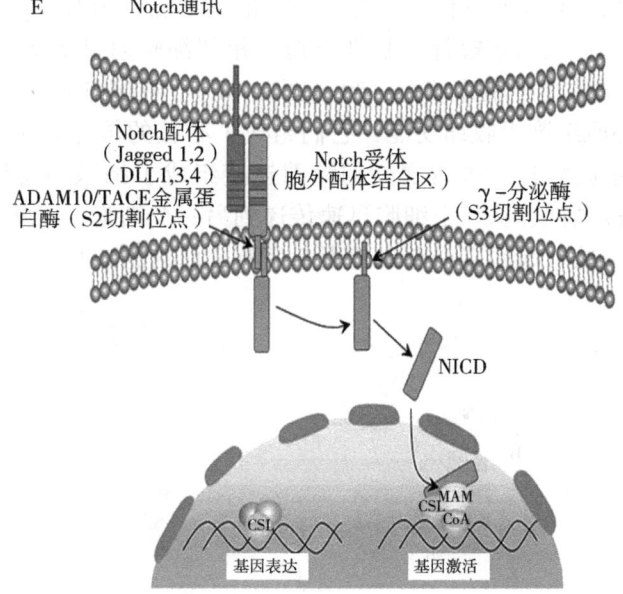

图 2-2　细胞分泌化学信号进行信息传递和接触依赖性通讯（Notch 信号通路）

体经过两次水解后，产物 NICD 与转录因子 CSL 等形成转录复合物激活下游靶基因，阻止它们也分化为神经元。控制这一过程的信号是通过细胞间接触而传递的，这类膜表面的信号分子与受体基本类似，它们所介导的信号转导机制也基本相同。在接触依赖性通讯缺陷的突变体中，有些细胞类型（如神经元）会过量发生。

动物细胞间的间隙连接或植物细胞间的胞间连丝同属通讯连接。间隙连接的基本结构单位是连接子（Connexon），每个连接子由 6 个相同或相似的间隙连接蛋白（Connexin）呈环状排列而成，中央形成一个直径约 1.5 nm 的亲水性通道。相邻细胞质膜上的两个连接子对接便形成完整的间隙连接结构。间隙连接处相邻细胞质膜间的间隙为 2~3 nm，因而间隙连接也称缝隙连接（图 2-3A 至图 2-3D）。间隙连接蛋白的一级结构比较保守，其氨基酸序列具有相似的亲水性与疏水性分布，所有间隙连接蛋白都具有 4 个保守的 α 螺旋跨膜区（图 2-3C）。平滑肌细胞相邻两细胞通过缝隙连接形成连续的结构，使它们能同时被激活并对刺激做出相同的反应，这对平滑肌完成其生理功能是至关重要的（图 2-3F，图 2-3G）。假设不存在这种连接形式，一个区域平滑肌的收缩必然简单地牵张另一区域，而不会使压力在一定的范围内减少或增加。在平滑肌之间存在的缝隙连接形成了细胞间的低阻通路，动作电位可从一个细胞直接传至另一个细胞，它还允许低相对分子质量的化学复合物通过，因此也可进行化学信号通讯。心肌细胞较骨骼肌纤维短，相邻细胞通过形成的闰盘（Intercalated disks）结构将细胞连接在一起（图 2-3E）。在闰盘附近存在缝隙连接，大约有 1%的心肌细胞无收缩功能，它们组成了心脏的传导系统，通过缝隙连接与其他心肌细胞相连。闰盘之间的缝隙连接组成了细胞间通讯的高电导通路，使信号通过电耦合从一个细胞迅速传递到另一个细胞。因此，心肌作为一个合胞体，在一处引起的兴奋会迅速引起所有心肌细胞的收缩（图 2-3）。

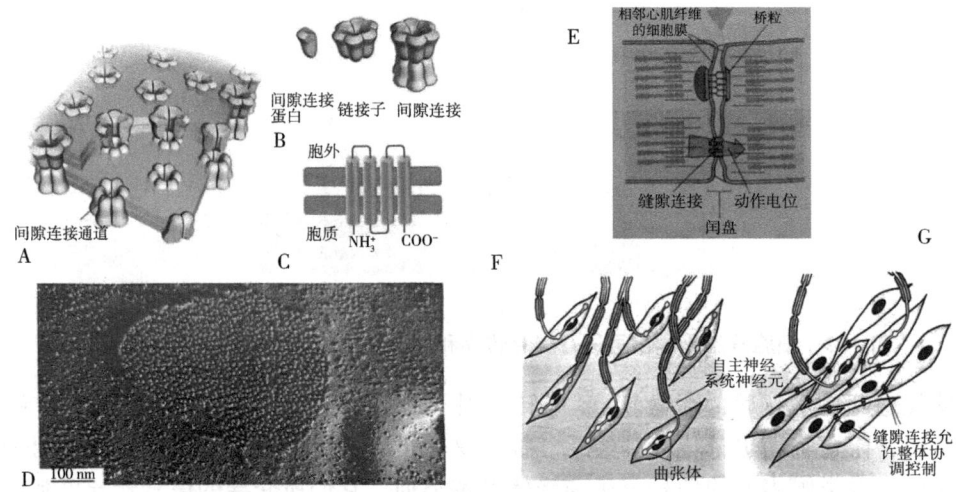

图 2-3　间隙连接

（图片来源：A-D，翟中和等，2011；E-G，左明雪，2019）

A：间隙连接结构示意图。B：间隙连接的蛋白组成。C：4 次跨膜的间隙连接蛋白结构示意图。D：豚鼠上皮细胞冷冻蚀刻电镜照片显示间隙连接成片分布区域。E：心肌细胞闰盘间缝隙连接。F，G：平滑肌细胞间缝隙连接（F. 每个平滑肌细胞都能接受各自的突触输入，这种细胞间相互分离的连接方式可对细胞收缩实现精细的调控；G. 只有少数平滑肌细胞能收到直接的突触输入，细胞通过缝隙连接方式形成独立的类似"单个"结构单位，这种连接方式可实现许多细胞的协同活动）。

化学突触（Chemical synapse）与电突触（Electrical synapse）都是神经元之间重要的通讯方式，并且在不同的生理过程中发挥着关键作用。电突触是一种类型的神经元连接方式，常见于低等脊椎动物和无脊椎动物，在哺乳动物中枢神经系统和视网膜中也有分布。两层神经元膜紧密接触，间隙仅 2~3 nm，膜间存在允许离子通过的通道蛋白，形成低电阻通路。在这种突触中，神经冲动可以直接通过连接的离子通道从一个神经元传递到另一个神经元，而不涉及化学递质的释放，传递过程几乎无延搁（<0.1 ms），且具有双向性。相比于化学突触，电突触信号传导速度更快，传导距离短且信号传导有一定的阻塞性，即信号的传递可能会受到某些因素（如电解质等）的影响。电突触在快速同步神经元活动方面非常有效，而化学突触则提供了更复杂和多样化的信号传递模式。化学突触是神经元之间或神经元与其他细胞（如肌肉或腺体细胞）之间通过突触前神经元末梢释放特定的化学物质（神经递质）来传递信息，这些神经递质会作用于突触后神经元的受体，从而影响其电活动。化学突触信号传导速度较慢、传导距离较长、信号传导没有阻塞性，信号可以有效地从突触前神经元传递到突触后神经元（图2-4）。

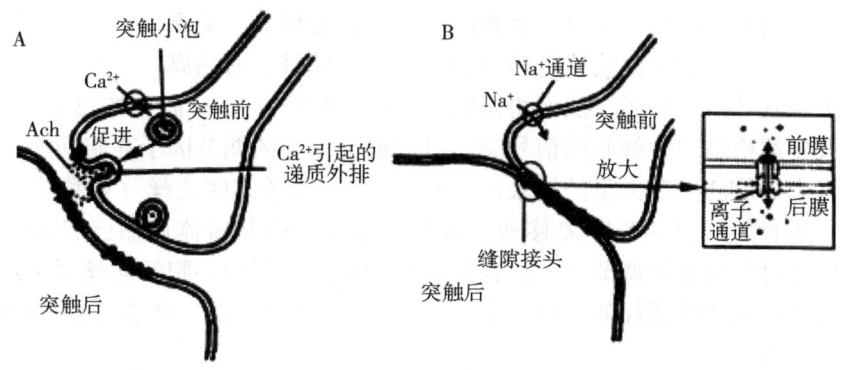

图2-4 化学突触（A）与电突触（B）

A：化学突触，突触前膜细胞释放神经递质Ach，与突触后膜Ach受体结合后引起突触后细胞膜电位变化，激活或抑制突触后细胞兴奋的传递；B：电突触，相邻细胞通过缝隙连接相通，当一个细胞发生冲动，带电离子沿离子通道转运到突触后膜，引发另一个细胞电位变化。

化学性突触依靠特殊化学物质作为传递信息的媒介来影响突触后神经元，而电突触的信息传递是通过神经膜间的缝管连接实现电信号直接传递，不需要神经递质来介导。化学性突触的传递方向通常是单向的，而电突触是电信号直接传递，信息传递通常具有双向性，因而突触前和突触后的划分在电突触中不是绝对的。化学性突触的传递速度相对较慢，因为需要时间来释放和结合神经递质，而电突触的传递速度较快，因为是电信号直接传递。化学突触更适应高级神经系统的活动，而电突触在低等脊椎动物和无脊椎动物体内较为常见（表2-1）。

表 2-1　化学突触与电突触比较

特点	化学突触	电突触
信号传导方式	通过神经递质的释放和受体作用	通过缝隙连接直接传递电信号
传导速度	较慢（毫秒级别）	很快（微秒级别）
传导距离	较长（1~2 mm）	较短（1~2 μm）
传导方向	单向	双向
阻塞性	无	有

胞间连丝（Plasmodesmata，PD）是植物细胞特有的结构，几乎存在于植物体的所有细胞中。它贯穿细胞壁，将相邻细胞的原生质体连接，形成物质运输和信息传递的通道。胞间连丝允许水、离子、糖类、氨基酸和其他小分子物质在细胞间自由流动，这对于植物的整体生长和代谢至关重要。另外，通过胞间连丝，植物细胞可以快速传递电信号和化学信号，如钙离子浓度的变化、植物激素和其他信号分子，从而协调整个植株的响应（Li et al.，2023）。

大多数植物中，细胞间信号交流可以通过移动的调节因子在胞间连丝的通道转移。目前已发现大量的转录因子和小 RNA 通过胞间连丝（被称为共质体途径）进行短距离或长距离移动。这种信号分子的共质体运输已成为很多发育和生理过程的重要调节方式。在许多植物细胞类型中，胞间连丝周围的胼胝质累积是控制其通透性的关键步骤（图 2-5）。胼胝质是一种 β-1,3 糖苷键构

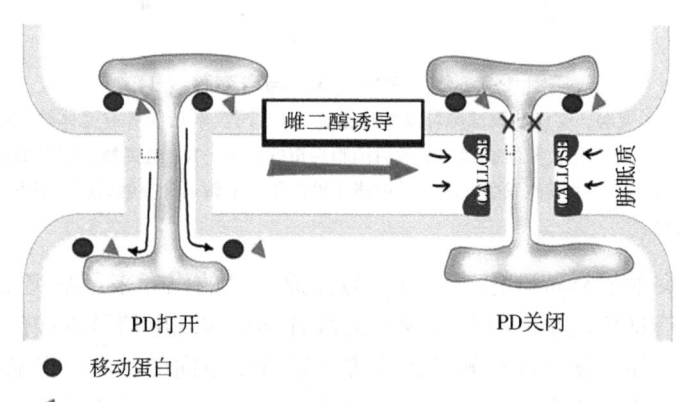

图 2-5　胼胝质对 PD 通透性的调节

（图片来源：Li et al.，2023）

侧翼胼胝质沉积对 PD 孔径调节的示意图。诱导胼胝质累积关闭 PD 的通透性，阻断了转录因子和小分子 RNA 的细胞间移动。

成的多糖，可以合成后被运输到胞间连丝的颈部，可以有效地减小胞间连丝的孔径，从而抑制细胞间的交流。而植物在收到生物和非生物逆境胁迫时，也往往通过胼胝质累积切断受影响部位细胞间的联系通道，与其他响应机制一起，共同提高植物逆境耐受能力（Li et al.，2023）。

第二节　信号分子

信号分子（Signal molecule）是细胞的信息载体，种类繁多，包括化学信号诸如各类激素（Hormone）、局部介质（Local mediator）和神经递质（Neurotransmitter）等，以及物理信号诸如声、光、电和温度变化、压力等。各种化学信号根据其化学性质通常可分为3类：①气体性信号分子（Gaseous signal molecule），包括 NO、CO、H_2S 等，可以自由扩散，进入细胞直接激活效应酶（如鸟苷酸环化酶）产生第二信使 cGMP，参与体内众多的生理过程，影响细胞行为。②疏水性信号分子，主要是甲状腺素和甾类激素（亲脂性小分子，化学基本结构为甾体环，分为孕甾、雌甾、雄甾，属于固醇类物质），是血液中长效信号（Long lasting signal），这类亲脂性分子小且疏水性强，可穿过细胞质膜进入细胞，与细胞内核受体（Nuclear receptor，NR）结合形成激素—受体复合物，调节基因表达。③亲水性信号分子，包括神经递质、局部介质和大多数蛋白类激素，它们不能透过靶细胞质膜，只能通过与靶细胞表面受体结合，经信号转换机制，在细胞内产生第二信使或激活蛋白激酶或蛋白磷酸酶的活性，引起细胞的应答反应。

一、激素

激素是由内分泌器官（或细胞）分泌的化学物质，直接进入血液、随着血液循环到达身体各个部分，在一定的器官或组织中发生作用，从而协调动物机体新陈代谢、生长、发育、生殖及其他生理机能，使这些机能得到兴奋或抑制，使它们的活动加快或减慢（表2-2）。促胰液素是人们发现的第一种激素，激素在血液中含量很低，但却能产生显著生理效应，这是由于激素的作用被逐级放大的结果。激素具有特异性，它有选择性地作用于靶器官、靶腺体或靶细胞。激素既不组成细胞结构，又不提供能量，也不起催化作用，只是使靶细胞原有的生理活动发生变化，对靶细胞代谢起调节作用。

表 2-2　人体主要激素

激素名称	产生激素的内分泌名称	本质	受体	激素的主要生理作用
促甲状腺激素释放激素	下丘脑	多肽（3肽）	G蛋白偶联受体（GPCR/Gs）	促进垂体分泌促甲状腺激素
促性腺激素释放激素	下丘脑	多肽（10肽）	G蛋白偶联受体（GPCR/Gq）	促进垂体分泌促性腺激素
促肾上腺激素释放激素	下丘脑	多肽（41肽）	G蛋白偶联受体（GPCR）	促进垂体分泌促肾上腺激素
抗利尿激素	下丘脑	多肽（9肽）	G蛋白偶联受体（GPCR）	促进垂体分泌增加肾小管和集合管对水的通透性，促进重吸收，使尿液浓缩，尿量减少
生长激素	垂体	蛋白质	与酪氨酸蛋白激酶偶联受体	促进生长、主要是促进蛋白质的合成与骨的生长
促甲状腺激素	垂体	多肽	G蛋白偶联受体（GPCR）	促进甲状腺的生长发育，调节甲状腺激素的合成和分泌
促性腺激素	垂体	多肽	G蛋白偶联受体（GPCR）	促进性腺的生长发育，调节性激素的合成与分泌等
促肾上腺皮质激素	垂体	多肽（41肽）	G蛋白偶联受体（GPCR/Gs）	ACTH通过膜受体-cAMP-PKA通路核心机制，实现肾上腺皮质激素的合成调控，并整合昼夜节律、应激反应及结构维持等多重功能。其作用涉及HPA轴动态平衡，对代谢、免疫及心血管系统具有广泛影响
催产素	垂体	多肽（9肽）	G蛋白偶联受体（GPCR/Gq）	催产素作为多效神经激素，在生殖、代谢及社会行为中发挥枢纽作用。其功能覆盖从基础生理（子宫收缩、乳汁分泌）到高阶认知（情绪稳定、社交互动）
甲状腺激素	甲状腺	氨基酸衍生物	核受体	促进新陈代谢和生长发育，尤其对中枢神经系统的发育和功能具有重要影响，提高神经系统的兴奋
甲状旁腺激素	甲状旁腺主细胞	多肽（84肽）	G蛋白偶联受体（GPCR）	升高血钙和降低血磷，是调节血钙和血磷水平的最重要的激素
肾上腺素	肾上腺髓质	氨基酸衍生物	G蛋白偶联受体（GPCR）：α受体和β受体	提高大多数细胞的兴奋性，使警觉提高，反应灵敏；使心脏收缩加强，肺通气量增加，皮肤黏膜血管收缩，血压升高；使糖、脂肪分解速度加快，提高血糖浓度
去甲肾上腺素	肾上腺髓质	氨基酸衍生物		心脏收缩力增加，心率增快。可以引起血管收缩，见于皮肤黏膜，肾脏的血管，小动脉和小静脉都可以收缩，从而产生的效应是引起血压升高
胰岛素	胰腺中的胰岛β细胞	蛋白质	受体酪氨酸激酶	调节糖类代谢，降低血糖含量，促进血糖合成为糖原，抑制非糖物质转化为葡萄糖，从而使血糖含量降低

(续表)

激素名称	产生激素的内分泌名称	本质	受体	激素的主要生理作用
胰高血糖素	胰腺中的胰岛 A 细胞	蛋白质	G 蛋白偶联受体（GPCR）	提高血糖含量，促进糖原分解，并促进一些非糖物质转化为葡萄糖，从而使血糖含量升高
褪黑素	松果体产生	胺类	G 蛋白偶联受体（GPCR）	调节睡眠与抗氧化，并在免疫、生殖及抗肿瘤中发挥辅助作用
胃泌素	胃窦和十二指肠 G 细胞	多肽	G 蛋白偶联受体（GPCR）	刺激胃酸分泌、促进胃肠蠕动及胃黏膜细胞增殖
血管活性肠肽（VIP）	肠道神经元及内分泌细胞	多肽（28肽）	G 蛋白偶联受体（GPCR）	扩张心、脑、肝血管，降低肺动脉压及全身血压，松弛食管括约肌及肠道平滑肌，促进肠道蠕动；抑制胃酸分泌，刺激肠液分泌，维持电解质平衡；抑制 T 细胞增殖和炎症因子释放，减轻炎症反应（如炎症性肠病）；增强神经元存活及突触可塑性，潜在治疗阿尔茨海默病等神经退行性疾病
糖皮质激素	肾上腺皮质	类固醇	核受体	影响糖、脂肪和蛋白质的代谢，并具有强大的抗炎、抗过敏、免疫抑制和抗休克作用
盐皮质激素	肾上腺皮质	类固醇	核受体	保钠和排钾，可以促进肾小管重吸收钠，并排泄钾，与下丘脑分泌的抗利尿激素相互协调，共同维持体内水电解质的平衡
雄激素（睾酮）	主要是睾丸	类固醇	核受体超家族中的类固醇受体	分别促进雌雄生殖器官的发育和生殖细胞的生成，激发和维持各自的第二性征；雌激素能激发和维持雌性正常性周期
雌激素	主要是卵巢	类固醇		
孕激素	卵巢	类固醇		促进子宫内膜和乳腺等的生长发育，为受精卵着床和泌乳准备条件。与人体的心态有关
催乳素	垂体前叶腺嗜酸细胞	蛋白质	酪氨酸激酶受体家族	促进乳腺发育生长，刺激并维持泌乳，还有刺激卵泡 LH 受体生成

二、局部介质

局部介质是细胞分泌后仅在局部区域发挥作用的信号分子，无须通过血液循环，通常通过短距离扩散或直接接触传递信息，作用范围小但相应迅速。局部介质根据功能与化学性质可分为细胞因子、神经递质、局部激素和其他介质等（表2-3）。细胞因子（Cytokine，CK）是免疫原、丝裂原或其他刺激剂诱导多种细胞产生的低分子量可溶性蛋白质，具有调节固有免疫和适应性免疫、血细胞生成、细胞生长以及损伤组织修复等多种功能。细胞因子可被分为白细胞介素、干扰素、肿瘤坏死因子超家族、集落刺激因子、趋化因子、生长因子等，还包括其他激素（促红细胞生成素、生长激素和催乳素）。众多细胞因子在体内通过旁分泌、自分泌或内分泌等方式发挥作用，具有多效性、重叠性、拮抗性、协同性等多种生理特性，形成了十分复杂的细胞因子调节网络，参与人体多种重要的生理功能。根据细胞因子主要的功能不同局部介质分为以下几种。

1. 白细胞介素

白细胞介素（Interleukin，IL）简称白介素，1979年开始命名，由淋巴细胞、单核细胞或其他非单核细胞产生的可溶性蛋白质，在白细胞或免疫细胞间相互作用的淋巴因子。它和血细胞生长因子同属细胞因子，两者相互协调、相互作用，共同完成造血和免疫调节以及炎症过程中起重要调节作用。白细胞介素在传递信息，激活与调节免疫细胞，介导T、B细胞活化、增殖与分化及在炎症反应中起重要作用（表2-3）。白细胞介素的cDNA基因克隆和表达均已成功，已报道有30余种（IL-1至IL-38）。

表2-3 主要白细胞介素的种类和效应

白介素种类（IL）	产生细胞	效应
IL-1	活化的单核巨噬细胞产生	能够刺激T细胞增殖并分泌IL-2，同时促进B细胞的增殖和抗体的产生。此外，IL-1还参与炎症反应和体温调节
IL-2	T细胞产生	对T细胞激活及生长有重要作用，IL-2可用于免疫疗法治疗癌症或抑制移植反应
IL-3	活化的CD4$^+$ T细胞、巨噬细胞和骨髓基质干细胞，某些细胞株及激活的T细胞亚群	促进造血干细胞增殖与分化，协同造血生长因子，维持造血稳态；增强免疫细胞活性，促进抗体分泌；促进抗体分泌，参与炎症细胞活化
IL-4	活化的T淋巴细胞、肥大细胞、嗜碱性粒细胞产生的一种多效性细胞因子	参与B细胞和T细胞的生长和分化，以及肥大细胞的激活
IL-5	由活化的T细胞产生，此外，肥大细胞也可产生	促进嗜酸性粒细胞和嗜碱性粒细胞的增殖、活化及存活，刺激B细胞增殖并增加其抗体分泌能力，能够促进骨髓中造血干细胞的增殖和分化，维持血细胞的正常生成和更新，促进炎症反应
IL-6	由多种细胞产生，如巨噬细胞、T细胞等	能够引起急期反应，促进B细胞的分化，并具有一定的抗病毒作用
IL-7	可以由多种细胞产生，如胎肝细胞、骨髓中的基质细胞、胸腺细胞以及上皮细胞	主要参与免疫系统的发育和功能

(续表)

白介素种类(IL)	产生细胞	效应
IL-8	由激活的T细胞和单核细胞、上皮细胞所产生	可激活中性粒细胞
IL-9	主要由Th9细胞产生,也由其他细胞如调节性T细胞、Th17细胞、自然杀伤性T细胞、肥大细胞以及固有淋巴细胞产生	通过促进炎性细胞的增殖并分泌炎症介质而引起炎症,IL-9还参与过敏性疾病、自身免疫性疾病以及肿瘤等疾病的发生和发展
IL-10	由多种细胞产生,如单核细胞、辅助型T细胞等	主要发挥抑制炎症反应的作用
IL-11	主要由间充质来源的黏附细胞产生,如骨髓基质细胞、基质成纤维细胞、人胚胎成纤维细胞、胚胎滋养层细胞、肺成纤维细胞、滑液细胞、原代成骨细胞、关节软骨细胞	单独或与其他细胞因子协同刺激骨髓造血干细胞的增殖、成熟、形成集落
IL-12	由巨噬细胞产生,能够促进NK细胞和Th1细胞的活化	参与抗肿瘤和抗病毒免疫
IL-13	由T细胞、嗜碱粒细胞、浆细胞及树突状细胞产生	对单核细胞和巨噬细胞发挥抗炎作用,并抑制炎症细胞因子如IL-1β、TNF-α、IL-6和IL-8的表达
IL-14	主要由T细胞产生	可诱导活化B细胞的增殖,但对静止B细胞无刺激作用,抑制有丝分裂原刺激的B细胞Ig的分泌,导致B细胞的免疫缺陷,促进B细胞源肿瘤细胞生长
IL-15	由单核细胞和巨噬细胞产生	增强免疫反应、促进T细胞、B细胞和自然杀伤细胞(NK cell)的分化和增殖、维持记忆性T细胞等
IL-16	由多种细胞(包括淋巴细胞和一些上皮细胞)释放	能够吸引$CD4^+$T细胞、单核细胞和嗜酸粒细胞向炎症或感染部位迁移,从而增强免疫反应,在T细胞的活化、增殖和分化中起到重要作用,尤其是在炎症反应和自身免疫疾病中,有抗病毒活性,能够抑制HIV-1等病毒的复制,参与免疫反应
IL-17	IL-17主要由辅助性T细胞(Th17)产生,也由γδT细胞、自然杀伤细胞(NK cells)、肥大细胞和B细胞产生	既可以促进炎症和肿瘤生长,也可以在某些情况下抑制肿瘤生长
IL-18	由巨噬细胞产生	能够诱导Th1细胞产生干扰素-γ(IFNγ),参与炎症反应和免疫调节
IL-22	主要由Th17细胞产生	对上皮细胞具有保护作用,参与黏膜免疫防御

白介素种类(IL)	产生细胞	效应
IL-33	由上皮细胞、内皮细胞和各种免疫细胞分泌的一种促炎性细胞因子	与IL-1和IL-18属于同一家族，能够诱导Th2细胞产生，参与过敏反应和炎症反应

2. 集落刺激因子

在进行造血细胞的体外研究中，发现一些细胞因子可刺激不同的造血干细胞在半固体培养基中形成细胞集落，这类因子被命名为集落刺激因子（Colony stimulating factor，CSF）。根据不同细胞因子刺激造血干细胞或分化不同阶段的造血细胞在半固体培养基中形成不同的细胞集落，分别命名为G（粒细胞）-CSF、M（巨噬细胞）-CSF、GM（粒细胞、巨噬细胞）-CSF、Multi（多重）-CSF（IL-3）、SCF、EPO（促红细胞生成素）等（表2-4）。不同CSF不仅可刺激不同发育阶段的造血干细胞和祖细胞增殖的分化，还可促进成熟细胞的功能。

表2-4 集落刺激因子主要效应

细胞因子	分泌细胞	效应
Multi-CSF	活化的T细胞	刺激造血干细胞增殖，促进肥大细胞，嗜酸、嗜碱粒细胞增殖分化
GM-CSF	活化的T细胞、巨噬细胞、纤维母细胞等	刺激粒细胞，巨噬细胞集落形成刺激粒细胞功能
G-CSF	纤维母细胞、骨髓基质细胞、膀胱癌细胞株等	刺激粒细胞集落，刺激粒细胞功能
M-CSF	巨噬细胞	刺激巨噬细胞集落、刺激粒细胞功能，降低血胆固醇
SCF	纤维母细胞、骨髓和胸腺的基质细胞	刺激髓系、红系、巨核系及淋巴系造血祖细胞
Epo	肾细胞	刺激红系造血祖细胞
LIF	基质细胞、单核细胞	促进某些白血病细胞株的分化促进胚胎干（ES）细胞的增殖，抑制ES细胞的分化

3. 干扰素

干扰素（Interferon，IFN）是1957年发现的细胞因子，最初发现某一种病毒感染的细胞能产生一种物质可干扰另一种病毒的感染和复制，因此而得名。干扰素是一组具有多种功能的活性蛋白质（主要是糖蛋白），由单核细胞和淋巴细胞产生。它们在同种细胞上具有广谱的抗病毒、影响细胞生长，以及分化、调节免疫功能等多种生物活性。干扰素作为一种广谱抗病毒剂，并不直接杀伤或抑制病毒，而主要是通过细胞表面受体作用使细胞产生抗病毒蛋白，通过干扰病毒基因转录或病毒蛋白组分的翻译，从而抑制病毒的复制。根据干扰素产生的来源和结构不同，可分为IFN-α（白细胞型）、IFN-β（成纤维细胞型）和IFN-γ（淋巴细胞型），他们分别由白细胞、成纤维细胞和活化T细胞所产生。IFN-α/β二者结合相同受体，分布广泛，包括单核-巨噬细胞、多形核白细胞、B细胞、T细胞、血小板、上皮细胞、内皮细胞与肿瘤细胞等。IFN-γ可以以细胞外基质相连的形式存在，故通过旁邻方式控制细胞生长，其可以分布在除成熟红细胞以外的几乎所有细胞表面。各种不同的IFN生物学活性基本相同，具有抗病毒、抗肿瘤和免疫调节等作用，同时还可增强自然杀伤细胞（NK细胞）、巨噬细胞和T淋巴细胞的活力，从而起到免疫调节作用，并增强抗病毒能力。

4. 肿瘤坏死因子

最初发现肿瘤坏死因子（Tumor necrosis factor，TNF）这种物质能造成肿瘤组织坏死而得名。肿瘤坏死因子是一种由巨噬细胞对细菌感染或其他免疫源反应自然产生的一种小分子蛋白，是一类能直接造成肿瘤细胞死亡的细胞因子，它与干扰素协同作用可杀死肿瘤细胞。根据其产生来源和结构不同，TNF可分为TNF-α和TNF-β两类，前者由单核-巨噬细胞产生，LPS（脂多糖）是诱导其产生的较强刺激剂，T细胞和NK细胞在某些刺激因子（如PMA）作用下也可分泌TNF-α；后者由活化T细胞产生，T细胞在抗原、丝裂原等刺激下可产生高水平的TNF-β，又名淋巴毒素（Lymphotoxin，LT）。TNF在体内外均能刺激IL-1的产生，两类TNF基本的生物学活性相似，除具有杀伤肿瘤细胞外，还有免疫调节、参与发热和炎症的发生。大剂量TNF-α可引起恶液质，因而TNF-α又称恶液质素（Cachectin）。TNF抑制肿瘤发生机制在于它首先与一定时期的肿瘤细胞质膜表现特异性受体结合，在细胞表面形成帽状聚集而入细胞，进入细胞后沿微管移动与溶酶体结合，在TNF作用下溶酶体破裂，释放出溶酶体酶致使细胞自溶。

5. 转化生长因子-β家族（TGF-β family）

转化生长因子（Transforming growth factor，TGF）是指两类多肽类生长因子，转化生长因子-α和转化生长因子-β。转化生长因子-α是由巨噬细胞、脑细胞和表皮细胞产生，可诱导上皮发育。转化生长因子-β由多种细胞产生的一类多功能蛋白质，可以与细胞表面的转化生长因子-β受体（丝氨酸/苏氨酸激酶受体）结合而激活其受体，并通过SMAD信号通路和/或DAXX（死亡结构域蛋白）通路进行信号传递，影响多种细胞的生长，分化、细胞凋亡及免疫调节等功能。TGF-β 有多个亚型，包括 TGF-β1、TGF-β2、TGF-β3 和骨形成蛋白（BMP）（表2-5）。

表 2-5　转化生长因子-β 类型和效应

转化生长因子-β	分泌细胞	效应
TGF-β1	多种细胞，如血小板、巨噬细胞、成纤维细胞等	在胚胎发育、组织修复、免疫调节等方面发挥重要作用。可以促进细胞增殖和分化，抑制细胞凋亡，并调控血管生成和炎症反应
TGF-β2	多种组织细胞，如骨骼肌细胞、神经细胞等	与TGF-β1相似，但在某些特定组织和细胞类型中，其功能可能更为特异。例如，在神经系统中，TGF-β2可能参与神经元的保护和再生过程
TGF-β3	多种上皮细胞、间质细胞等	与TGF-β1和TGF-β2相比，TGF-β3在某些方面表现出相反的功能。例如，在胚胎发育过程中，TGF-β3可能抑制细胞的增殖和分化，从而调控组织的形态发生和分化过程
TGFβ1β2		是TGF-β1和TGF-β2的复合物或异源二聚体，在某些特定条件下，它们可能形成并发挥独特的生物学功能
骨形成蛋白（BMP）	多种间充质细胞，如成骨细胞、软骨细胞等。	BMP是TGF-β家族中专门调控骨和软骨发育的成员，它们可以促进骨细胞的增殖和分化，诱导软骨和骨的形成，从而在骨骼系统的发育和修复过程中发挥关键作用

6. 生长因子

生长因子（Growth factor，GF）是一类通过与特异的、高亲和的细胞膜受体结合，调节细胞生长与其他细胞功能等多效应的多肽类物质，存在于血小板和各种成体与胚胎组织及大多数培养细胞中，对不同种类细胞具有一定的专一性。生长因子主要属于自分泌和旁分泌，在细胞间相互作用过程中起着重要的调节作用。生长因子有多种，如表皮生长因子（EGF）、血小板衍生的生长因子（PDGF）、成纤维细胞生长因子（FGF）、肝细胞生长因子（HGF）、胰岛素样生长因子-Ⅰ（IGF-Ⅰ）、IGF-Ⅱ、白血病抑制因子（LIF）、神经生长因子（NGF）、抑瘤素M（OSM）、血小板衍生的内皮细胞生长因子（PDECGF）、转化生长因子-α（TGF-α）、血管内皮细胞生长因子（VEGF）等（表2-6）。

表 2-6　主要生长因子类型和效应

生长因子	分泌细胞	效应
表皮生长因子（EGF）	主要由上皮细胞、成纤维细胞等分泌	促进表皮细胞增殖分化，使衰老死亡的细胞得以及时补充，使损伤的表皮得以修复

(续表)

生长因子	分泌细胞	效应
血管内皮细胞生长因子（VEGF）	主要由内皮细胞、成纤维细胞等分泌	促进内皮细胞的增殖和存活，促进血管生成和血管通透性
成纤维细胞生长因子（FGF）	主要由成纤维细胞、内皮细胞等分泌	促进内皮细胞的游走和平滑肌细胞的增殖，能够促进新血管形成，修复损害的内皮细胞
类胰岛素生长因子（IGF）	主要由肝脏、肌肉等组织分泌	IGF-Ⅰ被认为是胶质祖细胞和少突胶质细胞的存活因子，IGF-Ⅰ和IGF-Ⅱ均可作为肌源性神经营养因子刺激肌内神经突起生长
血小板衍生的生长因子（PDGF）	主要由血小板分泌	促进成纤维细胞和内皮细胞的增殖和迁移，参与伤口愈合和组织修复
肝细胞生长因子（HGF）	主要由肝细胞分泌	促进细胞的迁移、增殖和分化，特别是在肝细胞的再生和修复中发挥作用
白血病抑制因子（LIF）	主要由胚胎干细胞分泌	在早期胚胎发育中起重要作用，参与细胞分化和胚胎形成

7. 趋化因子家族

趋化因子（Chemokines）是一类由细胞分泌的小细胞因子或信号蛋白，由于它们具有诱导附近反应细胞定向趋化的能力，因而命名为趋化细胞因子。趋化因子的主要作用是趋化细胞的迁移，细胞沿着趋化因子浓度增加的信号向趋化因子源处迁徙，有些趋化因子在免疫监视过程中控制免疫细胞趋化，如诱导淋巴细胞到淋巴结。趋化因子家族包括四个亚族：①C-X-C/α亚族，主要趋化中性粒细胞，主要的成员有 IL-8、黑素瘤细胞生长刺激活性（GRO/MGSA）、血小板因子-4（PF-4）、血小板碱性蛋白、蛋白水解来源的产物 CTAP-Ⅲ和β-thromboglobulin、炎症蛋白10（IP-10）、ENA-78；②C-C/β亚族，主要趋化单核细胞，这个亚族的成员包括巨噬细胞炎症蛋白1α（MIP-1α）、MIP-1β、RANTES、单核细胞趋化蛋白-1（MCP-1/MCAF）、MCP-2、MCP-3和I-309；③C型亚家族的代表有淋巴细胞趋化蛋白；④CX3C亚家族，Fractalkine是CX3C型趋化因子，对单核-巨噬细胞、T细胞及NK细胞有趋化作用（表2-7）。

表2-7 主要局部介质

局部介质	来源	本质	受体	功能
细胞因子（Cytokines）				调控免疫反应、炎症反应及细胞增殖分化

(续表)

局部介质	来源	本质	受体	功能
白细胞介素（ILs）	单核细胞、淋巴细胞或其他非单核细胞	小分子蛋白质	与酪氨酸蛋白激酶偶联受体	IL-1（促炎症）、IL-2（T细胞增殖）、IL-6（急性期反应）
集落刺激因子（CSF）	多种细胞产生，包括巨噬细胞，T细胞，肥大细胞，自然杀伤细胞，内皮细胞和成纤维细胞，许多其他免疫细胞产生	糖蛋白		集落刺激因子能够促进造血干细胞及其后代细胞的增殖和分化
干扰素（IFNs）	白细胞、成纤维细胞、受病毒感染的细胞	糖蛋白		IFN-γ抗病毒、激活免疫细胞
肿瘤坏死因子（TNF）	活化的单核/巨噬细胞、活化的T细胞	小分子蛋白质		TNF-α诱导细胞凋亡、促炎症
促红细胞生成素（Epo）	肾脏和肝脏细胞分泌	糖蛋白		促进红细胞生成
生长因子（Growth factors）				促进细胞生长、分化与组织修复
表皮生长因子（EGF）	皮肤、胃肠道、肺部和泌尿系统上皮细胞	多肽（53个AA）	受体酪氨酸激酶	刺激上皮细胞增殖
成纤维细胞生长因子（FGF）	碱性成纤维细胞生长因子（bFGF）可以由内皮细胞、平滑肌细胞等分泌，成纤维细胞生长因子23（FGF23）主要由骨骼中的成骨细胞和破骨细胞合成分泌	多肽（150~200个AA）		促进血管生成、伤口愈合
血管内皮生长因子（VEGF）	活化的内皮细胞	同源二聚体蛋白		诱导血管新生
神经生长因子（NGF）	神经元和胶质细胞	异源二聚体蛋白		调节神经元的生长、分化和迁移，从而影响神经系统的正常发育和功能
Eph（Ephrin-A和Ephrin-B）	内皮细胞、成纤维细胞	膜结合蛋白		可以导致细胞形态的改变、细胞迁移、细胞黏附以及细胞命运的决定
胰岛素/胰岛素样生长因子（IGF）	胰岛β细胞/干细胞	多肽		促进细胞生长、分化以及调节代谢活动
血小板衍生生长因子（PDGF）	巨噬细胞、血小板、浸润的炎细胞、受损的内皮细胞及激活的肝星形细胞	同源或异源二聚体蛋白		刺激结缔组织和其他组织细胞的增长
转化生长因子				调节细胞的增殖、分化、迁移和凋亡等多种生命活动

（续表）

局部介质	来源	本质	受体	功能
转化生长因子-β（TGF-β）	多细胞（如成骨细胞、肾脏、骨髓和胎肝的造血细胞，活化后T细胞或B细胞）	同源或异源二聚体蛋白	受体酪氨酸激酶	调控细胞分化与免疫抑制
趋化因子（Chemokines）				引导免疫细胞定向迁移（趋化作用）
CXCL12	巨噬细胞，内皮细胞，淋巴细胞	小分子蛋白	G蛋白偶联受体（GPCR，视紫红质样受体）	招募干细胞到损伤部位
CCL2（MCP-1）	巨噬细胞，内皮细胞，淋巴细胞	小分子蛋白	G蛋白偶联受体（GPCR，视紫红质样受体）	吸引单核细胞至炎症区域
类二十烷酸（Eicosanoids）				参与炎症、凝血及局部免疫调节
前列腺素（PGs）	几乎每一个细胞类型，但白细胞和缺核细胞除外	不饱和脂肪酸	G蛋白偶联受体（GPCR，视紫红质样受体）	PGE_2（血管扩张、疼痛感知）
白三烯（LTs）	嗜酸性粒细胞、嗜碱性粒细胞、肥大细胞和肺泡巨噬细	不饱和脂肪酸	G蛋白偶联受体（GPCR）	LTB4（吸引中性粒细胞）
血栓素（TXA_2）	血小板	不饱和脂肪酸	G蛋白偶联受体（GPCR）	促进血管收缩、血小板聚集
气体信号分子				通过自由扩散快速传递信号
一氧化氮（NO）	神经细胞、巨噬细胞、血管内皮细胞、干细胞、成纤维细胞	气体分子	细胞内受体（鸟苷酸环化酶，GC）	松弛血管平滑肌（如内皮细胞分泌NO扩张血管），在神经系统中，NO作为一种神经递质参与信号传递。在免疫系统中，NO具有抗菌和抗肿瘤的作用。NO能够保护细胞免受氧化应激的损伤
一氧化碳（CO）	神经细胞、血管内皮/平滑肌细胞、肺泡上皮细胞及多种组织细胞	气体分子	细胞内受体（鸟苷酸环化酶，sGC）	参与神经调节和抗炎
局部激素				
组胺（Histamine）	肥大细胞、嗜碱性粒细胞	生物胺	G蛋白偶联受体（GPCR）	介导过敏反应（如荨麻疹）、促进血管通透性增加，也是神经系统、肠道、皮肤和免疫系统中重要的信号分子

（续表）

局部介质	来源	本质	受体	功能
形态发生素（Morphogens）				在胚胎发育中形成浓度梯度，指导细胞分化和组织模式形成
Sonic Hedgehog (Shh)	胚胎细胞	糖蛋白	细胞膜上两种受体 Patched (Ptc) 和 Smoothened (Smo)	在胚胎发育期间，在神经系统的形成中，调控神经管分化
骨形态发生蛋白（BMP）（TGF-β（转化生长因子-β）家族）	成骨细胞、软骨细胞、成纤维细胞、骨髓基质细胞	蛋白质	受体丝氨酸/苏氨酸激酶	诱导骨和软骨形成，对脂肪、肾脏、肝脏、骨骼及神经系统发育也起到一定作用

三、神经递质

神经递质（Neurotransmitter）在神经元内合成、贮存在突触前神经元并在去极化时释放一定浓度，在突触传递中担当信使的特定化学物质，简称递质。随着神经生物学的发展，陆续在神经系统中发现了大量神经活性物质。

1. 中枢神经系统神经递质

在中枢神经系统（CNS）中，突触传递最重要的方式是神经化学传递。神经递质由突触前膜释放后立即与相应的突触后膜受体结合，产生突触去极化电位或超极化电位，导致突触后神经兴奋性升高或降低。神经递质的主要功能是在神经元之间传递信号，它们在神经系统中起着至关重要的作用。当一个神经元受到刺激时，它会通过突触释放神经递质，这些化学物质会与相邻神经元的受体结合，从而引发一系列生理反应，实现信息的传递。神经递质可以分为兴奋性神经递质和抑制性神经递质两大类。兴奋性神经递质能够增强接收神经元的活性，促进其产生动作电位，如谷氨酸、乙酰胆碱、多巴胺、肾上腺素/去甲肾上腺素；而抑制性神经递质则相反，它们能够减弱接收神经元的活性，抑制其产生动作电位，如γ-氨基丁酸、甘氨酸、5-羟色胺。除了这两大类之外，还有一些神经递质被称为调节性神经递质，它们能够同时影响大量神经元，但在突触间的传递速度较慢，通过间接或长期作用调控突触效能，影响神经网络的整体活动，如多巴胺、内啡肽/脑啡肽。兴奋性（如谷氨酸）、抑制性（如GABA）和调节性（如多巴胺）递质通过协同作用维持神经系统稳态，其分类与功能交织，例如多巴胺兼具兴奋与调节特性，提示递质系统的高度复杂性。神经递质的作用可通过两个途径中止：一个途径是再回收抑制，即通过突触前载体的作用将突触间隙中多余的神经递质回收至突触前神经元并贮存于囊泡；另一个途径是酶解，如以多巴胺（DA）为例，它经由位于线粒体的单胺氧化酶（MAO）和位于细胞质的儿茶酚胺邻位甲基转移酶（COMT）的作用被代谢和失活。

脑内神经递质分为四类，即生物原胺类、氨基酸类、肽类、其他类，它们的化学本质都是有机化合物（表2-8）。生物原胺类神经递质是最先发现的一类，包括多巴胺（DA）、去甲肾上腺素（NE）、肾上腺素（E）、5-羟色胺（5-HT，也称血清素）。氨基酸类神经递质包括：γ-氨基丁酸（GABA）、甘氨酸、谷氨酸、组胺、乙酰胆碱（Ach）。肽类神经递质分为：内源性阿片肽、P物质、神经加压素、胆囊收缩素（CCK）、生长抑素、血管加压素和缩宫素、神经肽y。其他神经递质分为：核苷酸类、花生酸碱、阿南德酰胺。其他类：一氧化氮（NO）就被普遍认为是神经递质，它不以胞吐的方式释放，而是凭借其溶脂性穿过细胞膜，通过化学反应发挥作用并灭活。在突触可塑性变化、长时程增强效应中起到逆行信使的作用。

表2-8 脑内神经递质

分类		成员	受体	结构和组成
脑内神经递质	生物原胺类神经递质	多巴胺（DA）	G蛋白偶联受体（GPCR）	
		去甲肾上腺素（NE）		
		肾上腺素（E）		
		5-羟色胺（5-HT）	GPCR（Gi/Gq）/配体门控离子通道	
	氨基酸类神经递质	γ-氨基丁酸（GABA）	GABAA受体是配体门控离子通道，GABAB受体：G蛋白偶联受体	
		甘氨酸	配体门控离子通道	
		谷氨酸	GPCR（Gi/Gq）/配体门控离子通道	
		组胺（Histamine）	GPCR（Gs/Gq）	
		乙酰胆碱（Ach）	M受体：GPCR（与K$^+$通道偶联），N受体：离子通道型受体	

(续表)

分类		成员	受体	结构和组成
脑内神经递质	肽类神经递质	内源性阿片肽（EOP）	GPCR（Gi）	EOP分为三类：①脑啡肽5肽，甲啡肽和亮啡肽；②内啡肽，31个氨基酸的多β-内啡肽（β-EP）；③强啡肽和新啡肽，分别为13肽和15肽，具有和吗啡相似的生物效应
		神经加压素	GPCR（Gq/Gi）	神经加压素：人体内自然产生的内源性13个氨基酸的神经肽，主要由胃肠道的D细胞分泌，调节胃肠道运动、影响心血管系统功能、参与疼痛感知以及调节神经内分泌活动
		P物质	GPCR（Gq）	P物质：是一种神经肽，属于Tachykinin家族。它由11个氨基酸残基组成
		生长抑素	GPCR（Gi）	生长抑素：是由116个氨基酸的大分子肽裂解而来的14肽，与痛觉传递、P物质与人类学习记忆能力有关
		血管加压素	GPCR（Gq/Gs）	血管加压素：由8个氨基酸组成的肽类激素，是由下丘脑合成并在神经垂体储存和释放的一种激素，它的主要作用是调节体内水分平衡
		神经肽y	GPCR（Gi）	神经肽y：由36个氨基酸残基组成的多肽，属胰多肽家族，是含量最丰富的神经肽之一，与应激和血管收缩有关，并且具有抑制生殖、抑制肌肉兴奋、抑制交感兴奋的作用
		缩宫素	GPCR（Gq）	缩宫素：是一种由9个氨基酸残基组成的，刺激子宫平滑肌收缩
		胆囊收缩素（CCK）	GPCR（Gq）	胆囊收缩素（CCK）：多肽激素。由33个氨基酸组成。全部生物活性存在于c端的八肽片段，可刺激胃分泌胃酸，肝脏分泌胆汁，抑制回肠吸收钠和水，刺激胰岛释放胰岛素和胰高血糖素
	其他神经递质	核苷酸类		核苷酸类神经递质包括腺苷、腺苷三磷酸等
		花生酸碱	GPCR（Gi）	花生酸碱（Arachidonic acid）是一种脂肪酸，它在体内可以被代谢成各种活性脂类介质，如前列腺素、白三烯和血栓素等。这些介质在炎症反应、疼痛感知和血小板聚集等生理过程中扮演重要角色
		阿南德酰胺	GPCR（Gi）	阿南德酰胺：是一种内源性大麻素，它在体内扮演着重要的角色，特别是在调节疼痛、情绪、食欲和记忆等方面
		NO	鸟苷酸环化酶GC	NO：气体类信号分子

(1) 生物原胺类神经递质

原胺类递质是指多巴胺、去甲肾上腺素/肾上腺素/和5-羟色胺，属于儿茶酚胺类神经递质。利用荧光组织化学方法进行动物实验，比较清楚了解中枢内单胺类递质系统分布。去甲肾上腺素（Norepinephrine，也称 Noradrenaline，缩写 NE 或 NA）系统比较集中，绝大多数的去甲肾上腺素能神经元位于低位脑干，尤其是中脑网状结构、脑桥的蓝斑以及延髓网状结构的腹外侧部分一些核群里（图 2-6）。按其纤维投射途径的不同，可分为三部分：上行部分、下行部分和支配低位脑干部分。上行部分的纤维投射到大脑皮层，边缘前脑和下丘脑；下行部分的纤维下达脊髓背角的胶质区、侧角和前角；支配低位脑干部分的纤维，分布在低位脑干内部。交感神经节细胞与效应器之间的接头是以去甲肾上腺素为递质。去甲肾上腺素受体存在于多个脑区的神经纤维上，包括皮质层、小脑、杏仁核、海马体等。这些去甲肾上腺素能神经元参与多种生理功能的调节，主要是对心、血管活动、体温、情绪活动的调节，去甲肾上腺素也与维持大脑皮质的觉醒状态、应激反应、记忆巩固、免疫反应等方面有关。去甲肾上腺素能参与神经信号的传递，特别是在调节认知、动机和智力的执行功能中起着决定性作用。去甲肾上腺素能的水平与重度抑郁症（MDD）密切相关，在抑郁症患者的中枢神经系统中，去甲肾上腺素能神经传递受到干扰，这可能导致情绪低落、疲劳、思考或专注能力下降等症状。去甲肾上腺素能也在精神分裂症的病理生理中发挥作用，研究表明去甲肾上腺素能的异常可能与精神分裂症的阳性症状（如偏执妄想、幻听）和阴性症状（如情感迟钝、不活动）有关。

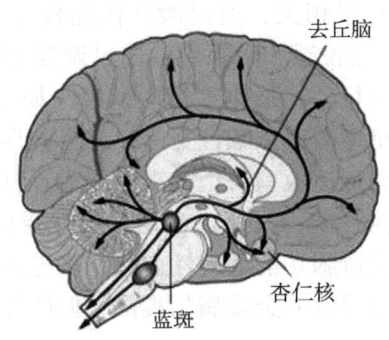

图 2-6　去甲肾上腺素递质在脑中投射分布

多巴胺递质系统在脑内的分布主要包括三部位：黑质-纹状体部分、中脑边缘系统部分和结节、漏斗部分（图 2-7，图 2-9）。黑质-纹状体部分的多巴胺能神经元位于中脑黑质，其神经纤维投射到纹状体。脑内的多巴胺主要由黑质制造，沿黑质-纹状体投射系统分布，在纹状体贮存（其中以尾状核含量最多）。破坏黑质或切断黑质-纹状体束，纹状体中多巴胺的含量即降低。用电生理微电泳法将多巴胺作用于纹状体神经元，主要起抑制反应。中脑位于边缘部分的多巴胺能神经元位于中脑脚间核头端的背侧部位，其神经纤维投射到边缘前脑。结节-漏斗部分的多巴胺能神经元位于下丘脑弓状核，其神经纤维投射到正中隆起。

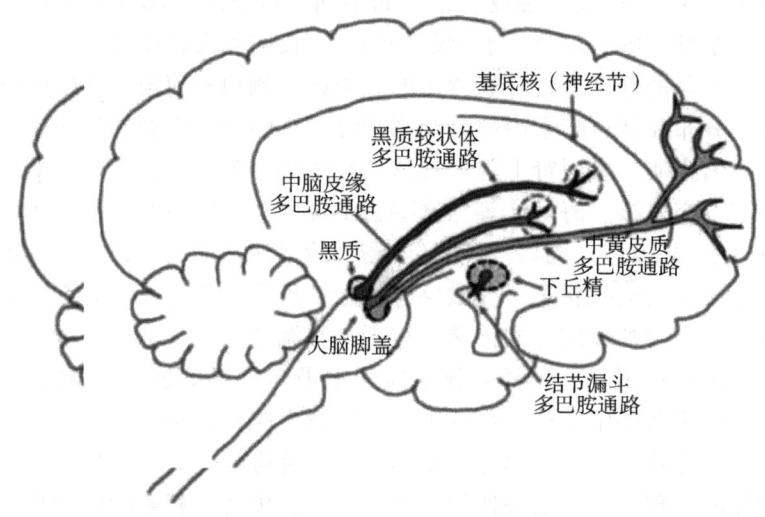

图 2-7　多巴胺递质在脑中投射分布

（图片来源：Aaldijk and Vermeiren，2022）

多巴胺与奖赏机制直接相关，通过激活伏隔核等脑区，在获得积极体验（如社交、成就）时提升愉悦感和幸福感；通过调控中脑边缘系统，多巴胺促使个体为追求奖励而采取行动，强化重复性行为（如学习、成瘾）。奖赏回路多巴胺信号异常引发情绪障碍或依赖性行为。多巴胺促进海马体和前额叶皮层的神经元连接，提升信息传递效率及记忆巩固能力；调节前额叶皮层活动，提高专注力和复杂任务的执行能力。通过激活多巴胺受体（如 D1 型），增强脑区间的神经环路连接，支持脑功能适应性变化。多巴胺通过基底神经节调控肌肉协调性，其分泌不足会导致帕金森病的震颤、僵硬等症状，黑质多巴胺神经元退化导致运动障碍。

5-羟色胺（5-HT）递质系统也比较集中，其神经元主要位于低位脑干近中线区的中缝核内。按其纤维投射途径的不同，也可分为三部分：上行部分、下行部分和支配低位脑干部分（图 2-8，图 2-9）。上行部分的神经元位于中缝核上部，其神经纤维投射到纹状体、丘脑、下丘脑、边缘前脑和大脑皮层。脑内 5-羟色胺主要来自中缝核上部，破坏中缝核上部可使脑内 5-羟色胺含量明显降低。下行部分的神经元位于中缝核下部,其神经纤维下达脊髓背角的胶质区、侧角和前角。支配低位脑干部分的纤维,分布在低位脑干内部。5-羟色胺神经元主要集中在脑桥的中缝核群中,一般是抑制性的,但也有兴奋性的。

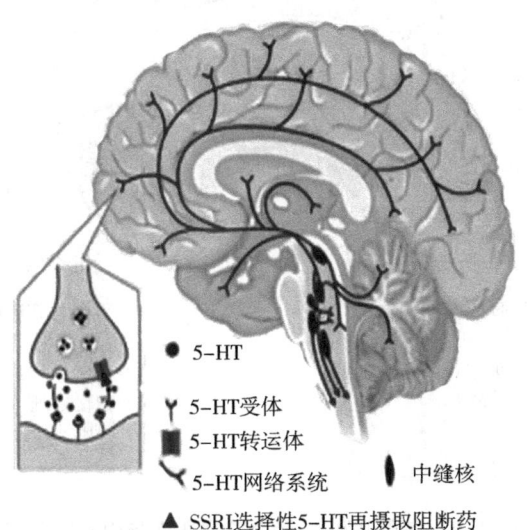

图2-8 5-羟色胺递质在脑中投射分布
(图片来源:Aaldijk and Vermeiren,2022)

5-羟色胺主要分布在松果体和下丘脑,这两个区域在调节生理功能中起着关键作用,5-羟色胺参与调节痛觉、睡眠、体温等生理功能。它还对情绪有重要影响,与精力、活力和记忆力有关。缺乏5-羟色胺可能导致抑郁、情绪低落和精神萎靡等症状。多巴胺在大脑中的分布较为广泛,但主要集中在与运动控制、奖励和愉悦感相关的区域,如纹状体和伏隔核。多巴胺与清醒状态有关,增加多巴胺的药物通常会提高警觉性,核心功能是带来愉悦和幸福感,与动机、注意力、记忆和运动控制等有关。低多巴胺水平与抑郁、成瘾和帕金森病等疾病相关(图2-9)。

(2)氨基酸类神经递质

氨基酸类递质主要有谷氨酸、门冬氨酸、甘氨酸和γ-氨基丁酸(γ-GA-BA)。在脑脊髓内谷氨酸含量很多,分布很广,但相对来看,大脑半球和脊髓背侧部分含量较高。用电生物微电泳法将谷氨酸作用于皮层神经元和脊髓运动神经,可引致突触后膜出现类似兴奋性突触后电位的反应,并可导致神经元放电。谷氨酸也可能是感觉传入神经纤维(粗纤维类)和大脑皮层内的兴奋型递质,另外谷氨酸也是甲壳类神经肌肉接头的递质。

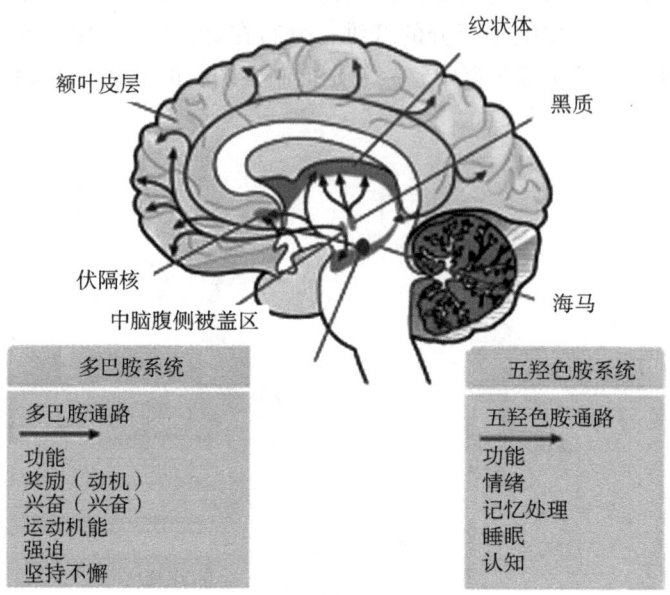

图 2-9　多巴胺和 5-羟色胺递质在脑中投射分布

(图片来源：Avena et al., 2008)

以甘氨酸为递质的突触主要分布在脊髓中，是一种抑制性递质。用电生理微电泳法将甘氨酸作用于脊髓运动神经元，可引致突触后膜出现类似抑制性突触后电位的反应。闰绍细胞（Renshaw cell）位于脊髓前角，是脊髓内的一种抑制性中间神经元。当传出神经元（如运动神经元 1）接受刺激产生兴奋时（去极化），一方面该传出神经元释放神经递质（乙酰胆碱），引起肌肉收缩；另一方面，兴奋传到闰绍细胞，闰绍细胞兴奋后释放抑制性神经递质（甘氨酸）作用于突触后膜（如传出神经元 2 的膜），使相应离子（如 Cl^-）流入细胞内，导致膜电位差增大，膜电位低于 $-70\ mV$（超极化），从而抑制传出神经元的活动，缓解肌肉牵拉或防止肌肉过度收缩。神经系统通过闰绍细胞调节传出神经元活动的方式属于负反馈调节，其意义在于可以维持神经系统的稳定性和肌肉运动的协调性，避免肌肉过度收缩或持续兴奋，实现对肌肉运动的精准调控（图 2-10）。

γ-氨基丁酸首先是在螯虾螯肢开肌与抑制性神经纤维所形成的接头处发现的递质。γ-GABA 在大脑皮层的浅层和小脑皮层的浦肯野细胞层含量较高，用电生理微电泳法将 γ-GABA 作用于大脑皮层神经元和前庭外侧核神经元（直接受小脑皮层浦肯野细胞支配）可引致突触后膜超极化。由此可见 γ-GABA 可能

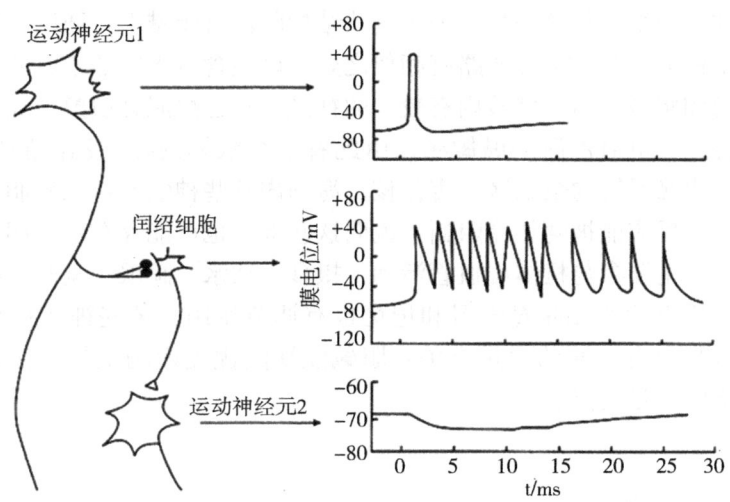

图 2-10　闰绍细胞释放甘氨酸抑制运动神经元

是大脑皮层部分神经元和小脑皮层浦肯野细胞的抑制性递质，此外纹状体-黑质的纤维也释放 γ-GABA 递质，癫痫病人与皮质中 γ-GABA 含量降低有关。上述的抑制是突触后膜发生超极化而发生的，因此是突触后抑制。所以甘氨酸和 γ-GABA 均是突触后抑制的递质。另外，γ-GABA 也是突触前抑制的递质，γ-氨基丁酸能神经元通过释放 γ-GABA 至突触前轴突末梢，激活 γ-氨基丁酸 B 型受体，引发轴突末梢去极化，减少突触前膜 Ca^{2+} 内流，最终导致兴奋性递质释放量降低，从而产生抑制效应。γ-GABA 对细胞体膜产生超极化，而对末梢轴突膜却产生去极化，其机制尚不完全清楚。有人认为，γ-氨基丁酸的作用是使膜对 Cl^- 的通透性增升高，在细胞体膜对 Cl^- 的通透性升高时，由于细胞外 Cl^- 浓度比细胞内 Cl^- 浓度高，Cl^- 由细胞外进入细胞内，因此产生超极化；在末梢轴突膜对 Cl^- 通透性升高时，由于轴浆内 Cl^- 浓度比轴突外 Cl^- 高，Cl^- 由轴突内流向轴突外，因此产生去极化。所以 γ-氨基丁酸的作用是使 Cl^- 通透性升高，造成超极化还是去极化，取决于细胞内外 Cl^- 的浓度差。

在中枢神经系统中，末梢释放乙酰胆碱（Acetylcholine，Ach）的神经元（称胆碱能神经元）广泛分布在脑干及前脑，故发挥作用较广（Bohnen et al.，2022）（图 2-11）。位于丘脑后部腹侧的特异感觉投射神经元是胆碱能神经元，它们和相应的皮层感觉区神经元形成的突触是以乙酰胆碱为递质的，例如刺激视神经时，枕叶皮层 17 区等处的乙酰胆碱释放增多。脑干网状结构上行激动系统的各个环节似乎都存在乙酰胆碱递质，例如脑干脑状结构内某些神经元对乙酰胆碱敏感,刺激中脑网状结构使脑电出现快波时,皮层的乙酰胆碱释放明显增加;用组织化学法显示脑干网状结构的乙酰胆碱上行通路,发现其与脑干网状结构上行激动系统通路有相似之处。尾核含有丰富的乙酰胆碱、胆碱乙酰移位酶和胆碱酯酶,尾核内有较多的神经元对乙酰胆碱敏感,壳核与苍白球内某些神经元也对乙酰胆碱敏感,由此看来纹状体内存在乙酰胆碱递质系统。此外,边缘系统的梨状区、杏仁核、海马内某些神经元对乙酰胆碱也起兴奋反应,这种反应能被阿托品阻断,说明这些部位也可能存在乙酰胆碱递质系统。乙酰胆碱主要参与机体心血管活动、摄食、饮水、睡眠、觉醒、感觉和运动的调节。研究发现 Ach 对学习和记忆也有调节作用,某些神经疾病和老年健忘症等都与脑内 Ach 的含量有关;胆碱能缺陷优先影响记忆、注意力、执行功能和空间视觉功能。

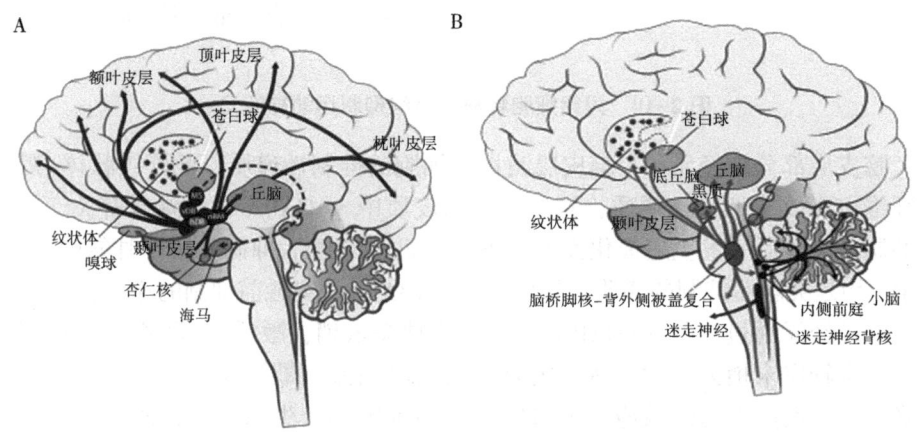

图 2-11　胆碱能神经元在大脑中的分布与投射

(图片来源：Bohnen et al., 2022)

A：胆碱能神经元在前脑中的投射；B：胆碱能神经元在脑干中的投射。大脑中纹状体的胆碱能标志物密度最高,包括：胆碱乙酰转移酶（ChAT）、囊泡乙酰胆碱转运体（VAChT）等基底前脑复合体拥有最大的胆碱能投射系统,其胆碱能神经元将投射到皮质。

脊髓前角运动神经元支配骨骼肌的接头处递质为乙酰胆碱,其轴突侧支与闰绍细胞发生突触联系,也必定释放乙酰胆碱作为递质。用电生理微电泳法将乙酰胆碱作用于闰绍细胞,确能引致其放电,用 N 型受体（烟碱型受体）阻断剂后,乙酰胆碱的兴奋作用即被阻断,说明这一突触联系的乙酰胆碱作用与神经肌接头处一样都是 N 样作用。

（3）肽类神经递质

在中枢神经系统内发现不少具有生物活性的小分子物质,它们是由一些氨基酸组成的多肽类，被称为神经肽，例如视上核和室旁核神经元分泌升压素（9肽）和催产素（9肽）；丘脑内其他肽能神经元能分泌多种调节腺垂体活动的多肽，如促甲状腺释放激素（TRH，3肽）、促性腺素释放激素（GnRH，10肽）、生长抑素（GHRIH，14肽）等。由于这些肽类物质在分泌后，要通过血液循环才能作用于效应细胞，因此称为神经激素。但现已知这些肽类物质可能还是神经递质，例如室旁核有向脑干和脊髓投射的纤维具有调节交感和副交感神经活动的作用（其递质为催产素），并能抑制痛觉（其递质为升压素）。在下丘脑以外脑区存在TRH和相应的受体，TRH能直接影响神经元的放电活动，提示TRH可能是神经递质。由于神经肽也参与中枢神经系统内的突触传递，所以也被认为是中枢神经递质。现已发现的神经肽种类很多，可分为垂体肽、下丘脑释放激素、脑肠肽、内阿片肽、速激肽及其他肽等几大类，不同的神经肽通过信息传递调节机体各种生理活动。脑肠肽如胆囊收缩素（CCK）、促胰液素、胃泌素、胃动素、血管活性肠肽、胰高血糖素等。其中CCK有抑制摄食行为的作用；许多胆碱能神经元中含有血管活性肠肽，它可能具有加强乙酰胆碱作用的功能。

内阿片肽（Endogenous opioid peptides，EOP）是近些年来发现的具有吗啡样活性的脑内多肽，称为阿片样肽，包括内啡呔类（Endorphins）、脑啡呔类（Enkephalins）和强啡呔类（Dynorphins）三类，在脑内呈不均匀的分布。内啡肽又称为脑内啡，是一种类吗啡生物化学合成激素，由脑垂体和脊椎动物的丘脑下部所分泌的5肽。内啡肽可与细胞表面阿片受体结合，可通过调节细胞膜的钾、钙等离子通道的开放与关闭，改变细胞的膜电位，从而起到类似吗啡的作用，包括止痛、产生快感、缩小瞳孔、调节体温等作用。脑啡肽是5肽化合物，有甲硫氨酸脑啡肽（M-ENK：H-酪-甘-甘-苯丙-蛋氨酸-OH）和亮氨酸脑啡肽（L-ENK：H-酪-甘-甘-苯丙-亮氨酸-OH）两种。脑啡肽与阿片受体常相伴而存在，微电泳脑啡肽可导致大脑皮层、纹状体和中脑导水管周围灰质神经元的放电受到抑制。脑啡肽在脊髓背角胶质区浓度很高，它可能是调节痛觉纤维传入活动的神经递质，作用类似吗啡但无成瘾性。强啡肽是由17个氨基酸组成的内源性阿片肽家族，包括强啡肽A（Dyn A 1-17）、强啡肽B。强啡肽与内啡肽、脑啡肽同属阿片肽，但作用受体不同：强啡肽主要激活κ受体，而内啡肽、脑啡肽以μ和δ受体为主。强啡肽通过κ阿片受体抑制痛觉信号传递，参与慢性疼痛的生理调控；在神经损伤等病理状态下，高水平的强啡肽可激活脊髓中的缓激肽受体，导致痛觉超敏（如机械痛），反而加重疼痛。强啡肽作为κ阿片受体的核心配体，兼具疼痛调控、心血管保护及情绪调节功能，但其作用具有显著的情境依赖性（如生理与病理状态差异）。内阿片肽作用极为广泛，包括对神经、呼吸、循环、消化、泌尿、生殖、内分泌、感觉、运动、免疫等功能的调节，特别对痛觉作用极为突出。甘丙肽（30个氨基酸构成，因其N端为甘氨酸而C端为丙氨酸而得名）也是近几年发现的存在于外周和中枢神经系统中的生物活性肽，具有调节胃肠、泌尿生殖系统平滑肌收缩、抑制胰岛素分泌、促进垂体生长激素、催产素释放等生理功能，并有加强吗啡脊髓镇痛和抑制Ach参与的记忆过程等作用。

脑内还有其他肽类物质，例如P物质（Substance P）、神经降压素（Neurotensin, NT）等。最早发现的P物质是11肽，它可能是第一级感觉神经元（属于细纤维类）释放的兴奋性递质，与痛觉传入活动有关，有强烈的抗吗啡作用；P物质还与纹状体-黑质系统中DA神经元活动有关。神经降压素因其具有明显的降压作用且存在于神经组织而得名，它在大脑皮质（尤其是沟回）、海马、基底神经节、腺垂体、扁桃体和丘脑也有分布，但在三叉神经、视神经和齿状核中的分布较少。神经降压素对许多神经元如黑质、内侧前额叶、下丘脑及中央灰质的神经元有兴奋作用。这些分布特点表明，神经降压素在中枢神经系统中具有多种功能，包括镇痛、调节多巴胺神经传导、降低体温和刺激腺垂体激素分泌等。神经降压素也可由远端空肠及回肠黏膜的N细胞所分泌，占体内总NT量的80%～90%。

神经肽与神经递质不同的是神经肽的合成比经典递质要复杂，如去甲肾上腺素是以酪氨酸为原料，经二步羟化和一步脱羧三个步骤即可生成最终产物；而神经肽类合成是在神经元细胞体内核糖体上先合成无活性的大分子前体蛋白，再转运到内质网、高尔基复合体同酶类一起装入形成的分泌颗粒或囊泡内，经轴浆运输转运到末梢，在转运中经多种水解酶的作用，逐步被切割成有活性的神经肽。从作用效率来看，神经递质一般起效快，失效也快；而神经肽一般起效慢，作用持久，所以神经肽不但起神经递质作用，也起调质作用。另外经典递质发挥作用后解体失活，重新摄入突触前末梢再利用；而多肽在发挥作用后被酶解失活，不再重新摄取。

(4) 其他神经递质

花生酸碱是一种脂肪酸，与核苷酸类、阿南德酰胺等共同构成非经典递质，其功能与生物胺类（如多巴胺、5-羟色胺）及氨基酸类递质存在交叉调控关系。花生酸碱在体内可以被代谢成各种活性脂类介质，如前列腺素、白三烯和血栓素等，它可能通过脂质代谢途径参与突触信号传递，其调控方式类似于神经调质（如内源性大麻素）间接影响突触前膜递质释放效率。在中枢神经系统花生酸碱可能与乙酰胆碱等递质存在协同作用，或通过调节囊泡转运蛋白（如VAChT）影响神经信号传递效率。阿南德酰胺属于脂类神经递质，是一种内源性大麻素，主要在中枢神经系统中发现，它在中枢神经系统中的作用与大麻素受体有关，这些受体主要分布在大脑的某些区域，如海马体、基底节和皮层等，阿南德酰胺通过与这些受体结合，调控突触后膜电位，影响神经元兴奋性，参与调节多种生理功能，如疼痛感知、情绪调节和记忆等。

此外，NO具有许多神经递质的特征。某些神经元含有一氧化氮合成酶，该酶能使精氨酸生成NO。生成的NO从一个神经元弥散到另一神经元而后作用于鸟苷酸环化酶并提高其活力，从而发挥出生理作用。因此，NO是一个神经元间信息沟通的传递物质，但与一般递质有区别，它不贮存于突触小泡中而是通过弥散，作用于鸟苷酸环化酶。NO与突触活动的可塑性可能有关，因为用一氧化氮合成酶抑制剂后，海马的长时程增强效应被完全阻断。此外，组胺也可能是脑内的神经递质。

2. 外周神经递质

外周神经递质包括存在于自主神经系统及躯体运动神经元末梢所释放的神经递质，自主神经中的神经递质又包括神经节内及神经末梢释放的神经递质。自主传出神经包括交感神经纤维（交感神经）及副交感神经纤维（副交感神经）两大类，它们的节前纤维由脑或脊髓发出后在神经节中交换神经元。节前纤维不论是交感神经纤维还是副交感神经纤维，它们所释放的神经递质都是乙酰胆碱（ACh）。自主神经系统节后纤维主要支配心肌、平滑肌及腺体，它们释放的神经递质各有不同。从一般规律看，交感神经纤维释放的是去甲肾上腺素，而副交感神经纤维则是乙酰胆碱。但也有例外，例如有些交感神经纤维末梢可以释放ACh，而成为胆碱能纤维，支配汗腺及某些血管上的交感神经末梢属于这一类（表2-9）。

(1) 胆碱能

乙酰胆碱是最早被鉴定的递质。迷走神经是人体最长的神经，它是一种混合性的神经，包括躯体运动、内脏运动、内脏感觉和躯体感觉四种纤维。迷走神经中只有一部分神经纤维是副交感纤维，既内脏运动副交感纤维，是迷走神经的主要组成成分，它分布于气管、支气管、肺、心脏、肝、胰、脾、肾、胃等，调整这些器官的活动。乙酰胆碱在蛙心灌注实验中被观察到，刺激迷走神经时蛙心活动受到抑制，如将灌流液转移到另一蛙心制备中去，也可引致后一个蛙心的抑制。显然在迷走神经兴奋时有化学物质释放出来，从而导致心脏活动的抑制。后来证明这一化学物质是乙酰胆碱，乙酰胆碱是迷走神经释放的递质。以后在许多其他器官中（如胃肠、膀胱、颌下腺等），刺激其副交感神经也可在灌注液中找到乙酰胆碱。由此认为，副交感神经节后纤维都是释放乙酰胆碱作为递质的。脊椎动物骨骼肌神经肌肉接头、副交感神经与效应器之间的递质也是乙酰胆碱；但有的是兴奋性的（如在消化道），有的是抑制性的（如在心肌）。释放乙酰胆碱作为递质的神经纤维，称为胆碱能纤维；现已明确躯体运动纤维也是胆碱能纤维。节前纤维和运动神经纤维所释放的乙酰胆碱的作用是烟碱样作用[N样作用：Ach激活烟碱型乙酰胆碱受体（离子通道型受体），激活后允许Na^+、Ca^{2+}内流，引发快速去极化，引起骨骼肌神经肌肉接头处肌束震颤、强直性痉挛或自主神经节兴奋，导致血压升高、心律失常]。而副交感神经节后纤维所释放的乙酰胆碱的作用，与毒蕈碱的药理作用相同，称为毒蕈碱样作用[M样作用：Ach激活毒蕈碱型乙酰胆碱受体（G蛋白偶联受体），通过第二信使系统如cAMP调节细胞反应，引起平滑肌收缩（支气管痉挛、胃肠蠕动增强）或腺体分泌亢进（流涎、流泪、多汗），心率减慢、瞳孔缩小]。

(2) 去甲肾上腺素能

去甲肾上腺素是肾上腺素去掉N-甲基后形成的物质，在化学结构上也属于儿茶酚胺。它既是一种神经递质，主要由交感节后神经元和脑内肾上腺素能神经末梢合成和分泌，是后者释放的主要递质；同时去甲肾上腺素也是一种激素，由肾上腺髓质合成和分泌，但含量较少，循环血液中的去甲肾上腺素主要来自肾上腺髓质。NE是一种重要的神经递质，作为强烈的α受体（分布于皮肤、黏膜血管平滑肌及内脏器官如肝脏、肾脏）激动药，能够引起血管极度收缩，从而升高血压；它还能通过β受体（分布于心肌细胞）的激动，增强心肌收缩力，增加心排出量。

自主神经的节后纤维除胆碱能和肾上腺素能纤维外，还有第三类纤维。第三类纤维末梢释放的递质是嘌呤类（如ATP）和肽类化学物质。有人在实验中观察到：刺激这类神经时实验标本灌流液中可以找到三磷酸腺苷及其分解产物；而三磷酸腺苷对于肠肌的作用与这类神经的作用极相似，两者均可引致肠肌的舒张和肠肌细胞电位的超极化，因此认为这类神经末梢释放的递质是三磷酸腺苷，是一种腺嘌呤化合物。但也有人认为这类神经释放的递质是肽类化合物，因为免疫细胞化学的研究证实自主神经某些纤维末梢的大颗粒囊泡中含有血管活性肠肽，刺激迷走神经时能引致血管活性肠肽的释放。血管活性肠肽能使胃肠平滑肌舒张，胃的容受性舒张可能就是由于迷走神经节后纤维释放血管活性肠肽递质而实现的。第三类纤维是非胆碱能和非肾上腺素能纤维，主要存在于胃肠，其神经元细胞体位于壁内神经丛中；在胃肠上部它接受副交感神经节前纤维的支配。

表 2-9 外周神经纤维释放神经递质

	节后纤维	释放递质	神经递质受体	纤维类型	节后纤维功能	临床意义
自主神经系统 ANS	交感神经	大部分去甲肾上腺素（NE）	作用于靶器官的 α/β 肾上腺素能受体	多为无髓鞘 C 类纤维（传导速度慢）	心跳加速、血管收缩、代谢增强	高血压 病因：交感神经过度激活 NE 释放增加； 治疗：靶向 β 受体阻滞剂
		例外：ACh（汗腺）	毒蕈碱受体（mAChR）		促进出汗	
	副交感神经	乙酰胆碱（ACh）	作用于靶器官的毒蕈碱型受体（mAChR）		心跳减慢、消化增强、瞳孔收缩	哮喘 病因：副交感神经释放 ACh 诱发支气管收缩； 治疗：毒蕈碱受体拮抗剂
	自主神经中的非肾上腺素能非胆碱能（NANC）纤维	一氧化氮（NO）、血管活性肠肽（VIP）	鸟苷酸环化酶（GC）	无髓鞘的 C 类纤维，直径较细，传导速度较慢	介导血管舒张（如副交感神经诱导勃起）	勃起功能障碍 病因：NO 信号通路受损； 治疗：PDE5 抑制剂
		ATP	嘌呤受体（P2X/P2Y）家族		协同传递信号（如交感神经调控肠道运动）；协同 NE 调控血管收缩	ATP 过度释放导致 P2X 受体持续激活，与神经病理性疼痛密切相关，ATP 能 NANC 纤维功能异常可能引发胃轻瘫或肠易激综合征
		速激肽类：如 P 物质（SP）、神经激肽 A（NKA）	NK1/NK2 受体		调节代谢和炎症；促进肠液分泌、平滑肌松弛	炎症状态下，NANC 释放速激肽导致支气管痉挛和黏液分泌增多（如哮喘）

3. 递质合成、释放和失活

（1）递质合成

在胆碱能神经末梢，乙酰胆碱由胆碱和乙酰辅酶 A（乙酰 CoA）在胆碱乙酰移位酶（胆碱乙酰化酶）的催化作用下合成的（图 2-12）。由于该酶存在于胞浆中，因此乙酰胆碱在胞浆中合成，合成后由小泡摄取并贮存起来。引起乙酰胆碱量子性释放的关键因素是神经末梢去极化引起的 Ca^{2+} 内流。当神经冲动传至神经终板时，膜电位下降，导致可使 Ca^{2+} 通过的电压闸门通道开放，使 Ca^{2+} 进入终板，从而刺激终板分泌乙酰胆碱并特异性地作用于各类胆碱受体。最后乙酰胆碱作为一种神经递质在组织内迅速被胆碱酯酶破坏。

去甲肾上腺素的合成以酪氨酸为原料，首先在酪氨酸羟化酶（TH）的催化作用下合成多巴，再在多巴脱羧酶（氨基酸脱羧酶）（DDC）作用下合成多巴胺（儿茶酚乙胺），这两步是在胞浆中进行；其次多巴胺被摄取入小泡，在

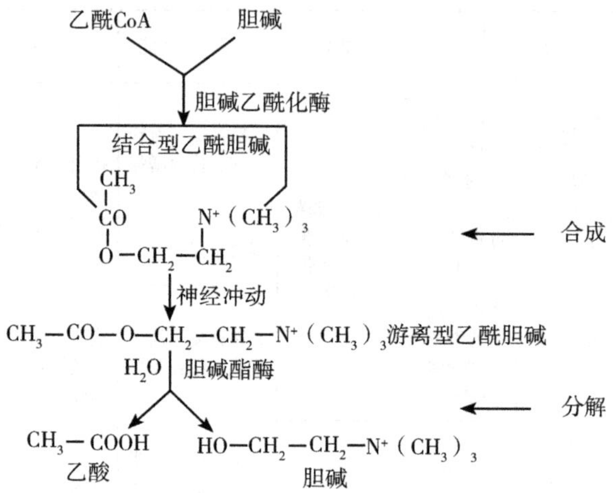

乙酰CoA 胆碱

胆碱乙酰化酶

结合型乙酰胆碱

$CH_3-CO-O-CH_2-CH_2-N^+(CH_3)_3$

←合成

神经冲动

$CH_3-CO-O-CH_2-CH_2-N^+(CH_3)_3$ 游离型乙酰胆碱

H_2O 胆碱酯酶

CH_3-COOH $HO-CH_2-CH_2-N^+(CH_3)_3$
乙酸   胆碱

←分解

图2-12 乙酰胆碱的合成

小泡中由多巴胺β羟化酶催化进一步合成去甲肾上腺素，并贮存于小泡内（图2-13）。多巴胺的合成与去甲肾上腺素合成前两步是完全一样的，只是在多巴胺进入小泡后不再合成去甲肾上腺素而已，因为贮存多巴胺的小泡内不含多巴胺β羟化酶。

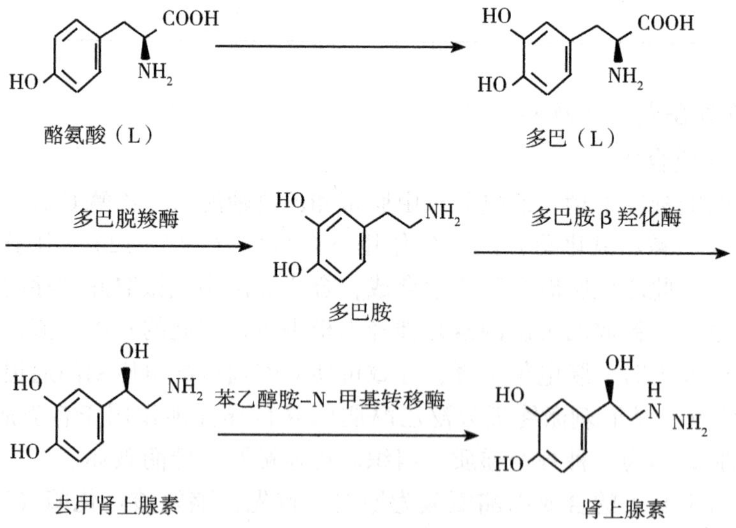

酪氨酸（L） → 多巴（L）

多巴脱羧酶 → 多巴胺 → 多巴胺β羟化酶 →

去甲肾上腺素 — 苯乙醇胺-N-甲基转移酶 → 肾上腺素

图2-13 去甲肾上腺素的合成

5-羟色胺的合成以色氨酸（Tryptophan）为原料，首先在色氨酸羟化酶（TPH）作用下合成5-羟色氨酸（5-Hydroxytryptophan，5HTP），再在5-羟色氨酸脱羧酶（氨基酸脱羧酶，5-HTPDC）作用下将5-羟色氨酸合成5-羟色胺（5-Hydroxytryptamine，5-HT），这两步是在胞浆中进行的；然后5-羟色胺被摄取入小泡，并贮存于小泡内（图2-14）。5-羟色胺合成位置：大脑约含有1%~2%的5-羟色胺，存在于下丘脑、边缘系统、新皮层、小脑和低位脑干内部等。5-羟色胺产生神经元主要存在于脑干中的神经元簇缝核中，来自缝核的5-羟色胺神经元遍布整个脑干和大脑，并向其余中枢神经系统提供5-羟色胺。脑外（外周组织）人体有超过90%的5-羟色胺产生于胃肠道的肠嗜铬细胞，主要参与消化道的功能活动，在外周还有诸如影响血小板聚集、骨代谢和心血管系统等作用。

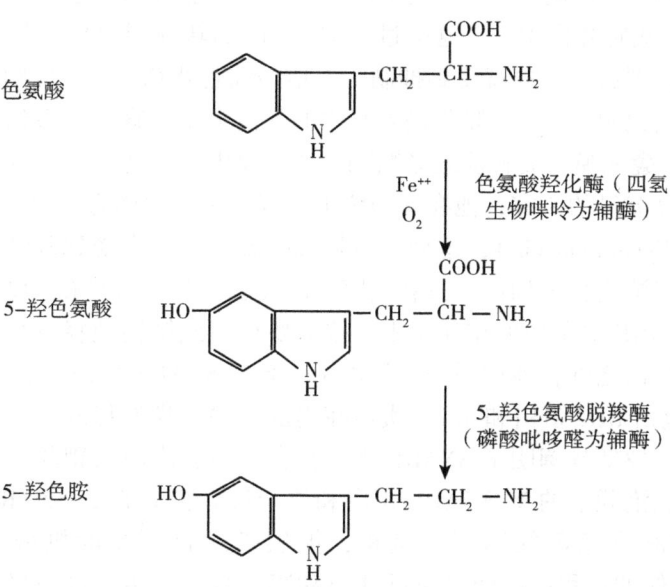

图2-14 5-羟色胺的合成

γ-氨基丁酸是L-谷氨酸（谷氨酸）在谷氨酸脱羧酶（GAD）催化作用下合成的，过程需磷酸吡哆醛（维生素B_6的活性形式）作为辅因子，主要发生在神经突触的GABA能神经元中（图2-15）。肽类递质的合成与其他肽类激素的合成完全一样，它是由基因调控的，并在核糖体上通过翻译而合成的。自主神经系统神经末梢的化学传递。

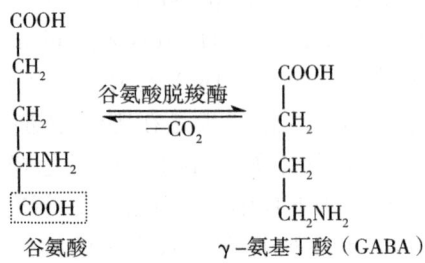

图 2-15 γ-氨基丁酸的合成

(2) 递质释放

当神经冲动抵达末梢时，末梢产生动作电位和离子转移（Ca^{2+}由膜外进入膜内），使一定数量的小泡与突触前膜紧贴融合起来，小泡内递质和其他内容物就释放到突触间隙内。突触前膜释放递质的过程，称为出胞（Exocytosis）或胞吐作用。在这一过程中，Ca^{2+}的转移很重要，如果减少细胞外Ca^{2+}浓度，则递质释放就受到抑制，而增加细胞外Ca^{2+}的浓度则递质释放增加。这一事实说明，Ca^{2+}由膜外进入膜内的数量多少，直接关系到递质的释放量，Ca^{2+}是小囊泡膜与突触前膜紧贴融合的必要因素。托马斯·苏德霍夫长时间致力于神经突触的研究，他在囊泡膜上发现了一种被称为突触结合蛋白的跨膜蛋白（如 Synaptotagmin），这种蛋白是Ca^{2+}感受器。当受到刺激时，神经细胞内部的Ca^{2+}浓度会增加；一旦囊泡膜上的突触结合蛋白与Ca^{2+}结合，囊泡就会通过与 SNARE 等蛋白的相互作用，按需要快速或缓慢地释放神经递质。除了突触结合蛋白之外，苏德霍夫还发现了一系列 SNARE 蛋白成员（如 SNAP-25），以及包括 RIM 蛋白和 Munc 蛋白在内的、协助囊泡释放神经递质的蛋白质。詹姆斯·罗斯曼阐明了 SNARE 蛋白复合体在囊泡膜与靶膜融合中的核心作用：位于囊泡膜上的 V-SNARE 蛋白和位于目标膜上的 T-SNARE 蛋白通过α螺旋缠绕形成稳定的四聚体结构，提供膜融合所需的机械力，在形成 SNARE 复合体的过程中将两膜拉近并驱动膜融合的发生，这一机制解释了囊泡如何精准锚定并释放内容物至特定位置（图 2-16）。

SNARE（SNAP REceptor，可溶性 NSF 附着蛋白 SNAP 的受体）蛋白是一类广泛存在于真核细胞中的膜融合蛋白。它们的核心功能是介导并驱动细胞内不同膜性细胞器之间或囊泡与靶膜之间的特异性膜融合过程。SNARE 蛋白根据其位置和功能主要分为两类：v-SNARE 位于囊泡膜上，t-SNARE 位于靶膜上。Syntaxin、SNAP25 和 VAMP/synaptobrevin 是最先发现的 SNARE 蛋白质，也是研究最为详细的 SNARE 蛋白质。SNARE 是一些小的蛋白质，分子量为

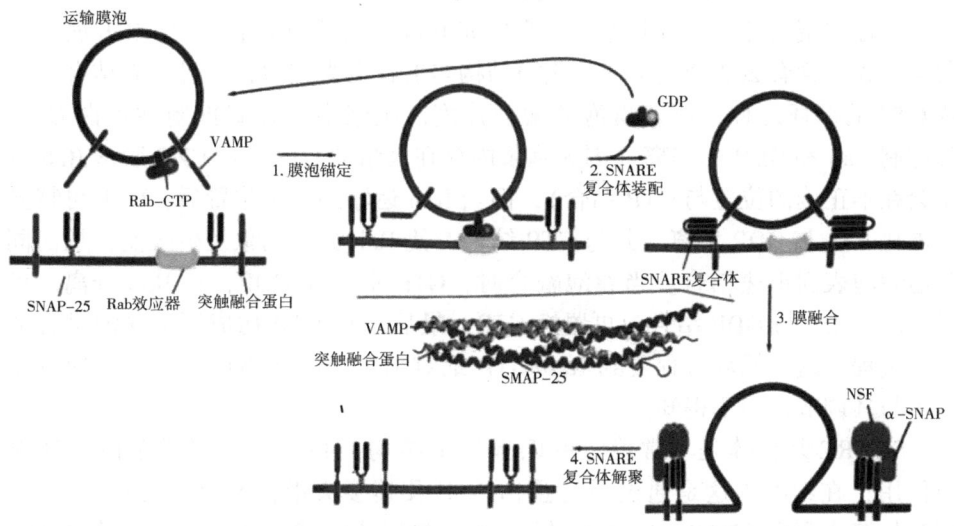

图 2-16 在供体膜和靶膜之间膜泡的锚定与融合模式图解
（图片来源：翟中和等，2011）

18~42 kD，所有 SNARE 蛋白的标志是它们在近膜端区都含约 60 个保守的氨基酸残基组成的 7 段重复序列（称为 SNARE 基序），可以形成 Coiled-coil 结构，此螺旋束可连接两个相对的膜进行膜融合。但 SNAP25 蛋白质不同，它有两个 SNARE 基序，通过该蛋白质中央部分共价连接的棕榈酰基团而结合到膜上。大多数 SNARE 蛋白质是羧端锚定的跨膜蛋白（Ⅱ型整合膜蛋白质），带一很短的胞质外结构域或不带，具功能的氨基端朝向胞液。但也有许多 SNARE 蛋白质是通过棕榈酰化或异戊二烯化锚定在膜上，而没有跨膜结构域。

囊泡融合至少涉及 3 种蛋白质参与，V-SNARE、T-SNARE 和 SNAP25，也称为融合锚定蛋白。SNAP25 由两条 α-螺旋肽链组成，常与 t-SNAREs 相伴，为 v-SNAREs 的受体。体外研究表明，当含 v-SNAREs 脂质体与含 t-SNAREs/SNAP25 脂质体相接触时，先有锚定蛋白的结合，即两条 α 链的 SNAP25 与另各由一条 α 链的 v-SNAREs 和 t-SNAREs 相互织缠，将双方牢牢系住，这一过程在数秒钟即可完成。真核细胞中除了上述 3 种蛋白，还有 N-乙基马来酰亚胺敏感因子（NSF）参与囊泡融合。NSF 是一种可溶性细胞质蛋白，由 4 个相同亚基构成的四聚体，属于 ATP 酶家族，其核心功能是通过催化 ATP 水解释放能量，驱动囊泡与靶膜之间的融合过程。NSF 与 SNAP 蛋白（包括 α、β、γ 亚型）结合形成复合物，共同参与膜融合，其中 NSF 提供能量,而 SNAPs 作为辅助因子介导复合物与 SNARE 受体的结合。

除锚定蛋白外,还有其他一些蛋白如 Rab 参与调节囊泡转运。Rab 属 GTP 结合家族,含有 200 个氨基酸,蛋白结构与 Ras 极为相似,通过不断结合与水解 GTP 的循环过程,调节囊泡的融合速度。胞浆中存在着抑制性蛋白 GDI,会抑制 Rab 和 GDP 的解离(因为胞浆内存在大量的 GTP,若 GDP 脱落 Rab 可能会在不正确的位置与 GTP 结合),而当 Rab 运输到特定位置后,GEF 可特异性催化 Rab 与 GDP 解离,并与 GTP 结合,使 Rab 分子构象发生改变,从而同转运囊泡表面迅速结合。当囊泡融合时,GTP 水解成 GDP,与 Rab 分离。可以看出,Rab 与 GDP 结合,再置换 GTP,最后水解 GTP 构成调节囊泡融合的整个过程。这一循环过程受到 Rab/GTP 绝对结合率的严格调节。至于何种蛋白参与其调节,尚不得知。

SNARE 复合体是非常稳定的四螺旋束结构,必须被解聚成单体以便循环使用,在细胞内这是通过马达蛋白 NSF 及其接头蛋白 SNAP 共同完成的。NSF 与接头蛋白 SNAP、SNARE 复合体一起形成沉降系数为 20S 的复合体,NSF 在 SNAP 的帮助下利用水解 ATP 产生的能量将 SNARE 复合体解开成单体,使胞内膜融合的过程得以循环进行。詹姆斯·罗斯曼(James E·Rothman)、兰迪·谢克曼(Randy W·Schekman)和托马斯·苏德霍夫(Thomas C·Südhof)因他们在细胞囊泡运输调控机制领域的突破性发现获得 2013 年诺贝尔生理医学奖。

神经递质由突触前膜释放后立即与相应的突触后膜受体结合,产生突触去极化电位或超极化电位,导致突触后神经兴奋性升高或降低。自此,神经冲动的电信号就完成了对突触间的一次跨越。

膜泡融合过程:①在供体膜上的鸟苷酸交换因子(GEF)诱发 Ras-GDP 转换为 Ras-GTP,鸟苷酸交换引发 Rab 蛋白构象改变并暴露其共价结合的脂质基团,从而帮助 Rab-GTP 蛋白锚定在供体膜上,并随膜泡转移,在靶膜上 Rab-GTP 与 Rab 效应器结合(这种结合有助于膜泡锚定和 v-SNARE 与 t-SNARE 的配对);②v-SNARE 蛋白(图中 VAMP)与同类 t-SNARE(图中 syntaxin 和 SNAP25)胞质结构域相互作用,形成稳定的卷曲 SNARE 复合体,将膜泡与靶膜紧密束缚在一起;③伴随 SNARE 复合物形成后,供体膜泡与靶膜随即融合;④两膜融合后,NSF 联合 α-SNAP 蛋白随即与 SNARE 复合体结合,然后 NSF 催化 ATP 水解,驱动 SNARE 复合体解离,游离的 SNARE 蛋白再用于其他膜泡的融合。具有 GTPase 活性的 Rab 蛋白水解与之结合的 GTP,释放可溶性的 Rab-GDP 进入细胞质,在细胞质中 Rab-GDP 与 GDP 解离抑制物(GDÍ)结合,从而防止 Rab 蛋白从 Rab-GDP 复合物中释放出来,直至与 GEF 发生相互作用。

(3) 递质失活

进入突触间隙的乙酰胆碱作用于突触后膜发挥生理作用后，就被胆碱酯酶水解成胆碱和乙酸，这样乙酰胆碱就被破坏而失去了作用，这一过程称为失活。去甲肾上腺素进入突触间隙并发挥生理作用后，一部分被血液循环带走，再在肝中被破坏失活；另一部分在效应细胞内通过儿茶酚-O-甲基转移酶（COMT）和单胺氧化酶的作用而被破坏失活；但大部分是由突触前膜将去甲肾上腺素再摄取，回收到突触前膜处的轴浆内并重新加以利用。多巴胺的失活与去甲肾上腺素的失活相似，它也是由 COMT 和单胺氧化酶的作用而被破坏失活。突触前膜也能再摄取多巴胺加以重新利用。5-羟色胺的失活也与去甲肾上腺素的失活相似，单胺氧化酶等能使 5-羟色胺降解破坏，突触前膜也能再摄取 5-羟色胺加以重新利用。氨基酸递质在发挥作用后，能被神经元和神经胶质再摄取而失活。肽类递质的失活是依靠酶促降解，例如通过氨基肽酶、羧基肽酶和一些内肽酶的降解而失活。

第三节 受体

受体（Receptor）是一类能够识别和选择性结合某种配体（信号分子）的大分子，已经鉴定的绝大多数受体都是蛋白质且多为糖蛋白，少数受体是糖脂（如霍乱毒素受体和百日咳毒素受体），有的受体是糖蛋白和糖脂组成的复合物（如促甲状腺素受体）。根据靶细胞上受体存在的部位，可将受体区分为细胞内受体（Intracellular recepor）和细胞表面受体（Cell-surface receptor）。

细胞内受体位于细胞质基质或核基质中，主要识别和结合小的脂溶性信号分子，如甾类激素（如雌激素、雄激素、孕激素等）、甲状腺素、维生素 D 和视黄酸（Retinoicacid）及气体性信号分子（如 NO）。亲水性信号分子（所有的肽类激素、神经递质和各种细胞因子等）均不能进入细胞，它们的受体位于细胞表面即细胞表面受体。这些受体与信号分子结合后，可以诱导细胞内发生一系列生物化学变化，从而使细胞的功能如生长、分化及细胞内化学物质的分布等发生改变，以适应微环境的变化和机体整体需要，这一过程可以称之为跨膜信号转导。在这一信号转导过程中，信号分子不进入细胞。虽然有些信号分子与膜受体结合后可以发生内化（Internalization），即信号分子（配体）与细胞膜受体结合形成的复合物，通过细胞膜的向内凹陷（胞吞作用）进入细胞内部的过程。如肾上腺素与 β2-肾上腺素受体结合后，受体-配体复合物通过网格蛋白包被小泡内化进入早期内体，在低 pH 环境下配体解离，受体经分选返回质膜重新利用，维持细胞对激素的持续响应能力；表皮生长因子受体（EGFR）与 EGF 结合后，EGFR 二聚化并激活并通过内吞进入晚期内体，受体泛素化标记后被转运至溶酶体降解，终止信号传导；某些 GPCRs（如甲状旁腺激素受体 PTH1R）内化后，部分受体-β-arrestin 复合物可转运至细胞核，调控基因转录，参与骨代谢等长期生理效应；Nothch 受体与配体 Delta 结合后，受体经过两次水解进入细胞核调控基因表达，影响细胞分化；但受体的内化不是主要的作用方式。这种位于膜表面的受体所介导的信号传递主要表现为，各种参与信号传递的信号分子的构象、浓度或分布发生变化，各种信号分子之间发生相互识别和相互作用。根据信号转导机制和受体蛋白类型的不同，细胞表面受体又分属三大家族。

一、离子通道偶联受体

细胞表面离子通道偶联受体（Ionchannel-coupled receptor）是指受体本身既有信号（配体）结合位点，又是离子通道，其跨膜信号转导无需中间步骤，又称配体门离子通道（ligand-gated channel）或递质门离子通道（Transmitter-gated channel）。这种离子通道与受电位控制的离子通道及受化学修饰调控的离子通道不同，它们的开放或关闭直接受配体的控制，其配体主要为神经递质（图 2-17）。离子通道型受体可以是阳离子通道，如乙酰胆碱、谷氨酸和 5-羟色胺的受体；也可以是阴离子通道，如甘氨酸和 γ-氨基丁酸的受体。离子通道受体信号转导的最终作用是导致细胞膜电位改变了，可以认为，离子通道受体是通过将化学信号转变成为电信号而影响细胞功能的。

离子通道偶联受体的信号传递过程包括：①配体与受体结合；②离子通道打开；③阳离子或阴离子跨膜传递，引起膜电位发生去极化或超极化；④神经细胞冲动激活或受到抑制；⑤神经递质释放改变（图 2-17）。

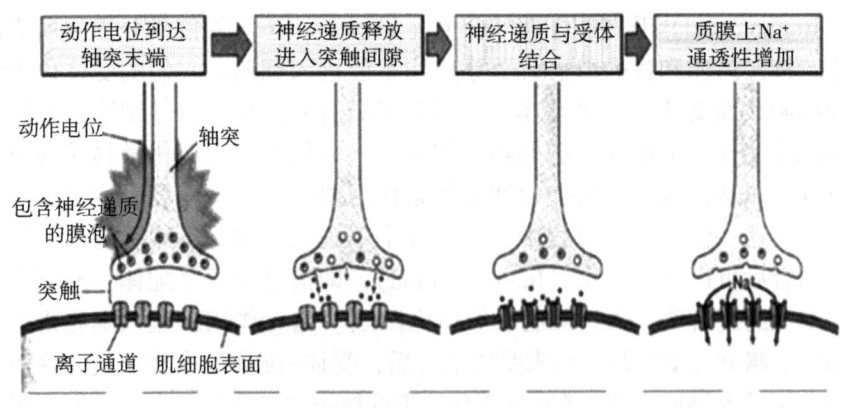

图 2-17　离子通道偶联受体信号传递

二、G 蛋白偶联受体（G-protein-coupled receptor, GPCR）

G 蛋白偶联受体是细胞表面受体中最大家族，普遍存在于各类真核细胞表面，根据其偶联效应蛋白的不同，介导不同的信号通路。G 蛋白偶联型受体包括多种神经递质、肽类激素、类二十烷酸和趋化因子的受体，在味觉、视觉和嗅觉中接受外源理化因素的受体亦属 G 蛋白偶联型受体。这类受体在结构上均为单体蛋白，氨基末端位于细胞外表面，羧基末端在胞膜内侧，完整的肽链要反复跨膜七次，因此亦有人将此类受体称为七次跨膜受体（图2-18）。由于肽链反复跨膜，在膜外侧和膜内侧形成了几个环状结构，它们分别负责与配体（化学、物理信号）的结合和细胞内的信号传递。其胞浆部分可以与一种 GTP/GDP 结合蛋白（简称 G 蛋白）相互作用，这种 G 蛋白是该信号传递途径中的第一个信号传递分子，这也是这类受体被称为 G 蛋白偶联型受体的原因。从功能上看，受体的识别区域实际上是由 7 个跨膜区段间通过特定氨基酸残基之间的相互作用形成复杂的空间构象。配体结合于识别区域之后即导致整个受体构象的变化。受体肽链的 C 末端和连接第 5 个和第 6 个跨膜区段的第 3 个胞内环是 G 蛋白结合部位。

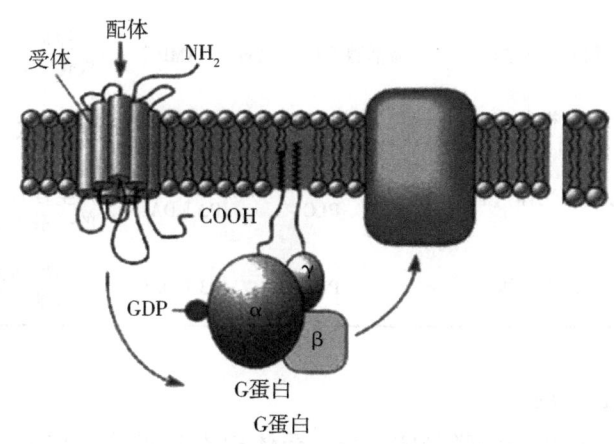

图 2-18　G 蛋白偶联受体结构

1. G 蛋白类型和效应

G 蛋白（GTP 结合蛋白）大多数存在于细胞膜内侧（属于膜外周蛋白），由 α、β、γ 三个不同亚单位构成异源三聚体，总分子量为 100 kDa 左右，目前知道的种类已多达40余种。其中α亚基上有鸟苷（GDP/GTP）结合位点，还具有GTPase的活性结构域和ADP核糖化位点。β亚单位在多数G蛋白中都非常类似，分子量36 kDa左右。γ亚单位分子量在8~11 kDa，除Gt外，大多数G蛋白的γ亚单位都是相同的。β、γ两个亚单位紧密结合，对于维持G蛋白的整体结构和功能至关重要。另外，G蛋白在结构上没有跨膜蛋白的特点，但是α亚基上的肉豆蔻酰基化（Myristoylation）作用和γ亚基上的某些氨基酸残基的异戊二烯化（Prenylation）作用（共价结合脂分子）能够将G蛋白固定于细胞膜内侧（脂锚定蛋白）。G蛋白根据其α亚基的类型和功能将Gα蛋白分为Gsα、Giα、Goα、Gqα、Golfα（olf是Olfactory-嗅觉的缩写）及Gtα六类（表2-10）。这些不同类型的G蛋白在信号传递过程发挥不同的作用。

表2-10 G蛋白类型

G蛋白种类	受体举例	效应器	第二信使	第二信使下游效应蛋白
Gsα（激活型）	β肾上腺素受体，胰高血糖素受体，血中复合胺受体，后叶加压素受体	激活腺苷酸环化酶	cAMP↑	激活cAMP依赖的蛋白激酶PKA
Giα（抑制型）	α1肾上腺素受体 M乙酰胆碱受体	抑制腺苷酸环化酶，K$^+$通道（G$_{βγ}$激活）	cAMP↓	抑制cAMP依赖的蛋白激酶
Golfα	嗅觉受体（鼻腔）	激活腺苷酸环化酶	cAMP↑	门控阳离子通道，细胞去极化，兴奋传导大脑
Gtα	视杆细胞视紫红质（光受体）	激活cGMP磷酸二酯酶	cGMP↓	视觉有关
Goα	乙酰胆碱受体（内皮细胞）	PLC	IP3↑ DAG↑	产生百日咳杆菌毒素导致的一系列效应
Gqα	α2肾上腺素受体	PLC	IP3↑ DAG↑	磷脂酰肌醇代谢途径信号传递过程中发挥重要作用

2. G蛋白活性调节

信号分子与G蛋白偶联受体结合，受体构象改变诱导GTP与G蛋白结合的GDP进行交换，当α亚基结合GTP时，βγ亚基与α亚基解离。结合了GTP的α亚基（Gα-GTP）处于活性状态，可沿质膜平面离开受体向效应器（如腺苷酸环化酶）方向移动，与效应器相互作用并将其激活，从而传递信号（图2-19）。例如激动型G蛋白（Gs）的α亚基结合GTP后可激活腺苷酸环化酶；而抑制型G蛋白（Gi）的α亚基与GTP结合（Gi-GTP）则会抑制腺苷酸环化酶活性，产生与 Gs 相反的生物学效应。虽然 βγ 亚基通常作为一个复合物发挥作用，但它们还能与一些效应蛋白相互作用，对信号传导进行精细调控，参与信号转导过程。例如在心肌细胞上 M 乙酰胆碱受体激活引起 G 蛋白三亚基分离，$G_{βγ}$ 可以调节 K^+ 通道的活性，引起心肌细胞的超极化，降低心肌收缩频率。G 蛋白具有内源 GTP 酶（GTPase）活性，在完成信号传递效应后，G 蛋白在 GTPase 帮助下将 GTP 水解形成 GDP 并释放 Pi，此时 α 与 βγ 亚基重新形成三聚体结构，G-GDP 蛋白又变成失活状态。

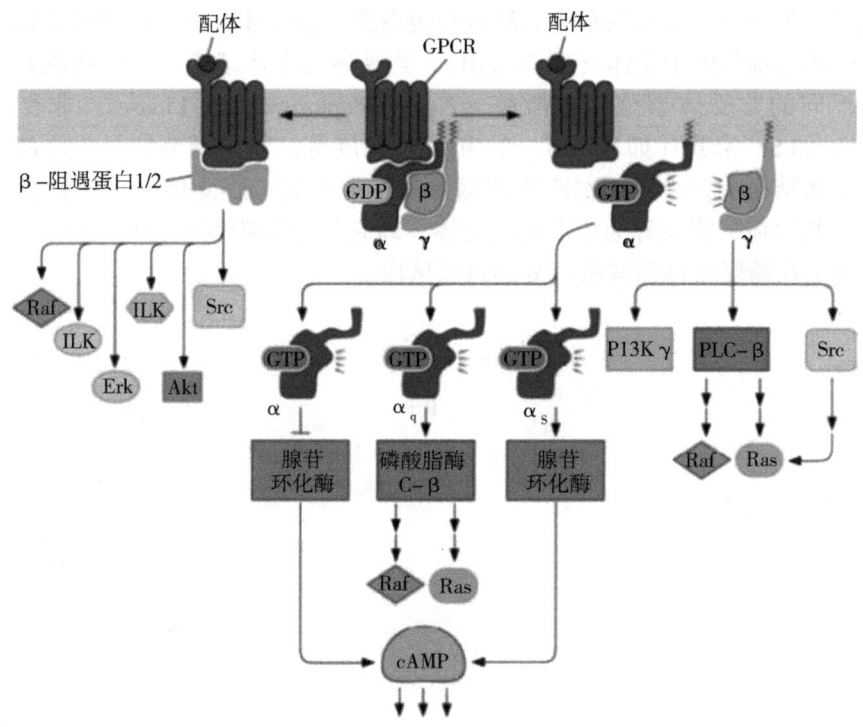

图 2-19　G 蛋白激活及效应器

除 G 蛋白偶联型受体在其信号转导过程中需细胞内信使作为信号的传递者外，细胞内还存在受其他信号转导方式调控的细胞内信使。20 世纪 90 年代以来，越来越多的以小分子物质作为细胞内信使参与细胞功能调控的过程得以阐明。

G 蛋白偶联受体的信号传递过程包括：①配体与受体结合；②受体活化 G 蛋白；③G 蛋白激活或抑制细胞中的效应分子；④效应分子改变细胞内信使的

含量与分布；⑤细胞内信使作用于相应的靶分子，从而改变细胞的代谢过程及基因表达等功能。

三、酶联受体（Enzyme-linked receptors）

酶联受体是一类受体胞内结构域具有潜在酶活性的酪氨酸蛋白激酶型受体，这类受体包括生长因子受体、胰岛素受体等（图2-20）。与相应配体结合后，受体二聚化或多聚化，表现酪氨酸蛋白激酶活性，催化受体自身和底物Tyr磷酸化，有催化型受体之称（图2-20A）。另一类是受体本身不具酶活性，而是受体胞内段与酶相联系的非酪氨酸蛋白激酶型受体，如生长激素受体、干扰素受体等细胞因子受体（图2-20B）。当受体与配体结合后，可偶联并激活下游不同的非受体型酪氨酸激酶（Non-receptor tyrosine kinases，非受体型TPK），如Src家族（如Src、Lyn）和JAK家族等，传递调节信号。这两种类型的受体结构上为一类单次跨膜的糖蛋白，与七次跨膜受体（G蛋白偶联型受体）相对应，将其称为单次跨膜受体，即它们的跨膜区仅为单向一次性的，而不像七次跨膜受体那样有反复的跨膜区段。

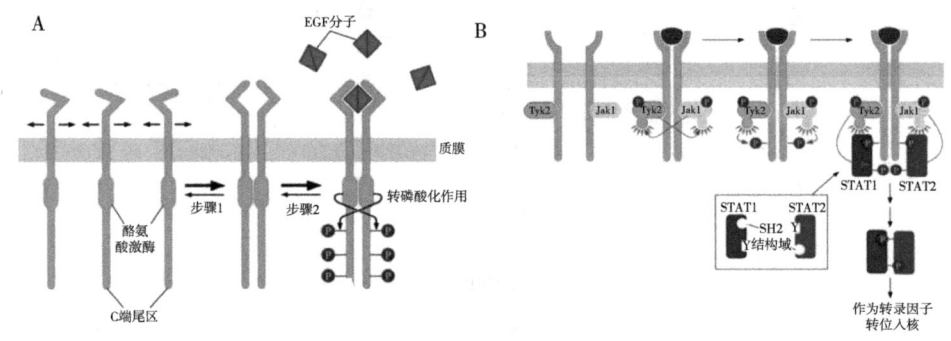

图2-20 酶联受体

A：受体酪氨酸激酶；B：与酪氨酸蛋白激酶偶联受体。

酶联受体一般至少有两个功能域：结合配体的功能域及产生效应的功能域，分别具有结合特异性和效应特异性。受体结合特异性配体后被激活，通过信号转导途径将胞外信号转换为胞内信号，引发两种主要的细胞反应：一是细胞内预存蛋白活性或功能的改变，进而影响细胞代谢功能的快速反应（快反应）；二是通过修饰转录因子激活或抑制基因表达，影响细胞内特殊蛋白表达量的长期反应（慢反应），最后的综合效应是改变细胞的行为（图2-21）。

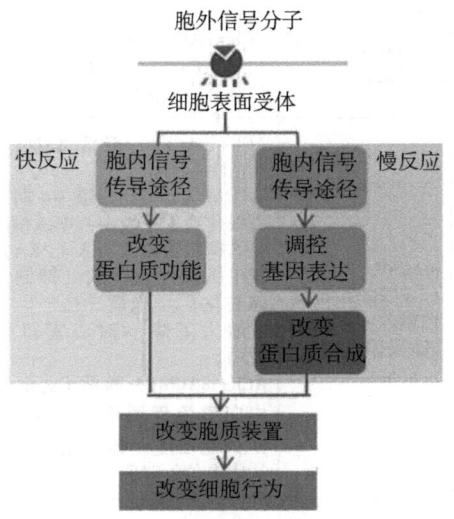

图 2-21 细胞表面受体转导胞外信号引发两类主要反应
(图片来源：翟中和等，2011)

对多细胞生物而言，一个细胞经常暴露于以不同状态存在的上百种不同信号分子的环境中，靶细胞对外界特殊信号分子的特异反应取决于细胞具有的相应受体。受体与信号分子空间结构的互补性是二者特异性结合的主要因素，但并不意味受体与配体之间是简单的一对一的关系，不同细胞对同一种化学信号分子可能具有不同的受体。因此，不同的靶细胞以不同的方式应答于相同的化学信号，如同为乙酰胆碱，作用于骨骼肌细胞引起收缩，作用于心肌细胞却降低收缩频率，作用于唾腺细胞则引起分泌（表2-11）。另外也有不同的细胞具有相同的受体，当与同一种信号分子结合时，不同细胞对同一信号产生不同的反应，或同一细胞不同的受体应答于不同的胞外信号产生相同的效应，如肝细胞肾上腺素或胰高血糖素受体在结合各自配体被激活后，都能促进糖原降解而升高血糖（表2-11）。再有就是一种细胞具有一套多种类型的受体，应答多种不同的胞外信号从而启动细胞不同生物学效应，如存活、分裂、分化或死亡。由此可见，靶细胞一是通过受体对信号结合的特异性，二是通过细胞本身固有的特征对外界信号产生反应。

表 2-11 细胞内信号转导的特异性

信号分子	目标细胞	受体	信号通路	细胞效应
乙酰胆碱 Ach	骨骼肌细胞	nAChR（门控离子通道）	ACh+nAChR→Na^+内流→去极化→$[Ca^{2+}]$↑→Ca^{2+}与肌钙蛋白结合→肌肉收缩	骨骼肌肌肉收缩
	心肌细胞	mAChR（GPCR/Gi/o 蛋白耦联）M2 受体	ACh+mAChR→激活 $G_{\alpha i/o}$→抑制 AC→cAMP↓ →①抑制 L 型钙通道→4 期自动去极化速率减慢→心率减慢。→②抑制蛋白激酶 A（PKA）→减少肌浆网钙释放（抑制 RyR 磷酸化）→胞质 $[Ca^{2+}]$↓→收缩力下降→对心室肌作用较弱。ACh+mAChR→激活 $G_{\beta\gamma}$ 亚基→内向整流钾通道（I_kACh）→K^+外流增加→超极化→延长到达阈电位的时间	心率减慢 房室结传导减慢 抑制（心率↓、传导↓、收缩力↓）
	唾腺细胞	mAChR（GPCR/Gq/11 蛋白耦联）M3 亚型	ACh+mAChR→激活 Gq 蛋白→活化磷脂酶 C（PLC）→PLC 水解膜磷脂 PIP_2→IP_3+DAG ①→IP_3+IP_3 受体结合→Ca^{2+}释放至胞质→$[Ca^{2+}]$↑（从~100 nmol/L 升至 1 μmol/L）→Ca^{2+}激活钙激活 Cl^-通道→Cl^-外流至腺泡腔→Na^+梯度驱动 Cl^-进入细胞，维持分泌所需离子浓度 Cl^-和 Na^+的分泌形成渗透梯度 → 水通过水通道蛋白（AQP5）进入腺泡腔，形成唾液。②→DAG 与 Ca^{2+}共同激活 PKC→参与长期分泌调控 Ca^{2+}信号触发分泌颗粒（含淀粉酶、黏蛋白等）与细胞膜融合，释放内容物至腺泡腔。PKC 的调控作用：PKC 磷酸化靶蛋白，增强分泌颗粒的动员和膜融合效率	促进唾液分泌

(续表)

信号分子	目标细胞	受体	信号通路	细胞效应
肾上腺素（EP）	肝细胞	GPCR/Gs 主导 GPCR/Gq 少量	糖原分解：肾上腺素→β2 受体（GPCR）→Gs 蛋白→腺苷酸环化酶（AC）激活→cAMP↑→PKA 激活→磷酸化磷酸化酶激酶→激活糖原磷酸化酶（Glycogen phosphorylase）→分解糖原为葡萄糖-1-磷酸→转化为葡萄糖入血。 糖异生：cAMP/PKA→磷酸化 CREB（cAMP 响应元件结合蛋白）→上调磷酸烯醇式丙酮酸羧激酶（PEPCK）和葡萄糖-6-磷酸酶（G6Pase）基因表达→促进乳酸、甘油、氨基酸转化为葡萄糖。 α1 受体→Gq 蛋白→PLC 激活→IP3（释放内质网 Ca^{2+}）+ DAG（激活 PKC）。Ca^{2+} 信号增强糖异生酶活性，与 β 受体协同放大代谢反应	糖原降解而升高血糖
胰高血糖素（Glucagon, Glu）	肝细胞	GPCR/Gs	Glu+GPCR→Gs 激活→腺苷酸环化酶（AC）→cAMP↑→PKA 激活； 糖原分解：PKA 激活→磷酸化磷酸化酶激酶→激活糖原磷酸化酶（Glycogen phosphorylase）→分解糖原为葡萄糖-1-磷酸→转化为葡萄糖入血。 抑制糖原合成：PKA 磷酸化糖原合成酶（Glycogen synthase）→使其失活。 PKA 磷酸化 CREB（cAMP 响应元件结合蛋白）→CREB 与 DNA 结合→上调磷酸烯醇式丙酮酸羧激酶（PEPCK）和葡萄糖-6-磷酸酶（G6Pase）的基因表达。 辅助信号通路：GLU 可能通过 Gs 蛋白的 βγ 亚基激活磷脂酶 C（PLC→生成 IP3→释放内质网 Ca^{2+}。 Ca^{2+} 与 CaM 结合→激活钙调蛋白依赖性激酶（CaMPK）→增强糖异生酶活性	促进糖原分解、糖异生和脂代谢，以维持血糖稳态

　　去甲肾上腺素（Norepinephrine，NE）是一种关键的儿茶酚胺类神经递质和激素，通过激活肾上腺素能受体（Adrenergic receptors，ARs）介导多种生理效应。其信号通路主要依赖 G 蛋白偶联受体（GPCR）的激活，不同受体亚

型触发下游不同的信号转导机制（表 2-12）。

表 2-12 去甲肾上腺素通过不同受体介导细胞反应

信号分子	受体（GPCR）	偶联 G 蛋白	效应器	第二信使	信号通路	生理效应
去甲肾上腺素	α_1 受体	Gq 蛋白偶联	激活 PLC	IP_3↑ 和 DAG↑	去甲肾上腺素+α_1 受体→Gq 激活→PLC→水解 PIP_2→IP_3 和 DAG。 - IP_3 → IP3R → [Ca^{2+}]↑→激活钙信号通路 -DAG → PKC→磷酸化下游靶蛋白	血管平滑肌收缩（升高血压），内脏括约肌收缩（如膀胱颈、胃肠道），肝糖原分解（通过 Ca^{2+}/PKC 通路）
	α_2 受体	Gi/o 蛋白偶联	抑制腺苷酸环化酶（AC）	cAMP↓	去甲肾上腺素+α_2 受体→Gi 激活→抑制 AC→cAMP↓	突触前负反馈抑制 NE 释放（自身受体作用）。 中枢神经系统镇静、镇痛。 抑制胰岛素分泌（胰腺 β 细胞）
			G 蛋白门控 K^+ 通道	K^+ 外流，细胞超极化	去甲肾上腺素+α_2 受体→K^+ 通道打开→K^+ 外流→超极化	
			抑制电压门控 Ca^{2+} 通道	减少神经递质释放	去甲肾上腺素+α_2 受体→Ca^{2+} 通道抑制	
	β_1 受体	Gs 蛋白偶联	抑制腺苷酸环化酶（AC）	cAMP↑	Gs 蛋白激活 AC → 增加 cAMP 生成 → 激活蛋白激酶 A（PKA） -PKA 磷酸化下游蛋白（如肌钙蛋白、磷酸化酶激酶、脂肪酶等）。 -长期效应可能涉及 CREB 转录因子激活（调节基因表达）	心脏正性变时、变力作用（增加心率、收缩力）
	β_2 受体					支气管/血管平滑肌舒张（如肺部）、肝糖原分解、骨骼肌震颤
	β_3 受体					β_3 受体：脂肪分解（脂肪组织）、膀胱舒张

第四节　第二信使与分子开关

一、第二信使

20 世纪 50 年代，E·W·Sutherland 通过体外实验证明，向肝组织切片加入肾上腺素时，可明显导致糖原磷酸化酶活性增加，并促进糖原分解为葡萄糖，从而导致 cAMP 的发现（张志文等，2010）。20 世纪 70 年代初提出激素作用的第二信使学说（Second messenger theory），即胞外化学信号（第一信使）不能进入细胞，它作用于细胞表面受体，导致产生胞内信号（第二信使），从而引发靶细胞内一系列生化反应，最后产生一定的生理效应。第二信使的降解使其信号作用终止。Sutherland 正是通过阐明 cAMP 的功能并提出第二信使学说，获得了 1971 年诺贝尔生理学或医学奖。他的研究结果一直作为基本模式指导着细胞信号系统的研究，并不断发展完善。第二信使是指在胞内产生的非蛋白类小分子，通过其浓度变化（增加或减少）应答胞外信号与细胞表面受体的结合，调节细胞内酶和非酶蛋白的活性，从而在细胞信号转导途径中行使携带和放大信号的功能。目前公认的第二信使包括 cAMP、cGMP、Ca^{2+}、二酰甘油（1, 2-diacylglycerol，DAG）、肌醇-1, 4, 5-三磷酸（1, 4, 5-inositol trisphosphate，IP3）和 3, 4, 5-三磷酸磷脂酰肌醇（PIP3）等（图 2-22）。

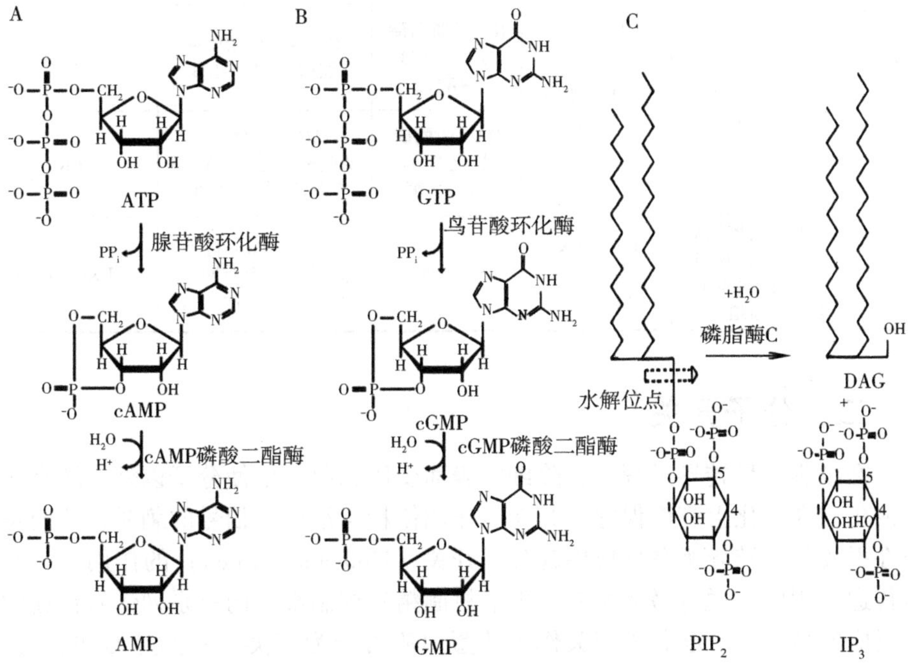

图 2-22 细胞内主要第二信使合成反应

A：ATP 在腺苷酸环化酶（AC）催化产生 cAMP，cAMP 在磷酸二酯酶（PDE）作用下水解生成 AMP；B：GTP 在鸟苷酸环化酶（GC）催化产生 cGMP，cGMP 在磷酸二酯酶作用下水解生成 GMP；C：磷脂酰肌醇二磷酸（PIP2）在磷脂酶 C（PLC）催化生成三磷酸肌醇（IP3）和二酰基甘油（DAG）。

细胞内第二信使一般具有以下三个特点：①多为小分子，且不位于能量代谢途径的中心；②在细胞中的浓度或分布可以迅速地改变；③作为变构效应剂可作用于相应的靶分子，已知的靶分子主要为各种蛋白激酶。cAMP 是第一个被发现的细胞内信使，催化它生成的腺苷酸环化酶为一类重要的 G 蛋白（Gαi 和

Gαs 等）的效应分子，cAMP 也是很多激素的细胞内信使。另一类重要的细胞内信使是在磷脂酰肌醇特异性磷脂酶 C（PLC）作用下，由磷脂酰肌醇二磷酸（PIP2）水解生成的三磷酸肌醇（IP3）和甘油二酯（DAG）（表 2-13）。

表 2-13 信号通路中的第二信使

第二信使	催化合成的酶/通道	合成反应	降解的酶/转运蛋白	降解反应	效应器
cAMP	腺苷酸环化酶（AC）	ATP→cAMP	PDE（cAMP 磷酸二酯酶）	cAMP→AMP	PKA
cGMP	腺苷酸环化酶（GC）	GTP→cGMP	PDE（cGMP 磷酸二酯酶）	cGMP→GMP	PKG，视杆细胞阳离子通道
IP3 和 DAG	磷脂酶 C（PLC）	PIP2→IP3+DAG	IP3 经磷酸酶水解，IP3 磷酸化	IP3→IP2→IP1→肌醇，IP3→IP4	IP3R
			DAG 激酶磷酸化 DAG 脂酶水解	DAG→磷脂酸→磷脂酰肌醇，DAG→单酰甘油+脂肪酸	PKC
Ca^{2+}	电压门控钙离子通道/IP3R 调控钙离子通道	Ca^{2+} 进入细胞质，[Ca^{2+}]↑	Ca^{2+}-ATPase	Ca^{2+}-ATPase 将钙离子转入内质网或细胞外，[Ca^{2+}]↓	PKC，CaM

二、分子开关

在细胞信号转导过程中，除细胞表面受体和第二信使分子以外，还有两类胞内蛋白在进化上高度保守，其功能作用依赖于细胞外信号的刺激，这两类蛋白在引发信号转导级联反应中起分子开关（Molecular switch）的作用，即在信号传递过程中，通过激活机制或失活机制精确控制细胞内一系列信号传递的级联反应的蛋白质。起分子开关作用的蛋白质可分为三类：一类是 GTPase 分子开关，另一类是蛋白激酶和蛋白磷酸水解酶组成的开关，还有一类为 Ca^{2+} 和钙调蛋白（Calmodulin，CaM）组成的分子开关。

1. GTPase 分子开关

GTPase 分子开关调控蛋白构成的细胞内 GTPase 超家族，包括三聚体 GTP 结合蛋白和单体 GTP 结合蛋白如 Ras（Rat sarcoma，Ras 大鼠肉瘤的英文缩写，是原癌基因 c-ras 的表达产物）和类 Ras 蛋白。这类鸟苷酸结合蛋白当结合 GTP 时呈活化的"开启"状态，当结合 GDP 时呈失活的"关闭"状态。开关调控蛋白通过两种状态的转换控制下游靶蛋白的活性，Alfred G·Gilman 和 Martin Rodbell 因为发现 G 蛋白及其在细胞信号转导中的调控作用而获得

1994 年诺贝尔生理学或医学奖。信号诱导的开关调控蛋白从失活态向活化态的转换,由鸟苷酸交换因子(Guanine nucleotide-exchange factor,GEF)所介导,GEF 引起 GDP 从开关调控蛋白释放,继而结合 GTP 并引发开关调控蛋白(G 蛋白)构象改变使其活化。随着结合 GTP 的水解形成 GDP 和 Pi,开关调控蛋白又恢复成失活的关闭状态。GTP 的水解速率被 GTPase 促进蛋白(GTPase-accelerating protein,GAP)和 G 蛋白信号调节子(Regulator of G protein-signaling,RGS)所促进,被鸟苷酸解离抑制蛋白(Guanine nucleotide dissociation inhibitor,GDI)所抑制。小 GTPase 根据结构和功能被分为 5 个家族分支:Ras 家族、Rho 家族、Ran 家族、Rab 家族和 Arf 家族;Ras 家族本身又被分为 6 个亚家族:Ras 亚家族、Ral 亚家族、Rit 亚家族、Rap 亚家族、Rheb 亚家族和 Rad 亚家族(表 2-14)。

表 2-14 小 GTPase 分类和功能

GTPase 分类	家族成员	下游效应分子	功能		结构
Ras 亚家族	Ras、Ral、Rap 等	Raf/MEK/ERK 信号通路、PI3K/AKT 通路	Ras 家族通过激活下游激酶(如 ERK)调控细胞增殖、分化及肿瘤发生	G 结构域(含 GTP/GDP 结合位点及水解酶活性区域)	G 结构域含 Switch I/II 区域,调控效应蛋白结合,C 端异戊二烯化修饰(膜锚定)
Rho 亚家族	Rac1、RhoA、Cdc42 等	ROCK(Rho 激酶)、PAK(p21 激活激酶)、WASP(调节肌动蛋白聚合)	Rho 家族通过调控细胞骨架重组(肌动蛋白聚合/应力纤维形成)影响细胞迁移、形态发生		G 结构域含独特的插入环(Insert Loop),通过插入环结合细胞骨架调控蛋白(如 WASP)等效应蛋白,部分成员(如 RhoA)含 C 端卷曲螺旋结构
Rab 亚家族	Rab3、Rab5	SNARE 复合物、Rab 效应蛋白(如 Rabphilin)	Rab 家族参与内吞/分泌途径的囊泡定向运输及膜融合		C 末端含双半胱氨酸基序(脂质修饰位点),超可变区决定亚细胞定位及效应分子特异性
Ran 亚家族	Ran	核转运受体(Importin/Exportin)	Ran 家族通过核转运受体介导 RNA、蛋白质的核输入/输出,影响基因转录和细胞周期		插入环长且高度保守,专用于核转运受体结合,C 端柔性区域依赖 RanGEF/RanGAP 调控核质定位
Arf 亚家族	Arf、Arl(Arf-like)等	COP I/COP II 囊泡形成相关蛋白、磷脂酶 D(PLD)	Arf 家族调控 COP I/COP II 囊泡形成,影响蛋白质分选和分泌		G 结构域含独特的核苷酸结合口袋,N 端肉豆蔻酰化修饰(促进膜结合)

2. 蛋白激酶和蛋白磷酸水解酶

细胞内更为普遍存在的分子开关机制是通过蛋白激酶（Protein kinase）使靶蛋白磷酸化，通过蛋白磷酸水解酶（Protcin phosphatase）使靶蛋白去磷酸化，从而调节靶蛋白的活性。Edwin G·Krebs 和 Edmond H·Fischer 因为发现蛋白质磷酸化与去磷酸化作为一种生物学调节机制而获得 1992 年诺贝尔生理学或医学奖。虽然这两种反应基本上是不可逆的，但综合蛋白激酶和蛋白磷酸水解酶的活性，蛋白质磷酸化和去磷酸化可为细胞提供一种"开关"机制，使各种靶蛋白处于"开启"或"关闭"的状态（图 2-23A，图 2-23C，图 2-23D）。蛋白质磷酸化和去磷酸化可以改变蛋白质的电荷并改变蛋白质构象，从而导致该蛋白质活性的增强或降低，是细胞内普遍存在的一种调节机制，在

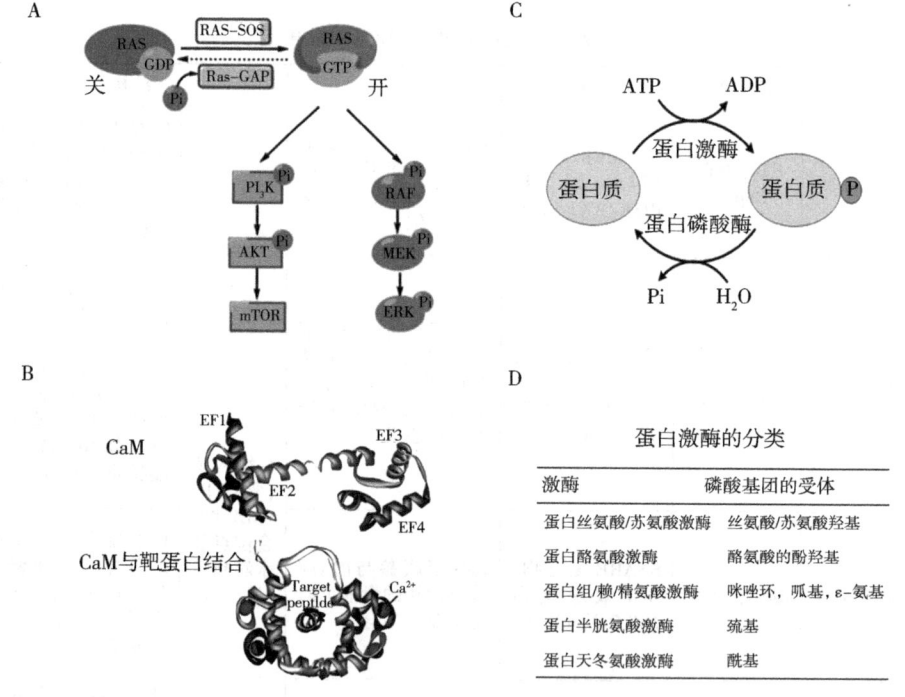

图 2-23　细胞内信号通路中分子开关

A：GTPase 开关调控蛋白活化（开）与失活（关），off state：结合 GDP，未激活态；on state：结合 GTP，激活态。SOS：鸟苷酸交换因子，GAP：GTPase 活性蛋白，通过催化 G 蛋白-GTP 水解脱磷酸为 Ras-GDP，封闭 G 蛋白的活性；PI3K 和 Raf 是 Ras 下游效应蛋白。B：Ca^{2+} 和 CaM 结合（开）与分离（关）。C：蛋白激酶（磷酸化）（开）和蛋白磷酸酶（去磷酸化）（关）。D：主要激酶种类及磷酸化位点。

代谢调节、基因表达、细胞周期调控中具有重要作用。据估计，酵母细胞有3%的蛋白质是蛋白激酶或蛋白磷酸水解酶，人类基因组编码蛋白激酶的基因多达2 000个，编码蛋白磷酸水解酶的基因有1 000个左右。细胞内许多蛋白，诸如信号蛋白、结构蛋白、酶和膜通道蛋白其活性变化都是通过蛋白激酶/蛋白磷酸水解酶开关调节的，并且具有靶蛋白特异性。

3. Ca^{2+} 和钙调蛋白（CaM）分子开关

Ca^{2+}作为胞内第二信使，通过浓度的变化和空间分布特征响应外界信号的刺激，钙调蛋白（Calmodulin，CaM，又称钙调素）可通过与Ca^{2+}的结合或解离而分别处于活化或失活的"开启"或"关闭"状态。钙调素是由148个氨基酸组成的单链多肽，含N端和C端两个结构域，通过中间α-螺旋连接，形成哑铃状结构（图2-23B）。N端和C端每个结构域包含两个EF手型模体（螺旋-环-螺旋），共4个Ca^{2+}结合位点，对钙离子具有高亲和力和选择性。未结合Ca^{2+}时CaM呈闭合构象，疏水相互作用界面被掩蔽；结合Ca^{2+}后，EF手型模体打开，暴露疏水区域，形成活化构象。当细胞内Ca^{2+}浓度升高（如神经兴奋、肌肉收缩时），钙调素依次结合Ca^{2+}，经历部分结合（1~2个Ca^{2+}）与完全活化（4个Ca^{2+}）两种状态。完全活化后疏水区域暴露，识别并结合靶蛋白的α-螺旋结合基序。Ca^{2+}浓度下降时，Ca^{2+}从EF手型模体解离，CaM恢复闭合构象，与靶蛋白分离。CaM下游调节蛋白如钙调蛋白激酶（CAMKⅡ）、磷酸酶/环化酶（磷酸二酯酶/腺苷酸环化酶）、细胞骨架调控蛋白（肌球蛋白轻链激酶，MLCK），离子通道（Ryanodine受体，RYR），转录因子（活化T细胞核因子，NFAT）等。

第五节 信号转导系统及其特性

一、信号转导系统的基本组成及信号蛋白的相互作用

通过细胞表面受体介导的信号通路通常由下列5个步骤组成（图2-24）：①受体激活：胞外信号分子（配体）识别并结合细胞表面特异性受体，形成配体—受体复合物，导致受体激活；②信号跨膜传递：激活受体构象改变，导致信号初级跨膜转导，靶细胞内产生第二信使或活化的信号蛋白；③信号放大的级联反应：通过胞内第二信使或细胞内信号蛋白复合物的装配，起始胞内信号放大的级联反应（Signaling cascade）；④细胞应答反应，如果这种级联反应主要是通过酶的逐级激活，结果将改变细胞代谢活性，或者通过基因表达调控蛋白影响细胞基因表达和影响发育，或者通过细胞骨架蛋白的修饰改变细胞形

状或运动；⑤细胞反应终止：由于受体脱敏（Desensitization）或受体下调（Down-regulation），终止或降低细胞反应。

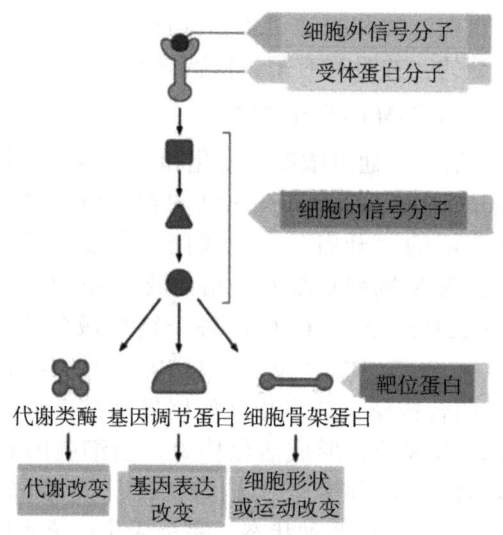

图 2-24　细胞表面受体介导的信号通路的组成
（资料来源：翟中和等，2011）

细胞信号转导系统是由细胞内多种行使不同功能的信号蛋白所组成的信号传递链。受体通过细胞内信号蛋白之间的相互作用组成不同的信号通路而传播信号，这必然涉及信号蛋白之间靠特殊的机制保障彼此的精确联系。这种细胞内信号蛋白的相互作用是靠蛋白质模式结合域（Modular binding domain）所特异性介导的，多种模式结合域经多重相互作用极大地拓展了细胞内信号网络的多样性。这些模式结合域通常由 40~120 个氨基酸残基组成，一侧有较浅凹陷的球形结构域，不具酶活性，但能识别特定基序或蛋白质上特定修饰位点。它们与识别对象的亲和性较弱，因而有利于快速和反复进行精细的组合式网络调控，主要功能是介导胞浆内多种信号蛋白的相互连接，形成蛋白异聚体复合物，从而调节信号转导途径中的信号传递。

1. SH2 结构域

SH2 结构域（Src homology 2 domain）是研究蛋白质相互作用的原型模式结构域，*SRC* 基因是第一个被发现的原癌基因，最初在 ROUS 肉瘤病毒中发现，其编码的癌蛋白-SRC 激酶是一种非受体酪氨酸激，在多种肿瘤的发生、发展、迁移和侵袭起着重要作用。SH2 结构域由大约 100 个氨基酸残基组成一

个大的反平行的 β 片层中心和两侧 α-螺旋及一些后续结构（图 2-25A）。当含有 SH2 结构域的蛋白分子与磷酸化蛋白分子结合时，可使前者磷酸化。具有 SH2 结构域的蛋白家族，具有相似的三维结构，SH2 结构域本身能够与磷酸化的受体酪氨酸和生长因子受体自我磷酸化的位点紧紧结合形成多蛋白的复合物进行信号转导，而磷酸化又可增强该蛋白的结合能力或催化活性。因此，对于这类蛋白，SH2 结构域的存在对其结合和催化活性都是必不可少的。且这种结合是有特异性的，不同 SH2 结构域与不同的含有磷酸化酪氨酸（pTyr）残基的区域结合，对丝/苏氨酸残基几乎没有亲和力。一般含有 SH2 结构域的蛋白也常常含有 SH3 结构域（图 2-25C）。

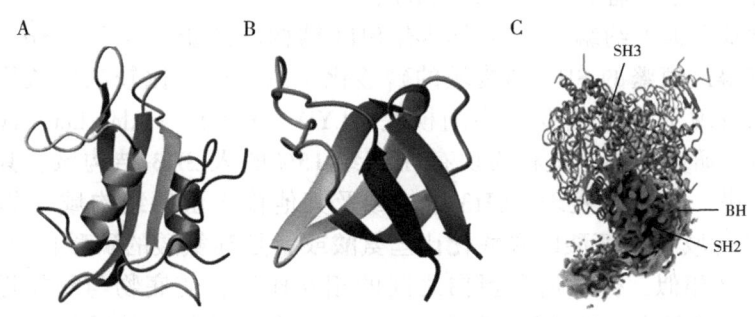

图 2-25　SH2 和 SH3 结构域空间结构
A：SH2 结构模型；B：SH3 结构模型；C：人源 PI3Kα-BYL-719 冷冻电镜结构模型。

人类基因组大约编码 115 种具有 SH2 结构域的蛋白，含 SH2 的蛋白粗分为两类：第一类为具有酶活性且酶活性对下游的信号转导是必不可少的；第二类为无酶活性的信号转导蛋白。该蛋白家族包括多种功能性成员：①酶：含有一或两个与催化序列相联系的 SH2 结构域：如蛋白激酶或蛋白磷酸水解酶结构域、磷脂酶 C、RasGAP 结构域、Rho 家族 GEF 结构域；②癌蛋白（Oncogenic protein）：如人慢性粒细胞白血病 Bcr-Ab1 癌蛋白；③锚定蛋白（Docking protein）：如哺乳类 ShcA（C 端具 SH2 结构域，N 端具 PTB 结构域）、胰岛素受体底物（IRS）等；④接头蛋白（Adaptor）：含单个 SH2 和多个 SH3 结构域，如哺乳类的生长素受体结合蛋白 2（Grb2）等；⑤调节蛋白（Regulator）：许多 SH2 蛋白家族成员具有调节功能，如 STAT 介导的细胞因子信号通路；⑥转录因子：含 SH2 结构域的蛋白质参与了磷脂代谢、氨基酸磷酸化和去磷酸化、GTP 酶激活、基因表达、蛋白质迁移和细胞骨架构建等。

2. SH3 结构域

SH3 结构域（Src 同源 3 结构域，Src homology 3 domain）最初也是在 Src 中鉴定到的，由 60~70 个氨基酸组成的组件，能够识别富含脯氨酸的残基（共约 10 个氨基酸）、核心部分为 PXXP（X 为除半胱氨酸之外的任一氨基酸，P 为脯氨酸）的蛋白质并与之结合，后来在其他一些蛋白质中也发现了 SH3 结构域，如 Sos、Grb、PI3K 等（图 2-25B，图 2-25C）。目前已知的几个 SH3 结构域在形成的三维空间结构上有较大的外观差异，但是它们的基本骨架结构（拓扑结构）很相似，基本折叠包括两个垂直的 β 片层，其中由一些保守氨基酸经折叠构成的疏水氨基酸平台，该平台包含至少两个凹处以结合到富脯氨酸序列的两个关键的脯氨酸（图 2-25B）。

人类基因组大约编码 253 个具有 SH3 结构域的蛋白质，c-Src Tyr90 是当前研究得最频繁的 SH3 结构域的磷酸化位点。通过比较酪氨酸周围的序列，他们发现了一个重要的序列模块 ALYD（Y/F）（Ala-Leu-Tyr-Asp-Tyr/Phe）。研究表明，这种模块存在于约 15% 的人 SH3 结构域，其结构较为保守。进一步研究发现，SH3 结构域及其他接头蛋白结构域（如 SH2 或是 WW 结构域）酪氨酸的磷酸化比丝氨酸或者是苏氨酸的磷酸化更为丰富。SH3 与 SH2 相似，介导信号蛋白之间的相互作用，使底物与酶靠近并调节酶的活性。如具有 GTP 酶活性的 Dynamin（动力蛋白）的脯氨酸富集区域（Proline-rich domain，PRD）包含 PXXP 基序（X 为任意氨基酸），可与 SH3 结构域特异性结合，当与 SH3 结合时可激活 Dynamin 的活性。此外，SH3 与配基结合可形成复合物并帮助在细胞内定位，决定信号转导的途径和归宿。在神经元中，Amphiphysin 的 SH3 结构域通过识别 Dynamin I 的独特序列（如 PSRPNR），形成高亲和力结合，调控 Dynamin 的膜剪切功能；而 SH3 结构域的结合确保 Dynamin 精准定位至内吞位点，可以调控突触的形成和功能，这对于神经信号的传递至关重要（彭镜等，2011）。在其他细胞类型中，这种结合可能影响囊泡的摄取和分泌过程，从而参与细胞内的物质运输和代谢调控。

生长因子受体（酪氨酸激酶受体）胞内段被激活时酪氨酸残基发生磷酸化，Grb2 接头蛋白通过 SH2 结构域与受体上磷酸化的酪氨酸（Tyr-p）结合，同时接头蛋白又通过 2 个 SH3 结构域与富含脯氨酸的 SOS（一种鸟苷酸交换因子）结合，激活的 GEF 促使 RAS 上 GDP 与 GTP 发生交换，结合 GTP 的 RAS 激活后进一步激活下游信号通路（图 2-26A）。细胞内信号蛋白之间通过结构域间的特异性识别和结合将信号在细胞内传递，同时结构域间的可逆分离是信号传递过重要事件，其结合和分离精准调节细胞对外界刺激的反应。信号通路中有些蛋白,如接头蛋白 Grb2、GAP、Abl(具酪氨酸激酶活性)、STAT 等,通常具有两个及多个结构域,信号蛋白间通过不同结构域的相互作用,形成了细胞信号通路中线性或网状通路,引起细胞多重反应(图 2-26B)。

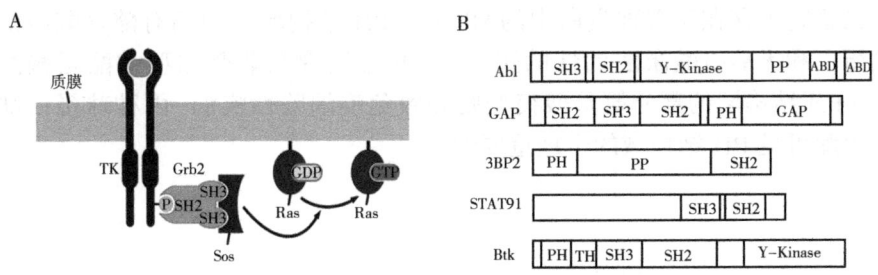

图 2-26 通过 SH2 和 SH3 结构域信号蛋白的相互作用

A:生长因子受体激活过程中信号蛋白间通过结构域的相互作用;B:具有多种结构域的信号蛋白。

3. PH 结构域(与膜结合)

PH 结构域(Pleckstrin homology domain)在研究血小板蛋白激酶 C 的一个主要底物 Pleckstrin 时发现其中有两个相同的大约 120 个氨基酸的序列结构域,即 PH 结构域,随后发现许多信号转导蛋白和细胞骨架蛋白也有这一结构域的存在。PH 结构域大约由 100~120 个氨基酸组成,不同蛋白质中的 PH 结构域在一级结构上的同源性并不很高,但其肽链主链折叠的空间结构基本相同,这样就在结构上证实了 PH 结构域是一真正的功能性单位。PH 结构域基本上由两组反向平行的 β-片层结构和一个长的 C-末端 α-螺旋构成。一组 β-片层结构由 β1、β2、β3 和 β4 四条链反向平行组成,另一组 β-片层结构由 β5、β6 和 β7 三条链反向平行组成。β1/β2、β3/β4 和 β6/β7 间有一个环结构。这两组 β-片层结构在空间上近似垂直,不同 PH 结构域 β-片层结构和 α-螺旋在不同 PH 结构域中基本相同,而 β 链间的三个环在序列和结构上变化较明显。将几种 PH 结构域的序列进行比较发现,β1/β2、β3/β4 和 β6/β7 连接环只在长度上稍稍保守,它们都位于分子的一个侧面,而分子的另一侧,围绕着 α-螺旋,则形成一个在结构上更为保守的侧面。这样,PH 结构域的一个表面特别可变的这个特点决定了每种 PH 结构域可能都有其配体结合特异性。

目前已知 PH 结构域可以与磷脂类分子 PIP2、PIP3、IP3 等结合,同时一些蛋白分子,如 PKC 和 G 蛋白的 βγ 亚单位也可以与 PH 结构域结合(图 2-27A)。与 SH2 和 SH3 结构域相比,PH 结构域在信号转导中不仅介导蛋白与蛋白之间的作用，而且与磷酸肌醇类的反应可以使具有PH结构域的蛋白质对酯类细胞信使做出反应，从而转移至细胞膜结构上以帮助蛋白在质膜的定位。含有PH结构域的蛋白既在信号转导中起作用，也在细胞骨架形成中起作用，如含PH结构域的Arp2/3复合体调控蛋白（如WASP）通过结合PIP2激活Arp2/3复合体，促进肌动蛋白（Actin）分支形成，驱动膜内陷或伪足延伸。至今已鉴定了存在于多种蛋白中的90多个PH结构域（包括有酪氨酸激酶活性的蛋白和无酪氨酸激酶活性的蛋白），并且发现在非受体型的酪氨酸激酶Btk中PH结构域的部分氨基酸突变则导致免疫缺陷性疾病-丙种球蛋白缺乏症，由此可见PH结构域的生理重要性。

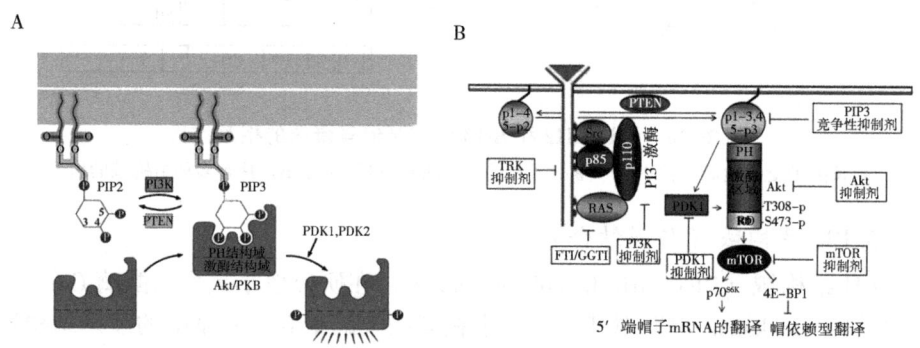

图2-27　AKT与PIP3结合在信号通路中的调控作用

A：PI3K催化PIP2磷酸化生成PIP3，AKT通过PH结构域与PIP3结合并激活；B：激素与酶联受体结合引起受体胞内测磷酸化，PI3K通过p85上SH2结构域与受体结合，同时激活p100亚基活性并催化PIP3产生，AKT通过PH结构域与膜上PIP3结合，同时AKT激活mTOR，引起核糖体蛋白翻译效率提高。

三聚体GTP结合蛋白（G蛋白）是细胞信号转导途径中的一种具有重要调节功能的信号蛋白，$G_{\beta\gamma}$和$G\alpha$分别是G蛋白中的两个功能亚单位。早期人们曾认为，$G_{\beta\gamma}$亚基的作用仅仅是结合$G\alpha$亚基；后来有许多证据表明，$G_{\beta\gamma}$亚单位亦可直接调节胞内的信号传递，如$G_{\beta\gamma}$可激活PLC-β。用含有PH结构域的9种蛋白质：β肾上腺素能受体激酶（β-ARK）、磷脂酶C-γ（PLC-γ）、胰岛素受体底物-1（IRS-1）、spectrin、Rac-β、氧化甾类结合蛋白（OSBP）、Ras-GTP酶活化蛋白（Ras-GAP）、Ras-鸟苷酸释放因子（Ras-GRF）和γ球蛋白缺乏症酪氨酸激酶（Atk）的GST融合蛋白分别与$G_{\beta\gamma}$作用，发现它们与$G_{\beta\gamma}$均有不同程度的结合，其中以β-ARK结合性最强，并且$G_{\beta\gamma}$只与PH结构域的C端结合。同时$G_{\beta\gamma}$和PH结构域的结合与

$G_{\beta\gamma}$ 和 $G\alpha$ 的结合相互排斥，这提示 PH 结构域与 $G\alpha$ 在它们与 $G\beta\gamma$ 结合点上结构相似（刘玲玉等，2006）。

β-肾上腺素受体（β-AR）激酶的 PH 结构域可与 G 蛋白的 βγ 亚基结合，但结合需 PIP2 的存在，并且发现这样的结合所涉及的仅是 PH 结构域的羧基端及 PH 结构域之外的区域。Pleckstrin 和 Spectin PH 结构域与脂质 PIP2 结合时只表现出低的亲和力和弱的特异性，但二者之间可能存在协调性以提高亲和力。与这两种 PH 结构域相比，PLC-δ1 的结构域与 PIP2 及 IP3 却有较高的亲和力。当 PIP2 和 IP3 同时存在时，二者还存在着竞争结合现象。PLC-δ1 的 PH 结构域是一个无催化活性的结合位点，该位点与配基的结合能带动 PLC-δ1 聚集于富含 PIP2 的质膜区，以利于 PLC-δ1 分解 PIP2，而 PIP2 的分解产物 IP3 不仅可作为第二信使，还能反过来竞争抑制 PLC-δ1 的 PH 结构域与 PIP2 的结合，形成负反馈。

AKT（PKB）是一种丝氨酸/苏氨酸激酶，属于丝氨酸蛋白激酶家族。AKT 作为人类癌症中最常见的 PI3K/AKT/m-TOR 信号级联的中心节点，在调节癌症特征中发挥关键作用，如细胞增殖、代谢、转移、侵袭性和肿瘤细胞的存活。AKT 由三个高度同源的亚型组成，AKT1/2/3，它们都有三个进化上保守的结构域：一个 N 端 PH 结构域，一个中心激酶催化结构域和一个 C 端调控结构域。AKT 通过 N 端 PH 结构域与膜脂 PIP2 结合并被进一步磷酸化而激活，并通过激活 mTOR 促进细胞内蛋白质翻译过程（图 2-27B）。

4. PTB 结构域

PTB 结构域（Phosphotyrosine binding domain）由约 160 个氨基酸组成，与 SH2 一样，PTB 结构域也可以识别一些含磷酸酪氨酸的基序，但其结合基序与 SH2 结构域有所差别（表 2-15）。PTB 结构域存在于许多胞内蛋白分子中，在细胞膜受体信号传递和膜蛋白定向运动中发挥重要作用。例如，Dok 蛋白是胞质中一类接头蛋白（Adaptor），它可集合特异的信号传递分子并使其活化，调节信号传导。Dok 家族蛋白 N 末端都有一个 Pleckstrin 同源的 PH 结构域，可与磷脂酰肌醇结合，介导与胞膜的相互作用；中段是一个能结合磷酸化酪氨酸的 PTB 结构域，可结合具有特定磷酸化酪氨酸基序的蛋白序列，是 Dok 蛋白识别上游靶信号的区域；C 端是潜在酪氨酸磷酸化位点与脯氨酸富含区，它们是酪氨酸激酶的潜在靶位点，被磷酸化活化后可成为许多信号分子的停泊位点，介导形成信号传递复合物活化下游分子，使细胞产生应答（石宁等，2003）。

表 2-15　SH2 结构域与 PTB 结构域比较

差异	SH2 结构域	PTB 结构域	生物学意义
识别位点	SH2 结构域识别磷酸化酪氨酸（pY）及其 C 端下游的特定序列，关键位点为 pY 后的第 3~5 个氨基酸残基，例如 Src 激酶的 SH2 结构域偏好结合 pY-E-E-I 基序。结合方向为 C 端延伸，依赖 β-片层形成的结合口袋	PTB 结构域主要识别磷酸化酪氨酸的 N 端上游序列，典型基序为 NPXpY（如 EGFR 中的 NPEpY）。结合方向为 N 端延伸，通过 β-折叠和 α-螺旋组成的结构域捕获磷酸酪氨酸及其邻近残基	两者差异体现了信号通路的多样性：SH2 通过 C 端序列特异性地传递激酶信号，而 PTB 通过 N 端基序整合受体激活信号，共同实现细胞信号网络的精确调控
结构特征	SH2 结构域由约 100 个氨基酸组成，核心结构为两个 α-螺旋夹一个反向平行 β-片层，形成高度保守的磷酸酪氨酸结合位点	PTB 结构域由约 160 个氨基酸构成，结构包含多个 β-折叠和 α-螺旋，结合口袋更复杂，可容纳更大的疏水性侧链	
功能	SH2 结构域广泛存在于信号转导分子（如 Grb2、PLCγ），通过磷酸酪氨酸介导蛋白复合物组装，调控 Ras-MAPK 等通路。其异常激活与肿瘤发生密切相关	PTB 结构域常见于适配蛋白（如 Dok 家族、Shc），优先结合受体酪氨酸激酶（如 EGFR、TrkC）的自磷酸化位点，参与细胞增殖、分化及免疫信号传导。例如，Dok1 的 PTB 结构域通过结合 EGFR 调控下游信号	
结合亲和力与选择性	SH2 对磷酸酪氨酸的亲和力较高（K_d 50~500 nmol/L），且对 C 端序列的选择性严格	PTB 对 N 端序列依赖性更强，部分 PTB 结构域还可结合非磷酸化基序（如 Shc 的 PTB）	

5. DBD 结构域

DBD 结构域（DNA binding domain）是蛋白质中负责识别和结合 DNA 特定序列的结构域，它在调控基因表达中起着至关重要的作用。不同的 DBD 具有不同的结构和功能，例如，螺旋-转角-螺旋（Helix-turn-helix，HTH）结构域常见于细菌的阻遏蛋白，如色氨酸阻遏因子由两个 α 螺旋和一个转角组成，其中一个 α 螺旋（通常含 9 个氨基酸）能够插入 DNA 的大沟中，通过氢键与特定的 DNA 序列进行结合，进而调控基因的表达水平，另一螺旋与 DNA 磷酸骨架相互作用以稳定结合；转角的角度通常为 110°左右，这种结构有助于蛋白质的稳定性和功能性（图 2-28A）。多数 HTH 蛋白通过同型二聚化增强结合稳定性，两个单体的识别螺旋协同调控靶标序列的亲和力，在原核生物中广泛参与基因激活或抑制（如阻遏蛋白结合操纵子）。而锌指（Zinc finger motif）结构域则常见于真核生物的转录因子，如 TFⅢA（转录因子ⅢA）和类固醇激素受体，锌指结构通过特定的氨基酸残基与锌离子（Zn^{2+}）结合，形成类似手指状的构型，这使得它们能够插入 DNA 的双螺旋结构中，并与特定的核苷酸序列相互作用（图 2-28B）。锌指结构通常由四个半胱氨酸残基或半胱氨酸和组氨酸残基各两个通过配位键与锌离子结合形成。每个"指"结构含有 12~13 个其他氨基酸，整个蛋白质分子可以有 2~9 个这样的锌指重复单位。这种结构使得锌指蛋白能够精确地识别并结合到 DNA 上的特定序列，从而调节基因的表达。亮氨酸拉链（Leucine zippermotif）是一种蛋白质结构基元，常见于 DNA 结合蛋白质和其他蛋白质中（图 2-28C）。它是由两个多肽链上的 α-螺旋通过特定的氨基酸排列形成的二聚体结构。每个 α-螺旋中含有多个亮氨酸残基，这些亮氨酸残基在空间上排列形成特定的模式，使得两个 α-螺旋能够相互作用并形成一个稳定的二聚体结构，如酵母转录因子 GCN4 具有该结构域，AP-1 复合物（Fos/Jun）通过亮氨酸拉链形成异源二聚体。螺旋环螺旋结构域（Helix loop helix）是一种重要的蛋白质结构域，主要存在于转录因子的 DNA 结合结构域中。这种结构由两个 α 螺旋和一个中间的袢（Loop）组成，能够识别并结合特定的 DNA 序列。螺旋环螺旋结构域中的每个 α 螺旋大约由 10 个氨基酸残基组成，通过氢键形成稳定的螺旋结构。位于两个 α 螺旋

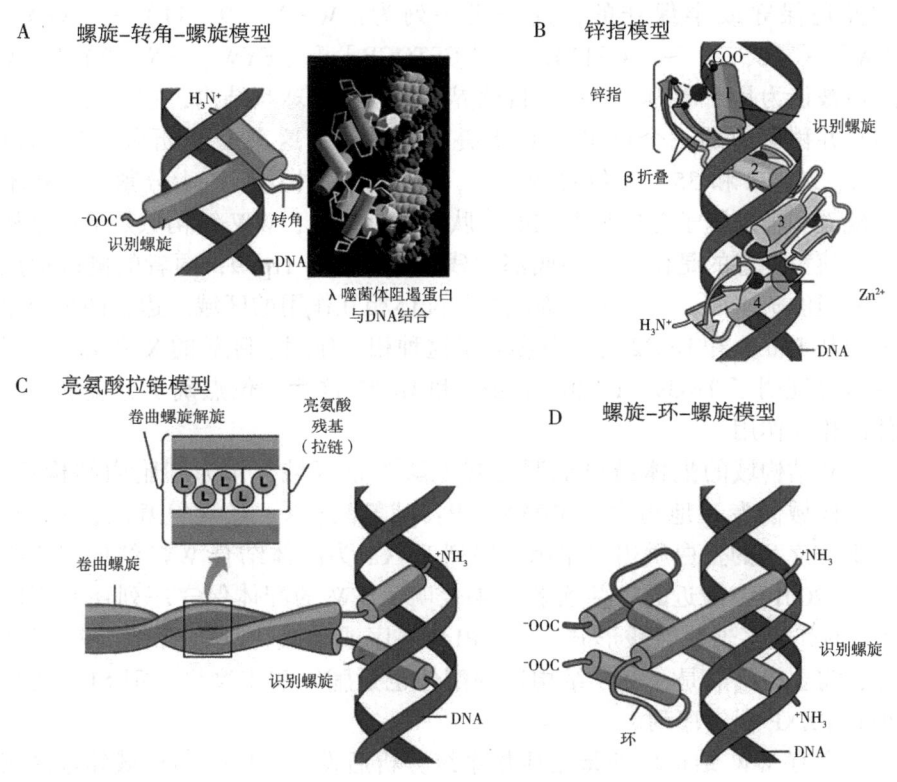

图 2-28 蛋白质中与 DNA 结合参与基因转录的 DBD 结构域

之间的环状区域，长度和结构多样，但在蛋白质与 DNA 的结合过程中起着关键作用。螺旋环螺旋结构域通过二聚化暴露碱性区域结合 DNA，主要功能是通过其特定的三维构象识别并结合到 DNA 的特定序列上，从而调节基因的表达，如 MyoD 通过 HLH 结合 E-box 序列（CANNTG），调控肌肉分化（图 2-28D）。这种 HLH 识别机制确保了基因表达的精确性和高效性。除了与 DNA 的结合，螺旋环螺旋结构域还参与蛋白质之间的相互作用，例如一些转录因子通过与 DNA 结合后，再与其他蛋白质相互作用，形成复合物共同调节基因表达。

6. WW 结构域

WW 结构域是蛋白质-蛋白质相互作用的一种模式。WW 结构域是由 38~40 个氨基酸残基形成一个连贯、紧凑的结构域，以包含两个色氨酸残基为主要特征，彼此间隔 20~22 个残基，也因此被叫作 WW 结构域。在少数情况下，下游的色氨酸可被酪氨酸或苯丙氨酸所代替，其他位置的氨基酸残基至少有 5 个位置是保守或半保守的，其一级序列为：W-X（9,11）-[VFY]-[FYW]-(6,7)-[GSTNE]-[GSTQCR]-[FYW]-X（2）P。WW 结构域被认为是已知的、存在于自然界中最紧密的球状结构，它主要表现为一个扭转并稍弯曲的三个反平行 β 折叠片状结构。这三个 β 折叠片分别包括 16~22、26~32 和 35~39 位置的残基，形成的 β 片层结构十分紧密，在不需要二硫键和辅助因子能单独存在的球肽折叠形式中，WW 结构域是最小结构域之一。值得注意的是位于片层底部的残基 Tyr28 和 Trp39，两者的侧链形成了一个平坦的疏水面，这个疏水面就是与配体相互作用的区域。边上两个疏水氨基酸残基 Leu30 和 His32 也部分参与了这种相互作用。随后的 X 光衍射结果及突变研究证明了 Trp39、Tyr28、Leu30 和 His32 这几个位点确实直接参与了与配体的相互作用。

WW 结构域的配体最早证明是脯氨酸丰富区域，作为细胞内结构单元，WW 结构域能专一地与含有 PPXY（P：脯氨酸，X：任意氨基酸，Y：酪氨酸）保守序列的蛋白质相互作用，序列 PPXY 为配体结合 WW 结构域所必需（李琦，2001）。最近的一些实验结果表明，WW 的配体保守序列还有不同于 PPXY 的其他多聚脯氨酸形式，如 PPLP 基序或磷酸化丝氨酸/苏氨酸残基的配体，需要指出的是，SH3 结构域的配体也是脯氨酸丰富区，但 SH3 的配体必须有 PXXP 保守序列。

对含有 WW 结构域的蛋白质作系统分析后发现，WW 结构域邻近区域通常有一个组氨酸或者半胱氨酸丰富区，这些区域在一些蛋白质中可结合金属离子，如肌营养不良蛋白；另外在 WW 结构域附近作同源分析又找到了一个经常与WW结构域相伴出现的结构域——FF结构域（由50~60个氨基酸组成，通常在氨基端和羧基端各含有一个高度保守的苯丙氨酸（Phe，F）残基，因此得名）。WW结构域的分布十分广泛，存在于许多种蛋白质中。这些具有WW结构域的蛋白质功能多样，它在细胞内事件中，如非受体信号传导、转录调节、蛋白质降解等扮演着重要角色（表2-16）。WW结构域是肌营养不良蛋白（Dystrophin）细胞内区域的关键结构模块之一，通过WW结构域直接结合α-肌营养不良蛋白连接蛋白（如α-dystrobrevin）形成DGC复合体的核心连接枢纽，通过该互作肌营养不良蛋白将细胞骨架与细胞外基质（ECM）锚定，抵抗肌肉收缩时的机械应力。WW结构域的致病突变（如缺失或错义突变）会导致α-dystrobrevin结合能力显著下降，破坏DGC复合体的稳定性，直接削弱肌细胞膜的机械保护功能，引发肌纤维撕裂和渐进性肌无力，加重杜氏肌营养不良症（DMD）表型。NEDD4（Neuronal precursor cell-expressed developmentally downregulated 4）属于E3泛素连接酶家族，由974个氨基酸组成，含WW结构域、C2结构域和HECT结构域；ENAC（Epithelial sodium channel）是通道蛋白，主要分布于肾脏、肺、结肠等上皮细胞的顶膜，介导钠离子的主动重吸收，维持细胞内外渗透压平衡及体液稳态。NEDD4通过WW结构域识别ENaC胞内羧基端的PY模体（PPPXYXXL），介导ENaC的泛素化修饰，促进其内吞与溶酶体降解，从而限制通道的膜表面表达量和活性。ENAC突变会导致NEDD4无法结合和泛素化ENaC，导致通道在膜表面异常蓄积，钠重吸收持续增强，出现高血压、低血钾和代谢性碱中毒的症状（Liddle's综合征）（表2-16）。WW结构域与配体的异常直接影响蛋白质的相互作用并直接影响到人体的正常生理代谢功能，从而引起疾病。

表2-16 WW结构域-配体复合物和它的生理功能

含WW结构域的蛋白质	作用蛋白	作用模式	相关疾病/相关生理过程
NEDD4	ENaC	PPPXY	Liddle's综合征
Dystrophin	Dystroglycan	PPXY	肌营养不良症
FE65	APP	PPPPPPL/R	阿尔茨海默病
HYPA，HYPB，HYPC	Huntingtin	PPXY	亨廷顿舞蹈症
FBPs	Formin	PPPPPPL/R	四肢、肾脏发育
PQPB-1	Brn-2	未确定	抑制转录过程

7. PDZ结构域

PDZ结构域是介导蛋白质之间相互作用的重要结构域之一，其名称来源于最早发现含有此结构域的 3 个蛋白质：Post-synaptic density protein-95（突触后密度蛋白 PSD-95）、Discs large（膜相关鸟苷酸激酶蛋白家族的一种 DLG）、Zonula occludens 1（封闭小带 ZO-1）首字母的缩写。最初确定的 PDZ 结构域含有 Gly-Leu-Gly-Phe 保守序列，所以又被称为 GLGF 重复序列。PDZ 结构域广泛存在于从细菌、酵母、果蝇到高等动植物的多种蛋白质中，1 个蛋白质可以含有 1 个或多个 PDZ 结构域，也可与其他结构域如 SH3 和 PTB 等串联，使它能与众多的蛋白发生相互作用，在蛋白质定位、信号转导和蛋白质复合体的组装等方面发挥着重要的功能（图 2-29）。在真核生物中，PDZ 结构域通常表现为串联重复拷贝。

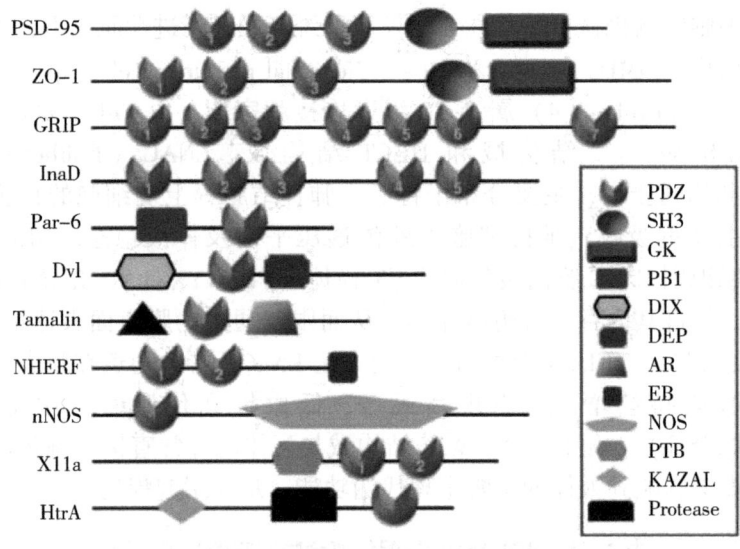

图 2-29 包含 PDZ 结构域蛋白举例

PDZ 结构域具有相似的三维结构，但是不同的 PDZ 结构域通常具有不同的配体结合特异性。PDZ 结构域的突出特点是能特异性地识别配体蛋白 C 末端的 4 个氨基酸残基，其中 P0（P0 表示 C 末端残基）和 P2 位置的残基在识别过程中起着至关重要的作用。根据结合配体 C 末端氨基酸序列的特点，PDZ 结构域被传统地分为 3 类：第 I 类 PDZ 蛋白识别配体 C 末端序列 X-S/T-X-Φ；第 II 类识别 X-Φ-X-Φ；第 III 类识别 X-D/E-X-Φ（X 表示任意氨基酸，Φ 表示疏水氨基酸）。

利用 NMR 和 X 射线晶体学的方法，已经有超过 200 个 PDZ 结构域的结构被解析出来，包括单独的 PDZ 结构域、PDZ 与其配体的复合物，以及

PDZ-PDZ 的二聚体。这些结构的解析为研究它们对配体的特异性识别提供了分子水平上的信息。Doyle 等最早解出了 PSD-95 的 PDZ3 的三维结构，此后有许多蛋白质的 PDZ 结构域的晶体结构被解析出来，如 SAP97（Synapse associated protein 97）的 PDZ3、Syntrophin 及人类 CASK（Calcium/ calmodulin-dependent serine protein kinase）单独的 PDZ、人类 Par-3b（PDZ-domain-containing adapter-like proteins）的 PDZ2、Na$^+$/H$^+$ 交换调节因子 NHERF（Sodium-hydrogen exchanger regulatory factor）的 PDZ1 等。典型的 PDZ 结构域由 80~100 个氨基酸残基组成的保守序列，通常包括 6 个 β 折叠片（βA-βF）和 2 个 α 螺旋（αA、αB）折叠成紧密的球状结构。第一个 α 螺旋和第二个 β 折叠（αA 和 βB）形成 1 个疏水性的凹槽，识别以反向平行 β 折叠片的方式伸入其中的配体的 C 末端肽。PDZ 结构域它的 N 端和 C 端在由 αB 和 βB 形成的 PDZ 肽结合位点的另外一侧相互靠近，这种高度组装的结构能够使 PDZ 结构域较易整合到蛋白质中而不会发生显著的结构破坏（图 2-30A）。

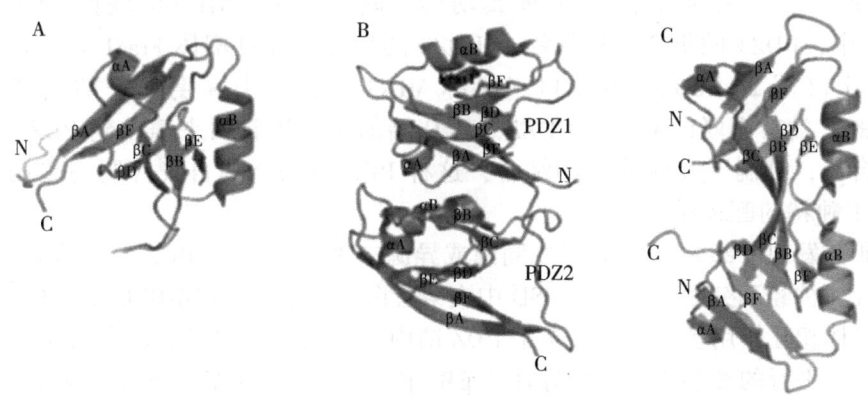

图 2-30 单体 PDZ、二聚体 PDZ 和联合 PDZ 结构
A：人源 Par-3b 蛋白 PDZ2 结构域的带状图；B：GRIP-1 蛋白 PDZ1-PDZ2 串联结构域；C：ZO-1 蛋白 PDZ2 结构域的二聚体。

此后一种类似 PDZ 的结构域在细菌和植物中被发现。它具有与经典的 PDZ 结构域相类似的二级和三级结构，但却表现出不同的拓扑结构。斜生栅藻光系统Ⅱ中的 D1P（D1 C-terminal processing protease）是首次获得类 PDZ 结构域的晶体结构的蛋白质。将 D1P 的 B 结构域折叠成的 PDZ 与其他几种后生动物的 PDZ 进行拓扑学上的对比，发现在二级和三级结构上均表现出高度的类似性。而它们结构上显著的不同之处在于，D1P 的 B 结构域一级结构的 C 末端对应于后生动物 PDZ 结构域 N 末端的 βA 链，在 D1P 的 B 结构域折叠后其 C 末端这条链就占据了与经典 PDZ 结构域 N 末端的 βA 链同样的位置和方向。在大肠杆菌的 TSP（Tail-specific protease）蛋白酶中也发现了该环状交换的折叠，同样具有结合 C 末端序列的功能。

许多 PDZ 蛋白不止包含 1 个 PDZ 结构域，可能含有 2 个或更多，例如 PSD-95 含有 3 个 PDZ，InaD（Inactivation no after-potentialD，果蝇光感受器中的关键支架蛋白）5 个串联的 PDZ 结构域（PDZ1-5）构成核心。大部分从 PDZ 蛋白分离出来的单个 PDZ 都能正确折叠成其天然构象，然而有一些 PDZ 却需要在另外 1 个 PDZ 的协助下，以一前一后串联的方式才能正确折叠（串联 PDZ 结构域），并且该串联的 PDZ 以 1 个功能单位发挥作用，如 GRIP-4（Glutamate receptor-interacting protein1）的 PDZ4 和 PDZ5，串联的 PDZ4-PDZ5 只能结合 1 个 GluR2（Glutamate receptor subunits2）肽。结构分析发现，PDZ4 含有 1 个变形的肽结合凹槽，该结构由 PDZ5 稳定并维持，而单独的 PDZ5 完全不能折叠。在串联结构中，PDZ4 和其连接区段共同促进 PDZ5 的正确折叠，从而发挥其功能。同样，在 GRIP-串联的 PDZ1-PDZ2 中，PDZ1 的折叠严格依赖于 PDZ2 的存在，并且配体 Fras1 只结合到 PDZ1 上（图 2-30B）。在 X11（又称 MINT-2，一类高度保守的支架蛋白）的 C 端有串联的 PDZ1-PDZ2，其 C 端的尾部折叠回来插入到 PDZ1 的肽结合环，抑制了其他配体的结合，这种 PDZ 串联体的自我抑制构象揭示了 X11 独特的配体结合性质。

研究发现一部分 PDZ 能形成同源或异源二聚体（PDZ-PDZ 二聚体），如 Shank1（神经元突触后致密区 PSD 中支架蛋白）的 PDZ 和 GRIP 的 PDZ6（谷氨酸受体相互作用蛋白，包含 7 个 PDZ 结构域），它们的 N 端 βA 链相互之间形成反向平行的 β 折叠片，保守性的 βB/βC 环也以疏水相互作用参与二聚体的形成。由于肽结合口袋均位于二聚体的远端，因此 PDZ 二聚体的形成并不影响配体的结合。有不同的 PDZ 二聚体模式被报道，研究指出 ZO1 蛋白的 PDZ2 通过大量对称 β 链的交换形成二聚体，首先 N 端的 βA 链发生了交换，与另 1 个单体的 βF 链形成反向平行 β 折叠片。通过序列分析发现，ZO1-PDZ2 缺失 βB/βC 环处的氨基酸残基，使 βB 无法转角与 BC 形成分子内反平行 β 折叠片，在 ZO1-PDZ2 二聚体中，相应的反平行 β 折叠片是由 βB 与另 1 个单体的 βC 形成。除结构域发生交换外，二聚体中整个 PDZ 折叠的方式与传统的 PDZ 相似，而且 ZO1-PDZ2 二聚体仍具有对其配体 Cx43 结合的特异性（图 2-30C）。

突触后密度蛋白 95（PSD-95）是兴奋性神经元中关键的突触后支架蛋白，具有 3 个 PDZ 结构域和 1 个 SH3 结构域（图 2-31A）。PSD-95 的 PDZ1

结构域识别并结合神经元突触后膜受体 NMDA（N-methyl-D-aspartate，甲基门冬氨酸受体，配体和电压双重依赖的离子通道）的亚基 NR2（C 末端序列为 E-S-D-V），另外又通过 PDZ2 结构域与神经元胞内信号蛋白一氧化氮合酶 nNOS 的 PDZ 结构域形成 PDZ-PDZ 二聚体，在信号传导复合体组装中起着偶联作用。Gly 或 Glu 等神经递质与 NMDA 结合引起离子通道开启，突触间隙的 Ca^{2+} 通过 NMDA 受体进入胞内后，激活 nNOS 催化 L-Arg 产生 NO，进而将神经信号传递下去。如果 NMDA 受体过度激活，如阿尔茨海默病和帕金森病，PSD-95 与离子型谷氨酸受体（NMDAR）及神经型一氧化氮合酶（nNOS）形成的复合体会诱导细胞内产生大量的活性氧分子、氧自由基、一氧化氮及高活性的过硝基化合物等有害物质，从而导致神经元的损伤和凋亡。紧密连接位于上皮细胞顶端侧膜，由跨膜蛋白［如紧密蛋白（Claudin）、闭合蛋白（Occludin）、连接黏附分子（JAM）］和支架蛋白（如 ZO-1、MUPP1）组成，形成连续的"密封带"结构。ZO-1 通过其 PDZ 结构域直接结合 Claudin、Occludin 的胞内尾部，并连接细胞骨架（如肌动蛋白），维持屏障的机械稳定性其中（图 2-31B）。

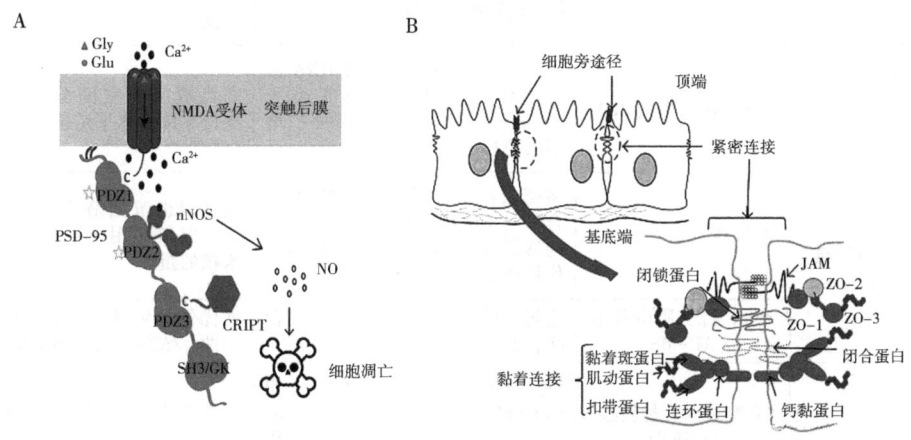

图 2-31 信号蛋白通过 PDZ 结构在信号传导复合体的组装
A：PSD-95 对信号通路中复合物的组装；B：ZO 对膜蛋白复合体组装。

8. 蛋白质相互作用的研究方法

由于技术的进步和方法的完善，现在已有多种手段研究细胞内蛋白-蛋白之间的相互作用，如酵母双杂交技术、荧光共振能量转移技术、放射自显影技术等，为研究细胞内大分子互作及其复合物的组成提供了有力的工具，特别是包括人类在内的动物基因组序列的发现为研究细胞内分子间相互作用提供了条件（表2-17）。现在需要解决的问题是，要利用计算数学和统计学的原理来归纳已知的分子间相互作用信息，并且利用它们来推测未知分子间的相互作用，从而更深入地研究细胞的生命活动。此外还陆续发现许多其他蛋白质模式结构域及其结合基序的特异性。

表2-17 蛋白质相互作用的研究技术

蛋白质相互作用技术		原理	应用、特点
体外验证技术	蛋白质下拉实验（Pull-down Assay）	利用带有标签（如GST、His）的诱饵蛋白固相化后，捕获溶液中相互作用的目标蛋白，经洗涤、洗脱后通过SDS-PAGE或质谱鉴定	验证直接相互作用，筛选结合伙伴；适用于体外重组蛋白或细胞裂解液环境
	表面等离子共振技术（SPR）	通过检测诱饵蛋白固定在传感器芯片表面时，目标蛋白结合引起的折射率变化，实时分析结合动力学参数（如结合速率、解离速率）	无须标记，定量分析结合亲和力与特异性
体内验证技术	免疫共沉淀（Co-IP）	利用抗体特异性捕获靶蛋白及其相互作用蛋白，通过Western blot或质谱确认复合物组分	适用于天然细胞环境中的间接或直接相互作用验证，但需排除非特异性结合干扰
	邻近连接技术（PLA）	针对互作蛋白设计一对DNA标记抗体，当两蛋白距离小于40 nm时，DNA探针连接并扩增形成可检测的信号点	高灵敏度和空间分辨率，支持单细胞水平定位
高通量筛选技术	酵母双杂交（Y2H）	将靶蛋白与转录因子的DNA结合域（DBD）融合，候选蛋白与激活域（AD）融合，若相互作用则激活报告基因表达	全基因组范围筛选互作网络，但仅适用于可进入细胞核的蛋白
	亲和纯化-质谱联用（AP-MS）	通过抗体或标签纯化靶蛋白复合物，利用质谱鉴定结合蛋白	需优化裂解条件以减少假阳性，依赖高效质谱分析
动态与定量分析技术	荧光共振能量转移（FRET）	标记两种蛋白的荧光基团（如CFP/YFP），当距离小于10 nm时发生能量转移，通过荧光变化实时监测互作动态	活细胞内实时观察相互作用时空动态
	交联技术（Crosslinking）	使用化学交联剂（如甲醛）稳定弱相互作用复合物，配合质谱解析互作界面	捕获瞬态或低亲和力相互作用
结构解析技术	X射线晶体学与核磁共振（NMR）	解析互作蛋白复合物的三维结构，明确结合位点与分子机制	

二、细胞内信号蛋白复合物的装配

细胞内信号蛋白复合物的形成是信号蛋白间相互作用的结果,是实现细胞表面受体所介导的各种细胞内信号通路的重要结构基础。从细胞接收信号刺激到产生应答反应的过程中,信号蛋白复合物的形成有其重要生物学意义,即在时空上增强细胞应答反应的速度、效率和反应的特异性。概括起来,细胞内信号蛋白复合物的装配可能有 3 种不同策略。

细胞表面受体和某些细胞内信号蛋白通过与大的支架蛋白结合预先形成细胞内信号复合物,当受体结合胞外信号被激活后,再依次激活细胞内信号蛋白并向下游传递,如 PSD-95 对信号通路中复合物的组装(图 2-31,图 2-32A)。

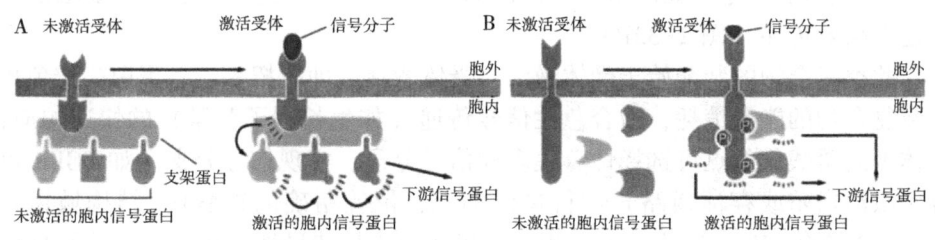

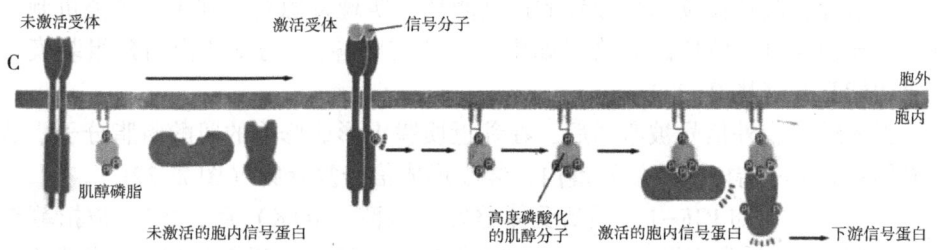

图 2-32 细胞内信号蛋白复合物装配的 3 种类型

(图片来源:翟中和等,2011)

A:基于支架蛋白的信号合作物的装配;B:在活化受体上信号复合物的装配;C:肌醇磷脂定位点结合的信号复合物。

胰岛素受体底物(IRS)家族蛋白作为支架蛋白,与激活的胰岛素受体结合,募集 PI3K、GRB2 等信号分子,形成复合物启动下游 AKT 和 MAPK 通路。其中 IRS 通过 PTB 结构域与磷酸化受体结合,SH2/SH3 结构域招募效应蛋白,避免信号分子扩散,提高传导效率。支架蛋白通过结构域选择性结合信号分子(如 SH3 结合富含脯氨酸序列),减少非靶标蛋白干扰信号，特异性增强；同时，预组装复合物可缩短相互作用的分子间搜寻时间，加速信号传递（如 IRS-PI3K 复合物直接激活 AKT）提升效率；支架蛋白还可整合多种信号输入，实现协同或拮抗调控实行动态调控；支架蛋白将组分锚定在细胞膜或特定细胞器，确保信号局部化实现空间定位精准。

依赖激活的细胞表面受体装配细胞内信号蛋白复合物，即表面受体结合胞外信号被激活后，受体胞内段多个氨基酸残基位点发生自磷酸化作用（Auto-phos-phorylation），从而为细胞内不同的信号蛋白提供锚定位点，形成短暂的信号转导复合物分别介导可能不同的下游事件。如生长因子受体，通过胞内段酪氨酸激酶对自身酪氨酸残基磷酸化产生多个磷酸化位点，进而结合多个有 SH2 结构域的信号蛋白（Grb2）并进一步通过 SH3 和 PTB 等结构域将信号通路中的更多信号蛋白 SOS-RAS-RAF-MEK-ERK 等组装在一起，使细胞信号快速而高效传递（图 2-32B）。

此类复合物的装配始于受体激活，受体激活后即时招募信号蛋白，避免预组装复合物的能量消耗，适合急性信号传递（如生长因子刺激）的快速响应；受体不同磷酸化位点可选择性募集多样信号分子，实现信号分支（如 EGFR 可分别激活增殖或存活通路）进行灵活调控；依赖精确的磷酸化-结构域识别（如 SH2 结合 pY），减少非靶标蛋白干扰实现信号特异性；短暂复合物解离后可回收组分，避免持续信号导致的过度激活，实现资源高效利用。此类机制常见于需要快速可逆响应的通路（如生长、免疫应答），与支架蛋白预组装模式形成功能互补（图 2-33）。

受体结合胞外信号被激活后，在邻近质膜上形成修饰的肌醇磷脂分子，从而募集具有 PH 结构域的信号蛋白，装配形成信号复合物（图 2-32C）。

生长因子（如 IGF-1）激活受体酪氨酸激酶（RTK）后，PI3K 被招募至质膜，催化 PIP2 磷酸化为 PIP3。PIP3 作为第二信使，募集有 PH 结构域的蛋白 AKT 和 PDK1 至膜上，形成信号复合物激活 AKT。肌醇磷脂修饰（如 PIP3）限域于质膜微区，实现信号分子的空间精准定位与快速募集（快速局部响应）；单个 PIP3 分子可招募多个 PH 结构域蛋白（如 AKT），显著放大初始信号；磷酸酶可逆向降解 PIP3，及时终止信号避免过度激活（动态可逆性）；不同 PH 结构域蛋白（如 AKT 与 GRP1）可竞争结合 PIP3，实现信号分支调控（交叉通路整合）。该机制广泛见于生长、代谢调控，其时空特异性为药物靶向设计提供了重要思路（图 2-33）。

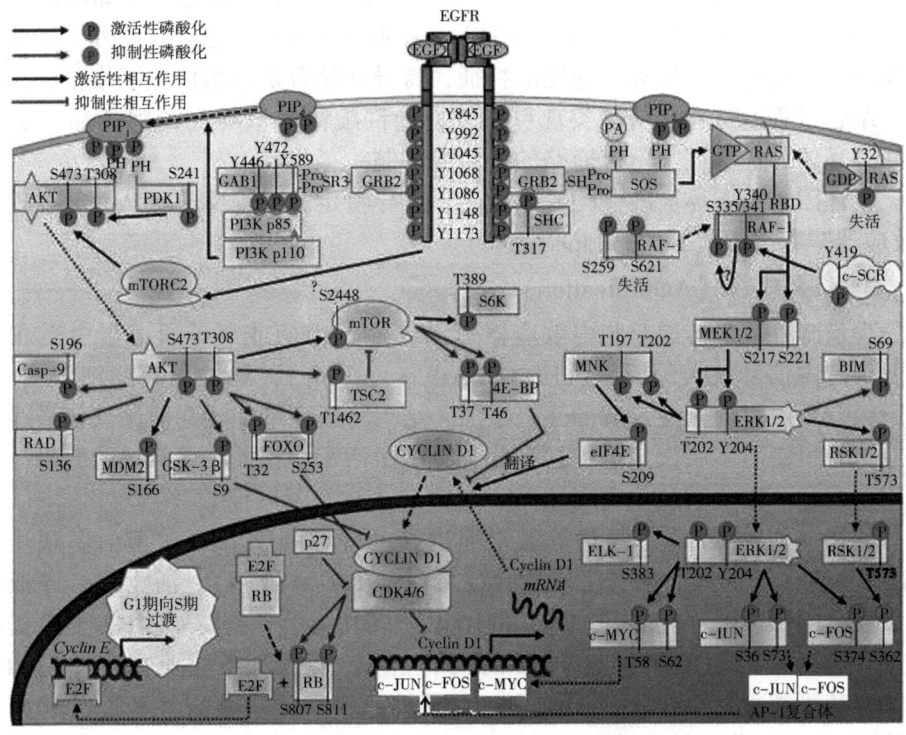

图 2-33 细胞内信号转导中信号蛋白复合物装配

三、信号转导系统的主要特性

1. 特异性（Specificity）

细胞受体与胞外配体通过结构互补机制以非共价键结合，形成受体-配体复合物，简称具有"结合"特异性（Binding specificity）。受体通过特定的空间构象识别配体，两者的结合位点在三维结构上形成互补，如免疫细胞表面受体（TOLL样受体、C型凝集素受体等）通过多糖骨架结构与Biotin-香菇多糖的特异性结合。这种匹配可能涉及氢键、离子键等非共价相互作用（结构互补性）。受体表面存在特定氨基酸残基或功能基团，可选择性识别配体的活性位点，例如TGFβ受体胞外区含5个半胱氨酸的保守序列，此结构域决定了其与配体结合的专一性（分子识别基团）。另外同一家族受体可能因亚型差异表现不同配体选择性，例如CRF1R对CRF（促肾上腺皮质激素释放因子）的亲和力显著高于CRF2R，而UCN1（Urocortin 1，CRF家族成员）对两者的结合能力均较强，体现了受体亚型间的特异性分化（受体分类与配体偏好）。受体-配体结合具有高度特异性，但部分配体可能作用于多类受体（如乙酰胆碱既可结合 M 型受体亦可结合 N 型受体），表明特异性并非绝对。此外，受体与配体的结合具有饱和性和可逆性的特征，特异性结合是细胞信号网络整合的基础，结合过程通过非共价键实现可逆性，允许配体类似物（如阿托品）竞争性结合受体，进而调节信号通路的激活或抑制。

受体因结合配体而改变构象被激活，介导特定的细胞反应，从而又表现出"效应器"特异性（Effector specificity）。

2. 放大效应（Amplification）

少量胞外信号传递至胞内效应器蛋白（通常由酶或离子通道蛋白组成），引发细胞内信号放大的级联反应（Signaling cascade），触发显著的细胞响应，如果级联反应主要是通过酶的逐级激活，结果将改变细胞代谢活性。信号级联反应核心机制与多层次信号传递和分子级联激活密切相关，最常见的级联放大作用是通过蛋白质磷酸化实现的。

如胰高血糖素/肾上腺素等激素通过结合肝细胞膜上的 G 蛋白偶联受体（GPCR），诱导受体构象变化并激活 G 蛋白（如 Gαs 亚基）。活化的 Gαs 亚基激活膜上的腺苷酸环化酶（AC），催化 ATP 转化为第二信使 cAMP，显著提高胞内 cAMP 浓度。cAMP 结合 PKA 的调节亚基，释放其催化亚基；每个 PKA 催化亚基可磷酸化多个下游靶蛋白，包括糖原磷酸化酶激酶（糖原分解关键调控酶）。磷酸化的糖原磷酸化酶激酶进一步激活糖原磷酸化酶，后者催化糖原分解为葡萄糖-1-磷酸，最终生成游离葡萄糖进入血液。此过程中的多层级联反应，第一级放大：单个激活的 G 蛋白偶联受体（GPCR）可活化多个 G 蛋白分子（如单个受体激活 10~20 个 G 蛋白）；第二级放大：每个 G 蛋白 α 亚基激活一个效应酶（如腺苷酸环化酶），催化生成大量第二信使（1 个酶每秒产生约 1000 个 cAMP）；cAMP 等第二信使在胞内自由扩散，可快速作用于多个靶点，扩大信号影响范围，形成逐级放大的"瀑布式"效应；第三级放大：第二信使激活下游激酶（如 PKA），释放的催化亚基可磷酸化多个靶蛋白（如每个 PKA 催化亚基作用于数百个底物）。在糖原分解中，单个激素分子通过 G 蛋白-cAMP-PKA 通路可触发数千次磷酸化反应，并通过磷酸化酶级联最终释放约 10^8 个葡萄糖分子，放大比例达 1：（10^6~10^8）。尽管放大效应显著，细胞通过负反馈机制（如 G 蛋白自限性水解 GTP）和抑制性受体防止信号过度放大，维持反应精确性。该效应使细胞能够高效响应微弱信号，同时通过精准调控避免过度反应对机体的损害。

3. 网络化与反馈（Feedback）调节机制

细胞信号系统网络化的相互作用是细胞生命活动的重要特征。在细胞内由一系列蛋白质组成的信号转导系统中，细胞对刺激作出适时适度的反应是细胞完成各种生命活动的基础，信号网络化效应有利于克服分子间相互作用的随机性对细胞生命活动的负面干扰。不同信号通路间存在交叉对话，它们通过共享分子元件（如第二信使、激酶）形成交互网络。例如，cAMP-PKA 通路与 Ca^{2+}-CaM 通路可协同调控糖原代谢，其中 PKA 磷酸化钙调蛋白激酶（CaMK），增强其对下游靶点的调控能力，而 Ca^{2+}-CaM 的下游底物正是 CaM 依赖的蛋白激酶既 CaMK。另外，单一受体激活可触发多条下游通路，例如胰岛素受体激活后，既通过 PI3K-Akt 通路促进糖原合成，又通过 MAPK 通路调控细胞增殖，形成代谢与生长的协同调控（图 2-34）。

信号通路的网络特性是由一系列正反馈（Positive feedback）和负反馈（Negative feedback）环路组成的，对于及时校正反应的速率和强度是最基本的调控机制。

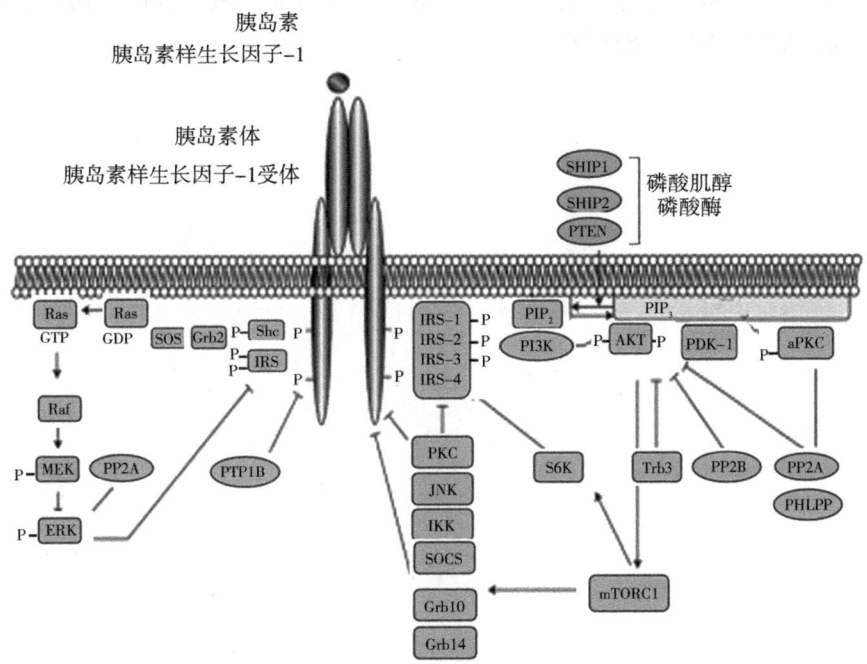

图 2-34 胰岛素激活的信号通路

胰岛素和 IGF-1（胰岛素样生长因子）通过特异的酪氨酸激酶受体传递信号，主要通过两个主要分支：PI3K-PDK-1-Akt 和 Grb2-SOS-Ras-MAPK 通路。这些通路在细胞水平控制增殖、分化和生存，同时在生物体内调控生长和新陈代谢。这些信号通路包含多个调控点以及与其他信号级联的串扰。

4. 整合作用（Integration）

多细胞生物的每个细胞都处于细胞"社会"环境之中，大量的信息以不同组合的方式调节细胞的行为。因此，细胞必须整合不同的信息，对细胞外信号分子的特异性组合作出程序性反应，甚至作出生死抉择，这样才能维持生命活动的有序性。信号通路的整合作用体现为不同信号分子或通路的协同、互补或拮抗，共同调控细胞代谢、基因表达及生理功能。胰高血糖素受体与β肾上腺素受体两者均通过Gαs激活腺苷酸环化酶（AC），升高cAMP水平并激活PKA，共同促进糖原分解并抑制合成，快速升高血糖。α1肾上腺素受体通过Gαq-IP3/DAG-PKC通路增强血管收缩和糖异生，与Gαs的糖原分解作用协同，提升血糖水平。

细胞应激过程中的信号转导具有精准性和复杂性。不同的应激信号会激活不同的信号通路，并且细胞内的信号通路之间还存在着广泛的交叉对话，形成复杂的网络，从而使细胞能够根据不同的应激情况，做出准确、协调的反应，以维持细胞的内环境稳定和生存。

第三章　细胞内受体介导的信号传递

由于受体分子在细胞上存在部位的不同，因此信号跨膜转导的方式也有不同。与细胞内受体相互作用的信号分子是一些亲脂性小分子，可以透过疏水性的质膜进入细胞内与受体结合而传播信号。

第一节　细胞内核受体及其对基因表达的调节

细胞内受体超家族（Intracellular receptor superfamily）的本质是依赖激素激活的基因调控蛋白，介导脂溶性信号分子的信息传递，如胞内的类固醇激素、甲状腺素等。这类受体通常由400~1 000个氨基酸残基组成，都含有3个功能域：C端的结构域是激素的结合位点，中部结构域是DNA或Hsp90的结合位点，N端是转录激活结构域（图3-1）。位于N末端的转录激活结构域高度可变，氨基酸序列和长度高度可变，有二十几个到六百多个不等。DNA结合区位于受体分子中部、富含Cys的高度保守区域，主要包含66~68个氨基酸残基组成的核心结构和后续的羧基端延伸组成；核心结构含有两个锌指结构的重复单位，能与DNA相结合。激素结合区位于肽链C末端，约由250个氨基酸残基组成，可结合配体、热休克蛋白。在细胞内，受体一般与抑制性蛋白（如Hsp90）结合形成复合物，受体向细胞核的移动和结合DNA能力受到抑制，处于非活化状态。当信号分子（如皮质醇）与受体结合，将导致抑制性蛋白从复合物上解离下来，使受体暴露它的DNA结合位点而被激活。因此，当与相应配体特异性结合后，能与DNA的顺式作用元件结合，在转录水平调节基因表达。

维生素D、视黄酸（Retinoic acid）、甲状腺素（Thyroid hormone）和类固醇激素（Steroid）（雌激素和雄激素等）的受体在细胞核内。这类信号分子与血清蛋白结合运输至靶组织并扩散跨越质膜进入细胞内，通过核孔与特异性核受体（Nuclear receptor）结合形成激素-受体复合物并改变受体构象；激素-受

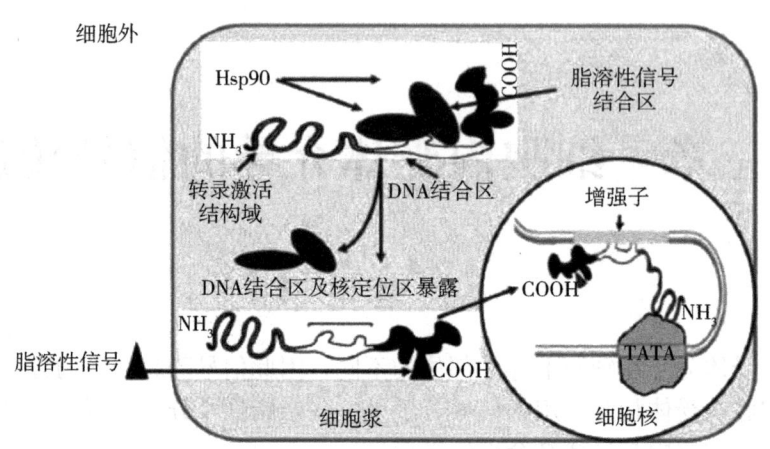

图 3-1 细胞内受体作用机制

体复合物与基因特殊调节区又称激素反应元件（Hormone response element，HRE）结合，影响基因转录。类固醇激素诱导的基因活化通常分为两个阶段：①快速的初级反应阶段，直接激活少数特殊基因转录；②延迟的次级反应阶段，初级反应的基因产物再激活其他基因转录，对初级反应起放大作用。果蝇注射蜕皮激素后仅 5~10 min 便可诱导唾腺染色体上 6 个基因位点转录，然后会显现至少上百个转录活性位点，大量合成次级反应所特有的蛋白质产物，进而产生影响细胞分化等较长期的生物学效应。甲状腺素也是亲脂性小分子，作用机理与类固醇激素相同，但也有个别亲脂性小分子（如前列腺素），其受体在细胞质膜上。

第二节 维生素 D 促进 Ca^{2+} 吸收的信号途径

一、维生素 D

活性维生素 D，即 1,25-二羟维生素 D_3，是胆固醇的衍生物，可从肝、乳、鱼肝油等含量丰富的食物中摄取，也可由皮肤合成。在紫外线照射下，皮肤中 7-脱氢胆固醇可迅速转化为维生素 D 原，然后再转化为维生素 D_3。维生素 D_3 在肝内 25-羟化酶催化下生成 25-羟维生素 D_3（25-hydroxy-cholecaleiferol, 25-(OH)-D_3），然后在肾脏内的 1α-羟化酶作用下进一步生成具有更高生物活性的 1,25-二羟维生素 D_3 [1,25-dhyroxchlecalcifrol, 1,25

（OH）$_2$D$_3$]，即钙三醇（Calcitriol）（图 3-2）。维生素 D$_3$ 经过羟化酶的催化转化为 1,25-二羟维生素 D$_3$ 才具有生物活性。

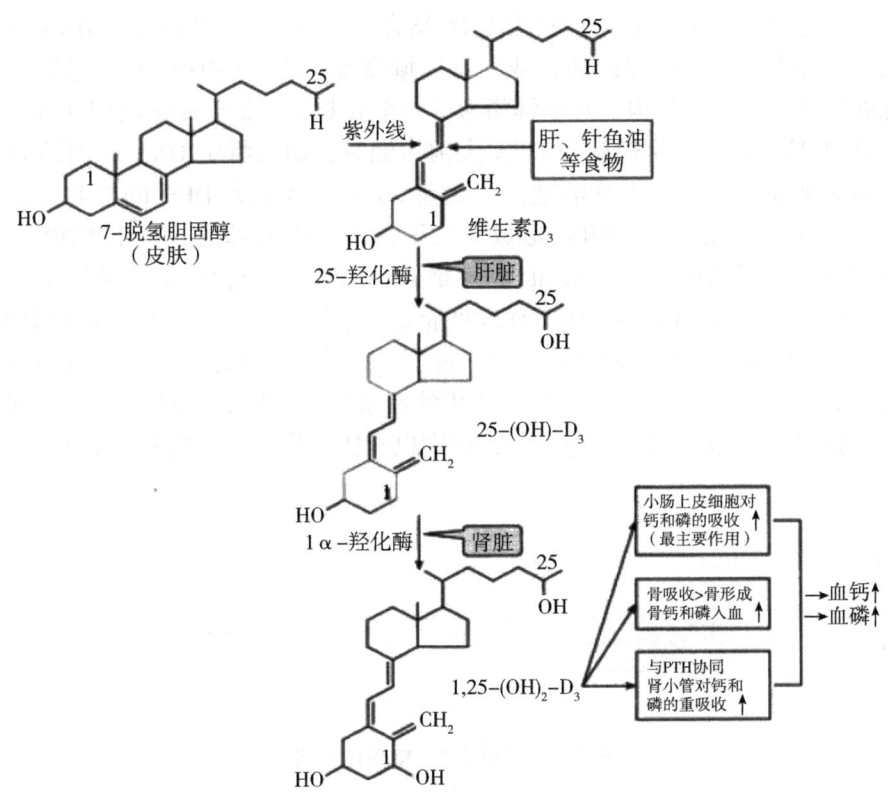

图 3-2　维生素 D$_3$ 结构和合成过程

二、维生素 D 受体

1,25-二羟维生素 D$_3$ 受体（VDR）分为细胞核受体（nVDR）和细胞膜受体（mVDR）两大类，其分子量分别为 50 kDa 和 60 kDa。nVDR 是介导 1,25(OH)$_2$D$_3$ 来发挥生物效应的主要途径，属于核受体超家族成员。1,25-二羟维生素 D$_3$ 激素信号分子在靶细胞与 VDR 结合形成激素-受体复合物，该复合物作用于靶基因上的特定 DNA 序列，对结构基因的表达产生调节作用。VDR 在本质上是一种配体依赖的核转录因子，存在于多种细胞类型中，包括骨骼、肠道、肾脏、免疫细胞和肿瘤细胞等，它在维持机体钙—磷代谢，调节细胞增殖、分化等方面起重要作用。

研究表明 nVDR 从氨基端到羧基端一般可分为 A、B、C、D、E、F 6 个功能区，每个功能区分工不同但又相互协作（Weikum，2018）（图 3-3）。A/B 区为 N 端短区，为不依赖配体的细胞组织特异性的转录激活自调节功能区 AF-1，自主调节功能很弱。C 区为 DNA 结合区（DBD），主要参与 DNA 序列识别，部分参与二聚体界面的形成，该区域高度保守。DBD 由 8 个保守的半胱氨酸组成 2 个锌指结构，每个锌指形成一个 α 螺旋，2 个 α 螺旋相互垂直构成 DBD 的核心，当识别螺旋与 DNA 大沟接触时，识别特定 DNA 序列的 DBD 的确切氨基酸数目尚不十分清楚，一般前 66 个氨基酸为 DBD 的核心，介导 VDR 与视黄酸 X 受体（RXR）形成异二聚体的关键氨基酸。位于 VDR 上第 14 位的天门冬酰胺-（VDR-Asnl4）还是介导 DBD 选择性识别靶基因上直接重复 3 型反应元件 DR3 的关键。D 区可能是一个铰链区，可能与核定位有关。E/F 区相对较大，功能也较多：①结合配体，被称为配体结合功能区（LBD）；②与 RXR 形成二聚体；③形成配体依赖的转录激活/抑制功能区 AF-2，并与 AF-1 协同作用，此外 E/F 区对 DNA 识别也有协同作用（刘瑾等，2007）（图 3-4）。

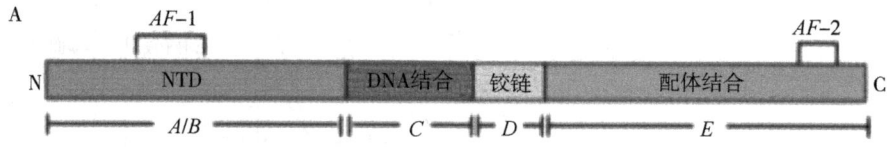

图 3-3　维生素 D_3 核受体结构

三、维生素 D 作用信号途径

1. nVDR 介导的信号通路

1,25-二羟维生素 D_3 进入小肠黏膜细胞内后，与细胞浆内 VDR 结合后进入细胞核内，与核内的一种辅激活因子（如 RXR 受体）形成异源二聚体。这种结合导致 VDR 的 DNA 结合域发生构象变化，使其能够识别并结合到特定靶基因上的 DNA 序列上，激活或抑制目标基因的转录，如生成与钙有很高亲和力的钙结合蛋白（Calcium binding protein，CaBP），CaBP 参与小肠吸收钙的转运过程。同时，1,25-二羟维生素 D 还能直接影响细胞膜上的离子通道和转运蛋白，促进肠上皮细胞吸收钙和磷，对于骨骼的矿化作用和神经肌肉功能至关重要。

信号通路：VD3+VDR→VD3-VDR→进入细胞核→VDR-RXR 二聚体→基

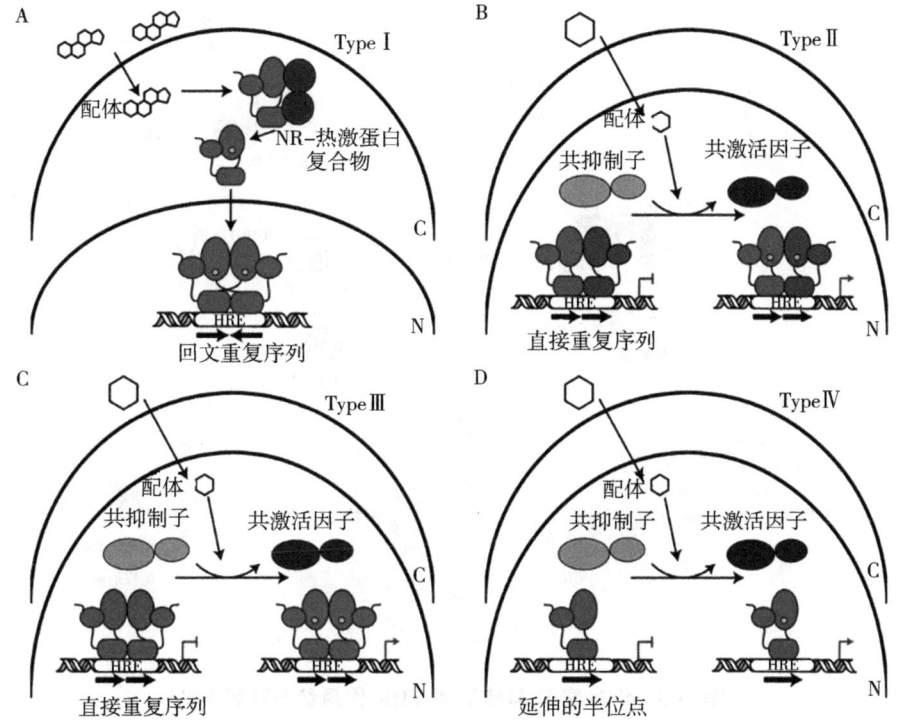

图 3-4 核受体作用机制

A：Ⅰ型核受体，这类受体是 SR，由胆固醇衍生的类固醇激素激活，如雌激素、雄激素、孕激素和皮质激素；B：Ⅱ型核受体，无论是否存在激活配体，这种类型的受体，如 RAR 和 LXR，通常都保留在核中；C：Ⅲ型核受体，这种类型的 NR，如 VDR，具有与Ⅱ型 NR 相似的作用机制，但在其直接重复序列上形成同源二聚体；D：Ⅳ型核受体，这种 NR 的作用机制与Ⅲ型 NR 相似，但作为单体与 DNA 结合，并识别 RE（DNA 反应元件）内的延伸半位点（转录因子单体蛋白特异性结合 DNA 的核心功能区域）。

因转录表达（如 CaBP）。

在破骨细胞中，维生素 D 受体会与 BRD9 蛋白（含溴结构域蛋白 9，识别乙酰化组蛋白，或甲基化精氨酸修饰）相结合，让染色质处于"关闭"状态；1,25-二羟维生素 D_3 进入细胞与 VDR 结合形成激素—受体复合物，BRD9 从复合物分离，VDR 复合物转而和 BRD7（溴结构域蛋白 7，特异性识别乙酰化组蛋白，如 H3K27AC，及甲基化修饰）结合。这能"打开"染色质，促进一系列基因表达（图 3-5）。

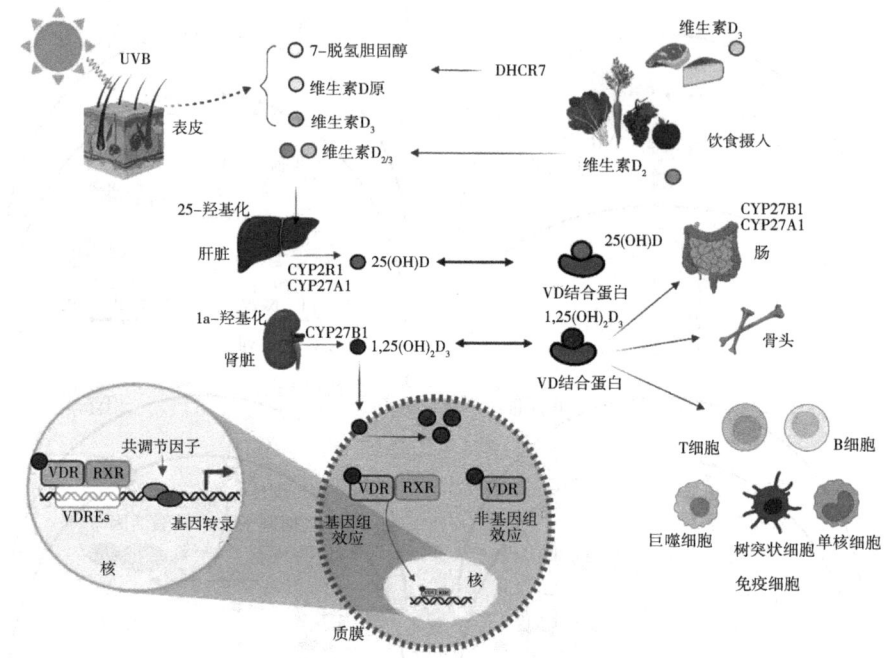

图 3-5 维生素 D 与核受体 VDR 作用参与基因表达

2. 维生素 D_3 膜受体介导的信号通路

维生素 D_3 膜受体主要涉及膜相关 VDR 和 PDIA3 受体两种类型。部分核 VDR 移位至细胞膜，与膜脂筏微结构域结合，响应 1,25-二羟维生素 D_3（骨化三醇）刺激。膜相关 VDR 保留核 VDR 的配体结合域（LBD），但通过翻译后修饰锚定于细胞膜，具有跨膜结构域。PDIA3 受体（ERp57）定位于质膜的蛋白质二硫键异构酶，可作为维生素 D_3 的膜受体，独立于经典 VDR 发挥作用。PDIA3 受体含硫氧还蛋白结构域，通过跨膜螺旋与膜结合，直接结合 1,25-二羟维生素 D_3（图 3-6）。

（1）维生素 D 的膜受体介导快速非基因组信号通路，通过激活钙离子信号、MAPK/PKC 等途径调控细胞快速响应

维生素 D 结合膜受体后，瞬时开放钙通道（如 TRPV6），引起胞内 Ca^{2+} 浓度升高（数秒至数分钟内）。Ca^{2+} 作为第二信使，激活钙调蛋白（CaM），进而调节细胞迁移与分化。维生素 D 结合膜受体后，激活 Ras/Raf/MEK/ERK 级联反应，促进表皮角质形成细胞增殖与迁移，加速创面修复。维生素 D 结合膜受体激活 PKC，介导蛋白磷酸化，增强细胞骨架重组，支持伤口再上皮化。

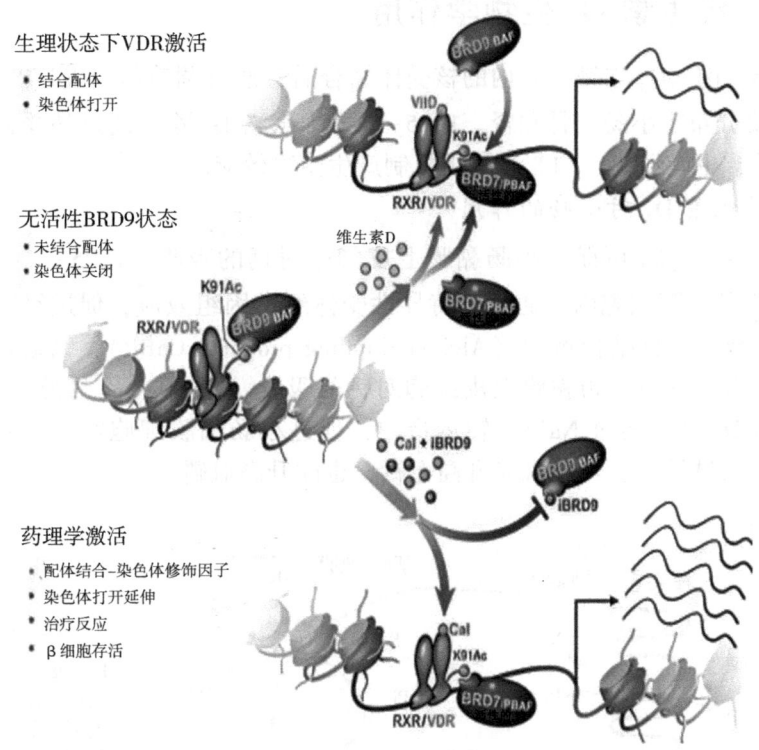

图 3-6　1,25-二羟维生素 D_3 与 VDR 作用机制

（2）PDIA3 受体介导的抗氧化与抗铁死亡通路

在肾脏细胞中，PDIA3 受体结合 1,25-二羟维生素 D_3 后，激活胞内 ROS/RNS 信号，氧化应激促使 KEAP1 蛋白（KELCH 样 ECH 关联蛋白 1，调控细胞氧化应激反应的核心蛋白，介导转录因子 NRF2 的降解）构象变化，释放 NRF2（转录因子）并使其易位至细胞核。NRF2 结合抗氧化反应元件（ARE），启动血红素加氧酶-1（HO-1）基因转录，HO-1 降解血红素生成胆红素（脂溶性抗氧化剂）和一氧化碳（CO），协同抑制脂质过氧化；NRF2 直接结合 GPX4 启动子区域，提升其表达，增强磷脂氢过氧化物还原能力；NRF2 诱导 FSP1（铁死亡抑制蛋白 1）表达，催化质膜上的辅酶 Q10（COQ10）还原为泛醇（$COQ10H_2$），捕获脂质自由基。膜受体激活 Nrf2/HO-1 通路，上调铁死亡抑制蛋白（GPX4、FSP1），减少脂质过氧化物积累，保护糖尿病肾病模型中的肾小管上皮细胞。

四、维生素 D_3 生物学作用

1,25(OH)$_2$D$_3$ 与靶细胞内的核受体结合后，通过调节基因表达产生效应，VDR 主要分布于小肠、骨和肾。1,25-二羟维生素 D$_3$ 除了通过核受体的基因组机制外，也能经快速的非基因组机制产生生物效应。

1. 维生素 D$_3$ 对小肠的作用

1,25(OH)$_2$D$_3$ 可促进小肠黏膜上皮细胞对钙的吸收。1,25-二羟维生素 D$_3$ 进入小肠黏膜细胞内，通过其特异性受体经基因组效应，促进钙吸收相关蛋白的生成，如钙结合蛋白（Alcium-binding protein，CaBP）、钙通道、钙泵等蛋白，直接参与小肠黏膜上皮细胞对钙的吸收（图 3-7）。另外，1,25-二羟维生素 D$_3$ 也能通过 Na$^+$/磷转运蛋白，促进小肠黏膜细胞对磷的吸收。因此，1,25-二羟维生素 D$_3$ 既能升高血钙，也能升高血磷。

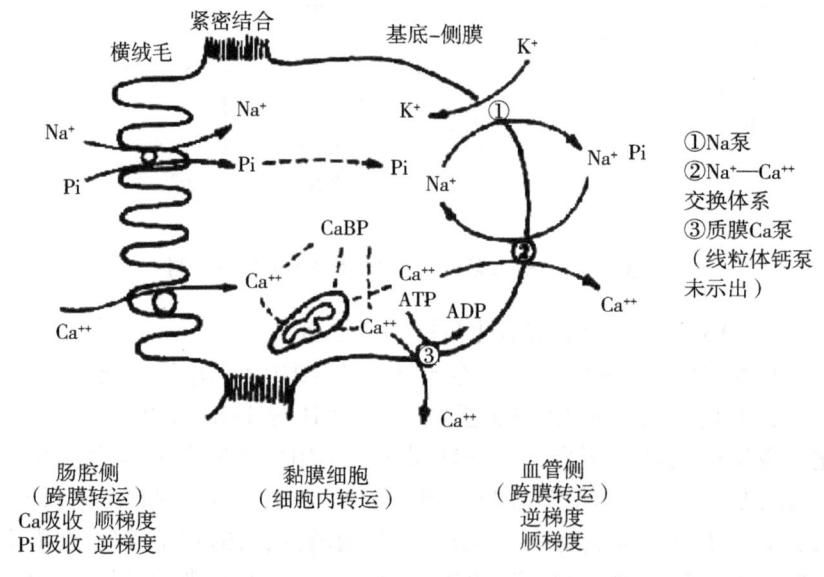

图 3-7 肠黏膜对钙和磷的吸收示意

2. 维生素 D$_3$ 对骨的作用

1,25(OH)$_2$D$_3$ 进入骨细胞核，与 VDR 结合形成异二聚体（VDR-RXR 复合物）。该复合物作为转录因子，特异性识别靶基因启动子区的维生素 D 反应元件（VDRE），诱导靶基因表达。目标蛋白包括定位于膜上的促进钙离子跨膜转运的钙通道蛋白（如 TRPV6），负责合成钙转运、增强骨细胞对钙离子的

摄取能力的钙结合蛋白（Calbindin），促进骨基质矿化所需的磷酸盐沉积的碱性磷酸酶（ALP）。

1,25-二羟维生素 D_3 对骨吸收（直接作用）和骨形成（间接作用）均有影响。一方面，1,25-二羟维生素 D_3 可通过促进前破骨细胞分化，增加破骨细胞数量，增强骨基质溶解，使骨钙和骨磷释放入血，升高血钙和血磷。另一方面，骨吸收引起的高血钙和高血磷又促进骨钙沉积和骨的矿化。1,25-二羟维生素 D_3 对骨的直接作用大于间接作用，因此总的效应是升高血钙和血磷。1,25-二羟维生素 D_3 还可通过促进成骨细胞合成并分泌骨钙素直接刺激成骨作用，增强骨形成过程。此外，1,25-二羟维生素 D_3 还可协同 PTH（甲状旁腺激素）的作用，在缺乏 $1,25(OH)_2D_3$ 时，PTH 对骨的作用明显减弱。

维生素 D 缺乏对骨代谢可产生显著影响，例如儿童缺乏维生素 D 可患佝偻病（Ricket），而成年人缺乏维生素 D 则易发生骨软化症（Osteonalacia）和骨质疏松症（Ostoporosis）。

3. 1,25-二羟维生素 D_3 对肾脏的作用

$1,25(OH)_2D_3$ 能与 PTH 协同促进肾小管对钙和磷的重吸收，使钙、磷从尿中排泄减少，血钙磷升高。此外，$1,25(OH)_2D_3$ 还能抑制 PTH 基因转录及甲状旁腺细胞增殖；增强骨骼肌细胞钙和磷的转运，缺乏维生素 D 可致肌无力。

五、信号的失活

$1,25(OH)_2D_3$ 的生物活性为 $25(OH)D_3$ 的 3 倍以上，但后者在血中的浓度是前者的 1 000 倍，因而也表现出一定的生物活性。$1,25(OH)_2D_3$ 具有脂溶性，在血液中以乳糜微粒或与特异蛋白结合的形式存在。血液中的 $1,25(OH)_2D_3$ 灭活的主要方式是在靶细胞内发生侧链氧化或羟化，形成钙化酸等代谢产物。维生素 D_3 及其衍生物在肝内与葡萄糖醛酸结合后，可随胆汁排入小肠，其中一部分被吸收入血，形成维生素 D_3 的肠-肝循环，另一部分则随粪便排出体外。

第三节　视黄酸信号通路

一、视黄酸

视黄酸（Retinoic acid）也称为维甲酸，是一种脂溶性维生素 A 的主要活

性代谢产物。视黄酸分子有一个较大的疏水基团-三甲基环己烯,通过共轭四烯侧链连接一个羧基形成视黄酸(3,7-二甲基-9-(2,6,6-三甲基环己烯)-2,4,6,8-全反式壬四烯酸)(图3-8)。

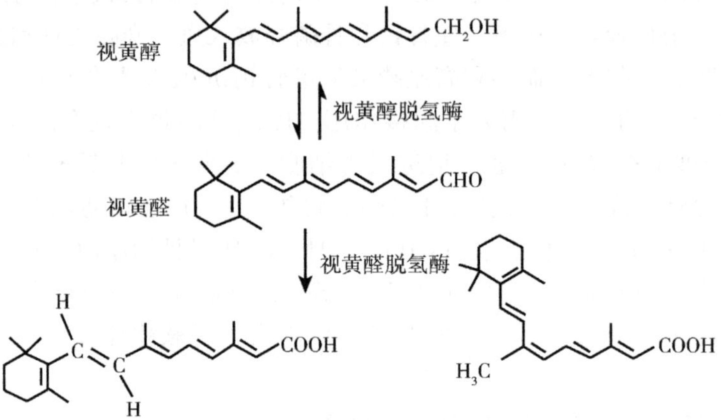

图3-8 视黄酸合成过程

人体自身不能合成视黄酸,必须首先从食物中摄取维生素 A(主要是视黄醇),经视黄醇脱氢酶氧化为视黄醛,再经过视黄醛脱氢酶进一步氧化生成视黄酸(图3-8)。植物性膳食中维生素 A 主要以类胡萝卜素(最常见的是β-胡萝卜素)的形式存在,动物性食物中维生素 A 则以视黄酯的形式供给。视黄酸的合成代谢过程依次在小肠、肝脏和目标细胞中完成。摄取富含类胡萝卜素和视黄酯的食物后会被小肠黏膜上皮细胞吸收并水解为视黄醇,在此视黄醇与细胞视黄醇结合蛋白(Cellularretinol-binding protein,CRBP)结合,然后在卵磷脂视黄醇酰基转移酶(Lecithin retinol acyltransferase,LRAT)的作用下转化为视黄酯并被包入乳糜微粒后随血液转运至肝脏并被肝细胞摄取。在肝细胞中视黄酯再次被水解为视黄醇,随后与视黄醇结合蛋白(RBP)结合并分泌入血,在血循环中与甲状腺素转运蛋白(Transthyretin,TTR)结合形成视黄醇-RBP-TTR 复合物。此复合物被目标细胞摄取,视黄醇在视黄醇脱氢酶(Retinol dehydrogenase,RDH)和视黄醛脱氢酶(Retinal dehydrogenase,RALDH)的作用下先后被氧化为视黄醛和视黄酸(Retinoic acid,RA)。视黄酸具有多种生物学功能,它通过与其受体结合后激活信号通路调节器官的形成与分化、组织细胞的增生与凋亡,对人体的生长发育、细胞分化、免疫调节等多个方面发挥着重要作用(齐焰等,2015)。维生素 A 缺乏后会引起胚胎眼、耳、神经系统、肢体、肺、心脏、泌尿生殖系统等多种器官的畸形，甚至导致胚胎死亡；而在孕期摄入过量的视黄酸亦可对胚胎产生致畸作用。

二、视黄酸受体

视黄酸受体（Retinoic acid receptors，RARs）是一类属于核受体超家族的配体依赖性转录调节因子，在视黄酸发挥生物学功能的过程中起着核心作用。体内与视黄酸结合的受体主要包括两种受体：视黄酸受体（RAR）及视黄醇X受体（RXR），这两种受体参与了胚胎多种组织器官的形成与发育。其中RAR可以结合全反式视黄酸和9-顺式视黄酸，而RXR只能与9-顺式视黄酸结合。根据组织分布和序列同源性，RAR和RXR均包括3种亚型α、β、γ，每种亚型又存在多种剪接变体；其中RARα和γ均含有两种异构体（α1、α2，γ1、γ2），而RARβ则含有五种异构体（β1-4和β1'）。RXR的三种亚型各自包含两种异构体，这些受体通过形成同源二聚体或异源二聚体与其他核受体（如RAR）相互作用，共同调控一系列重要的生物学过程（表3-1）。

表3-1 视黄酸受体分类和组织分布特异性

RAR分类	受体亚型	组织分布	功能
RARα	α1、α2	广泛分布于多种组织和细胞类型中，在肝脏、造血系统、皮肤等组织中表达水平较高	与细胞的生长、分化和造血过程密切相关
RARβ	β1-4和β1'	在胚胎发育早期表达丰富；在成年个体中，RARβ在某些上皮组织（如皮肤、肺和乳腺等）中也有表达	对胚胎的正常发育尤其是神经系统和肢体的发育起着重要作用
RARγ	γ1、γ2	主要在皮肤、骨骼等组织中表达	在维持皮肤的正常功能和骨骼的生长发育方面发挥重要作用
RXRα	α1、α2	广泛表达于多种组织和细胞类型中，包括肝脏、肾脏、心脏、肺、脑和脂肪组织等	在细胞核内参与调控基因表达，并且可以在细胞核外调控多个细胞过程，如细胞凋亡和有丝分裂
RARβ	β1、β2	主要在睾丸、卵巢、大脑和视网膜中高表达	在睾丸中，RXRβ参与精子发生的过程。在大脑和视网膜中，它可能与视觉信号传导和其他神经功能有关
RARγ	γ1、γ2	主要在肠道、肝脏和脂肪组织中表达	在脂肪细胞分化和脂质代谢中发挥作用，并且与胰岛素敏感性有关

视黄酸结合受体结构与VDR（维生素D_3受体）相似，由五个主要功能区域组成：A/B、C、D、E、F区。A/B区位于受体的氨基末端，该区域的氨基酸序列在不同亚型之间差异较大，具有自动转录激活功能，又称为AF-1功能

区，其活性不受配体调节，但可以与其他转录调节蛋白相互作用，影响受体的整体转录活性。C 区为 DNA 结合区 (DBD)，区域高度保守，含有两个锌指结构，能够识别并结合到靶基因启动子区域的特定 DNA 序列上即视黄酸反应元件 (RAREs)，与目标细胞 DNA 结合后发挥转录调节功能。D 区为连接 C 区和 E 区的铰链区域，相对较为灵活，与核受体的共同调节因子相互作用，在受体的构象变化和核定位过程中发挥作用。E 区是由配体结合区域，兼有结合配体、形成 RAR/RXR 受体及与其他共同激活因子相互作用的功能。当与配体结合后可引起受体构象的改变从而招募共激活因子，启动或增强靶基因的转录。F 区位于受体的羧基末端，其功能类似于 AF-2。视黄酸受体就是通过各功能区的相互协助而发挥作用的。当视黄酸配体缺乏时，该受体与共同调节抑制因子相互作用而发挥负性调节功能，当配体出现时则与共同激活因子结合，协助激活转录过程。

RAR 的转录活性通过 RAR/RXR 异二聚体的形成发挥作用，且有文献报告 RXR 可协助 RAR 某些作用的发挥。当目标细胞中出现视黄酸时，与 RAR/RXR 异二聚体结合，引起该复合受体构象发生改变，并吸引多种受体共同激活因子促进转录及信号转导。该受体复合物 DNA 结合区与目标基因特异性视黄酸反应元件紧密结合，激活组蛋白乙酰转移酶，引起目标基因组蛋白乙酰化，染色质解聚，促进转录。而当缺乏视黄酸配体时，RAR/RXR 复合物会与受体共抑制因子结合，激活组蛋白脱乙酰酶，引起目标基因脱乙酰化，染色质聚集和基因沉默。RXR 不仅可以与 RAR 结合形成异二聚体介导视黄酸引起的基因转录，还可以自身形成同二聚体，或与体内其他组织器官的核心受体结合形成其他类型异二聚体，如肝 X 受体、法尼醇 X 受体、维生素 D 受体、过氧化物酶增殖物激活受体、甲状腺素受体等。而这些受体复合物的形成可以介导体内多种代谢反应，如脂质的代谢、胆汁酸的代谢等。因而视黄酸不仅可以与 RAR/RXR 受体复合物结合激活目标基因转录，还可以竞争性抑制其他受体复合物的作用，从而下调其他基因转录活性，这也可能是过量视黄酸导致胚胎组织器官畸形的一个原因。有研究显示 RAR 的配体有强致畸性，而 RXR 的配体则无致畸活性，证明视黄酸的致畸作用主要由 RAR 介导，而 RXR 则可增强 RAR 介导的某些致畸效应。

三、视黄酸信号通路

1. 与视黄酸反应元件结合

当细胞外的视黄酸进入细胞后，与 RARs 结合形成视黄酸-RAR 复合物。该复合物可以识别并结合到靶基因启动子区域的视黄酸反应元件

(RAREs)上，这些 RAREs 通常由直接的重复序列（DR）组成，如 DR5（两个直接重复的六核苷酸序列，中间间隔 5 个碱基）等（图 3-9）。

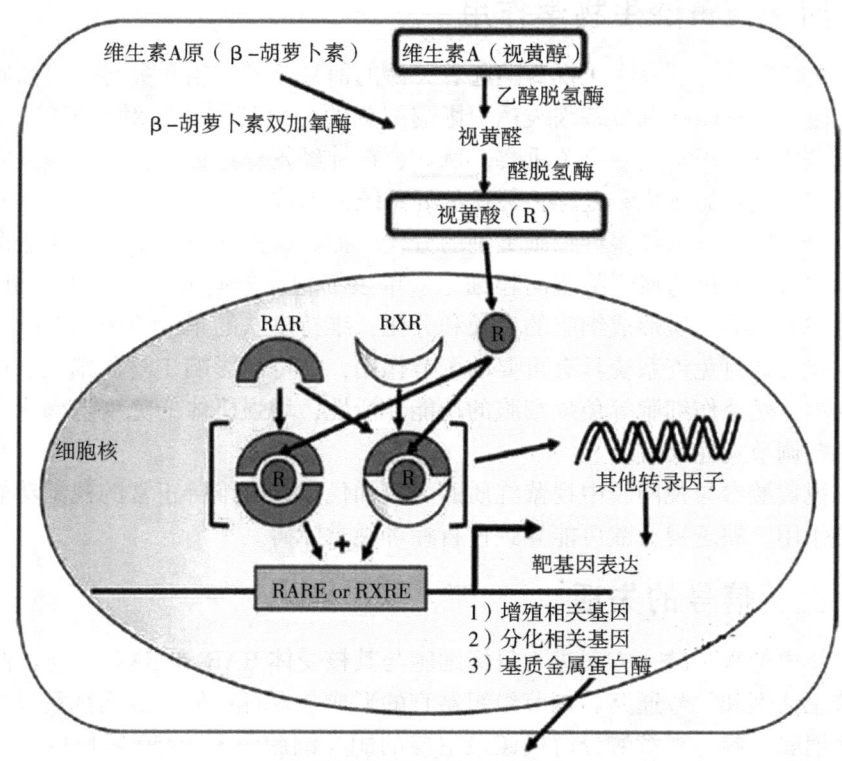

图 3-9 视黄酸信号通路

2. 招募转录共调节因子

视黄酸-RAR 复合物结合到 RAREs 后，会引起受体构象发生变化，从而招募一系列转录共激活因子（如 SRC-1、p300 等），或者解离转录共抑制因子（如 NCoR、SMRT 等）。这些共调节因子能够进一步招募或稳定转录起始复合物的形成，促进 RNA 聚合酶与靶基因启动子的结合，从而启动或增强靶基因的转录过程。

3. 调控基因表达网络

RARs 通过调控一系列靶基因的表达，参与细胞生长、分化、凋亡等多个生物学过程的调控。这些靶基因涉及多个信号通路和功能类别，如细胞周期相关基因、转录因子基因等，共同构成了一个复杂的基因表达调控网络。

四、视黄酸生物学作用

在胚胎发育过程中，视黄酸起着关键的信号分子作用，参与组织和器官的形态建成。它能够调节基因表达，影响细胞的分化和增殖，对神经管、心脏、肢体等器官的正常发育至关重要。例如，在神经发育过程中，视黄酸可以引导神经前体细胞的分化和迁移，促进神经系统的形成。

视黄酸能够诱导多种细胞类型的分化，抑制细胞的过度增殖。在造血系统中，它可以促进造血干细胞向粒细胞、单核细胞等方向分化；在皮肤组织中，视黄酸能调节角质形成细胞的生长和分化，维持皮肤的正常结构和功能。

视黄酸对免疫系统具有重要的调节作用，它可以影响 T 淋巴细胞、B 淋巴细胞和自然杀伤细胞等免疫细胞的功能和活性，增强机体的免疫防御能力，同时还能调节炎症反应。

视黄酸参与视网膜中视紫红质的合成和代谢，对维持正常的视觉功能起着重要作用。缺乏视黄酸可能导致夜盲症等视觉障碍。

五、信号的失活

体内的视黄酸一方面进入目标细胞与其核受体 RAR 和 RXR 结合，激活基因转录活性和信号通路，调节组织器官的形成与发育；另一方面视黄酸被分解代谢消除。参与视黄酸分解代谢最主要的酶是细胞色素 P450 家族的成员——CYP26。CYP26 有 4 种异构体，分别为 CYP26A1、B1、C1、D1，其中 CYP26A1 和 B1 主要作用于全反式视黄酸，最终形成产物 4-羟基-视黄酸、4-氧代-视黄酸和 18-羟基-视黄酸。CYP26C1 可以作用于全反式视黄酸和 9-顺式视黄酸。CYP26D1 已在斑马鱼的隐脑、中脑、咽鄂弓等部位检测到，但其生物学功能尚不清楚。不同物种、不同时期、不同组织的 CYP26 表达情况不同，所以任何一种 CYP26 异构体表达异常均会影响胚胎发育及器官的形成。视黄酸最终生成无活性的代谢产物，经尿液和粪便排出体外。在视黄酸被氧化产生 4-羟基视黄酸和 4-氧代视黄酸等中间产物后，这些产物可在尿苷二磷酸葡萄糖醛酸转移酶（UGTs）的催化下与葡萄糖醛酸结合，生成相应的葡萄糖醛酸苷结合物。这种共轭反应大大增加了代谢产物的水溶性，有利于其从细胞内排出到细胞外液，进而通过血液循环运输到肾脏进行排泄。除了葡萄糖醛酸化，视黄酸的某些代谢产物还可以在硫酸基转移酶（SULTs）的作用下发生硫酸化反应，生成硫酸酯结合物。硫酸化也是增加代谢产物水溶性的一种重要方式，有助于其排出体外。

六、视黄酸调控下游信号分子与通路

Wnt/β-连环蛋白信号通路：视黄酸信号可以调节 Wnt/β-连环蛋白信号通路的活性。在某些细胞类型中，视黄酸通过激活 RARs，间接影响 β-连环蛋白的稳定性和核转位，进而调控 Wnt 下游靶基因的表达，参与胚胎发育过程中的细胞命运决定和组织器官形成。

Notch 信号通路：视黄酸与 Notch 信号通路也存在交互作用。Notch 信号在细胞分化、增殖和凋亡等过程中发挥重要作用。视黄酸可以通过调节 Notch 配体的表达或影响 Notch 受体的激活，来调控 Notch 信号通路的传递，从而影响细胞的命运选择和组织发育。

TGF-β 信号通路：视黄酸信号与转化生长因子-β（TGF-β）信号通路相互协调。TGF-β 在细胞生长抑制、细胞外基质合成等方面具有重要功能。视黄酸能够调节 TGF-β 信号通路中关键分子的表达和活性，二者共同参与维持组织稳态和正常生理功能。

七、视黄酸与疾病治疗

由于 RARs 在细胞生长和分化调控中的关键作用，视黄酸类药物（如全反式维甲酸）已成为治疗某些类型白血病（尤其是急性早幼粒细胞白血病，APL）的重要药物。通过激活 RARs，诱导白血病细胞分化成熟，从而达到治疗目的。此外，RARs 也成了其他多种肿瘤潜在的治疗靶点，相关研究正在不断深入。RARs 在皮肤组织中广泛表达，视黄酸类药物可以调节皮肤细胞的分化和增殖，因此被广泛应用于治疗痤疮、银屑病等多种皮肤病。

第四节　甲状腺素信号通路

一、甲状腺素

甲状腺素（Thyroid hormone）是由甲状腺滤泡上皮细胞合成和分泌的人体的生长激素，包括四碘甲状腺原氨酸（T4）和三碘甲状腺原氨酸（T3）；T3 是主要活性形式，活性比 T4 高约 4 倍（图 3-10）。T3 作用快而活性强但维持时间短，而 T4 作用慢而弱，但维持时间长。T4 作为储存形式，在组织中通过脱碘酶转化为高活性的 T3 发挥作用，这样就能维持体内 T3 的正常水平。反式 T3（rT3）是 T4 脱去内环 5 位碘的非活性形式，在应激或疾病时增多。正常情况下，T4 的含量大约占 T3 的含量的 4 倍，但当激素水平发生变化时，T3∶T4 的比例也会随之改变。T4 可经 5′脱碘酶脱碘成 T3 而显效，亦可经其他酶脱碘成逆 T3 及 3.3′-T2 而灭活。

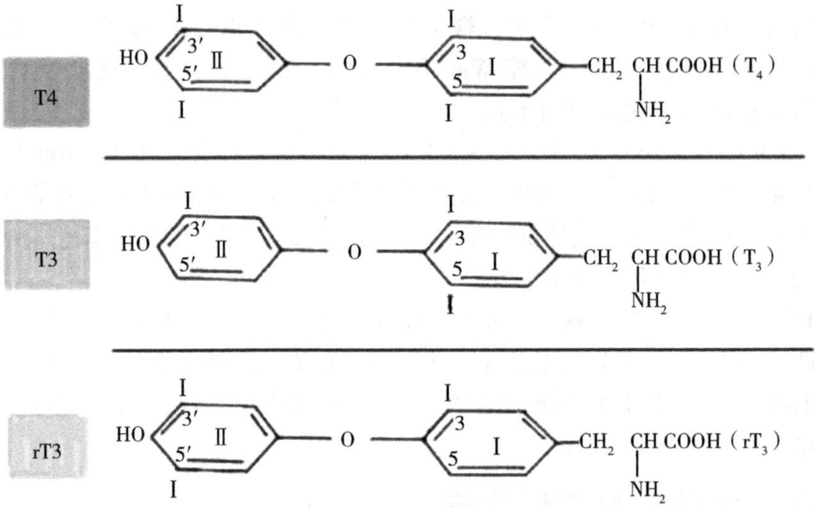

图 3-10 甲状腺素结构

甲状腺素合成起始于甲状腺球蛋白合成，在甲状腺滤泡上皮细胞粗面内质网首先合成富含酪氨酸的甲状腺球蛋白前体，经高尔基体糖基化修饰后以胞吐方式转运至滤泡腔内贮存。同时滤泡上皮细胞膜上 Na^+/I^- 泵利用 Na^+ 携带能量经同向协同方式从血液中摄取 I^-（主动运输）进入上皮细胞，经过氧化物酶氧化后活化的 I^0 在上皮细胞顶端的微绒毛膜处经 I/Cl^- 转运体到达滤泡腔内，在过氧化物酶催化下形成一碘酪氨酸（MIT）和双碘酪氨酸（DIT）的碘化甲状腺球蛋白。在甲状腺球蛋白上，过氧化物酶（TPO）催化两个 DIT 偶联生成 T4（四碘甲状腺原氨酸），或一个 DIT 与一个 MIT 偶联生成 T3（三碘甲状腺原氨酸）。生成的 T3 和 T4 仍结合在甲状腺球蛋白上，储存于滤泡腔胶质中。滤泡上皮细胞在腺垂体分泌的促甲状腺激素的作用下，胞吞滤泡腔内的碘化甲状腺球蛋白，成为胶质小泡。胶质小泡与溶酶体融合，碘化甲状腺球蛋白被水解酶分解形成少量三碘甲状腺原氨酸（T3）和大量四碘甲状腺原氨酸（T4），即甲状腺素（表 3-2）。T3 和 T4 于细胞基底部释放入血，约 99% 的 T4 和 T3 在血液中与甲状腺素结合球蛋白（TBG）、白蛋白等结合，仅游离形式具有生物活性。血液中 T4 占 90% 以上，T3 仅占少量，但 T3 活性更强。

表 3-2 甲状腺素合成过程

步骤	描述	反应
甲状腺球蛋白合成	滤泡上皮细胞从血液中摄取氨基酸（富含酪氨酸），在内质网高尔基体合成甲状腺球蛋白前体，通过胞吐方式排到滤泡腔内贮存	甲状腺球蛋白
碘的摄取和转运	滤泡上皮细胞从血液中摄取碘（碘泵协同转运），具有高度摄碘和浓集碘的能力	碘主动运输（Na^+协同转运）
碘活化和酪氨酸碘化	摄入的碘化物在腺泡上皮细胞顶端的微绒毛膜处，被过氧化物酶氧化成活化状态的碘，活化碘再与甲状腺球蛋白分子中的酪氨酸残基结合，生成一碘酪氨酸和二碘酪氨酸的碘化甲状腺球蛋白	碘化甲状腺球蛋白
偶联过程	在过氧化物酶作用下，一分子的一碘酪氨酸和一分子二碘酪氨酸偶联生成 T3，两分子的二碘酪氨酸偶联形成 T4	T3、T4、r-T3
甲状腺球蛋白重吸收	滤泡上皮细胞在腺垂体分泌促甲状腺激素的作用下，胞吞滤泡腔内碘化甲状腺球蛋白合成胶质小泡	胶质小泡
甲状腺球蛋白的水解	胶质小泡与溶酶体融合，碘化甲状腺球蛋白水解形成四碘甲状腺原氨酸和少量三碘甲状腺原氨酸，即甲状腺素	T4 ; T3
甲状腺素释放	四碘甲状腺原氨酸和少量三碘甲状腺原氨酸，在细胞基底部释放入血，并进入目标细胞	

二、甲状腺激素受体

甲状腺激素受体（Thyroid hormone receptors，TRs）是一类核受体，属于类固醇/甲状腺激素受体超家族，介导甲状腺激素（T3 和 T4）的生物学效应。

TRs 有 α 和 β 两种亚型，它们通过调控基因表达影响机体的代谢（表 3-3）。TRs 上有四个基本结构：①DNA 结合域（DBD），含锌指结构，识别靶基因启动子区的甲状腺激素反应元件（TRE）；②配体结合域（LBD），结合 T3（主要活性形式），诱导受体构象变化，启动转录调控；③铰链区，连接 DBD 和 LBD，参与辅因子募集；④转录激活/抑制域，与共激活因子（如 NCoA）或共抑制因子（如 NCoR）相互作用。（注：NCOA3，也称为 SRC-3 或 AIB1，是一种已知的核受体共激活因子，它能够增强核受体介导的转录激活作用。而 NCoR1 也称为 SMRT，是一种核受体共抑制因子，它能够与核受体形成复合物，阻止转录激活的发生）。

表 3-3 甲状腺素受体分类和分布

受体分类	分布	功能
TRα（NR1A1）	主要分布于心脏、骨骼肌、中枢神经系统和脂肪组织	TRα 调控心脏收缩力、基础代谢率和骨骼发育
TRβ（NR1A2）	主要在肝脏、肾脏、垂体和甲状腺中表达	TRβ 参与胆固醇代谢、听觉发育和负反馈调节垂体 TSH 分泌

三、甲状腺素信号通路

1. 调控基因表达的信号通路

未结合激素时，TRs 通常与视黄醇 X 受体（RXR）形成异二聚体，结合在靶基因的 TRE 上（TRE 序列通常为 AGGTCA 重复）。且 TR/RXR 异二聚体募集共抑制因子（如 NCoR、SMRT）和组蛋白去乙酰化酶（HDACs），抑制基因转录。

T3 进入细胞核，与 TR 的 LBD 高亲和力结合，诱导受体构象改变。共抑制因子解离，共激活因子（如 SRC、p300/CBP）被募集，组蛋白乙酰转移酶（HAT）活性增强，染色质结构松弛，启动转录。

激活基因转录，如代谢相关基因：Na^+/K^+-ATP 酶、UCP1（产热）；发育相关基因：生长激素（GH）、脑源性神经营养因子（BDNF）。

组织特异性效应：不同组织中 TR 亚型的表达比例不同，导致 T3 的生理效应差异。例如：心脏中 TRα 占主导，调控心率和收缩力；肝脏中 TRβ 调控胆固醇代谢和脂质氧化。

2. 非基因组作用途径

除经典的基因组效应外，甲状腺激素还可通过非基因组途径快速调控细胞功能。T3 与整合素 αvβ3 的细胞外结构域结合，引起整合素分子的构象变化，激活 PI3K/Akt 或 MAPK 通路，促进血管生成和细胞增殖。这条通路主要体现在甲状腺激素对肿瘤细胞增殖的影响，甲状腺激素可以通过整合素 αvβ3 这一共同起始点，调节肿瘤细胞的增殖和肿瘤的血管形成。其次，T3 直接进入线粒体，增强氧化磷酸化效率，促进 ATP 合成。

四、甲状腺素生理作用

甲状腺素促进体内物质和能量代谢，主要是能源物质即糖类、蛋白质和脂肪的氧化分解，使耗氧量增加，能量同时释放出来。以糖代谢为例，甲状腺激素主要通过结合核内甲状腺激素受体，与 RXR 形成异二聚体，结合靶基因启动子区的甲状腺激素反应元件（TRE），调控糖代谢相关基因的表达，如增加葡萄糖转运体 GLUT4 的合成，促进肌肉和脂肪细胞对葡萄糖的摄取；诱导己糖激酶（HK）、磷酸果糖激酶（PFK）、丙酮酸激酶（PK）等糖酵解酶的表达，加速葡萄糖分解；通过激活 PGC-1α（过氧化物酶体增殖物激活受体 γ 共激活因子 1α），促进线粒体 DNA 复制及呼吸链酶（如细胞色素 C 氧化酶）的合成，提高葡萄糖有氧氧化效率；增加肉碱棕榈酰转移酶 1（CPT1）等酶的活性，促进脂肪酸 β 氧化，间接节省葡萄糖供能。甲状腺素能促进小肠对糖的吸收，促进肝糖原分解为葡萄糖，提高血糖浓度。甲状腺机能亢进（俗称"甲亢"）患者由于甲状腺素分泌过多，机能代谢旺盛，加速了体内能源物质氧化分解，释放出过多热量。因此，甲亢患者的症状呈现多汗，怕热，饭量虽然大增，但由于"入不敷出"，故仍然不得不动用体内的能源储备——皮下脂肪，因而逐渐消瘦。此外，还出现心悸、眼球突出等症状。甲状腺素还可使胆固醇加速转变为胆酸，胆酸盐具有帮助脂肪消化的作用，可使血清胆固醇含量降低。

甲状腺激素对身体和智力发育，对骨骼、神经系统和生殖系统有显著影响。如从小缺碘会导致甲状腺功能减退症，患者身材矮小，面部表情痴呆，智力低下，因而又叫"呆小症"。适量甲状腺素有利于骨骼中有机物质的合成，促进钙质在骨骼的有机质上沉积，因而有利于骨骼发育；但过量甲状腺素则使骨骼脱钙，造成骨质疏松。甲状腺激素提高神经系统尤其是交感神经系统的兴奋性，例如甲亢病人情绪好激动，经不起精神刺激，容易精神紧张，导致失眠，心跳快，血压的收缩压高等，就是由于甲状腺素分泌过多所致。而甲状腺机能减退的症状正好相反，这种人反应迟钝，心跳慢，记忆力差，神情淡漠，血压也偏低。

五、甲状腺素的失活

甲状腺激素的代谢主要在肝、肾、肌肉等外周组织中进行,核心过程是脱碘反应,还可以通过葡萄糖醛酸化和硫酸化作用促进激素排泄(表3-4)。

表3-4 甲状腺素代谢

甲状腺素代谢方式	酶	催化反应	排泄方式
脱碘酶的作用	Ⅰ型脱碘酶(D1)	主要存在于肝、肾,将T4转化为活性形式T3(外环脱碘)	T3含量增加
	Ⅱ型脱碘酶(D2)	存在于脑、垂体、棕色脂肪,优先将T4转化为T3	T3含量增加
	Ⅲ型脱碘酶(D3)	在胎盘、中枢神经系统中将T4转化为无活性的反式T3(rT3)(内环脱碘)	rT3可以与血浆中的结合蛋白结合,通过胆汁和尿液排出体外。这一途径约占每日消耗总量的15%~20%。脱碘代谢:rT3可以通过脱碘酶进一步降解为其他形式的氨基酸,如二碘甲状腺原氨酸(T2)。这是rT3的主要代谢途径
葡萄糖醛酸化和硫酸化	葡糖醛酸或硫酸	在肝中,T3和T4与葡萄糖醛酸或硫酸结合,增加水溶性	胆汁排泄:结合产物经胆汁排入肠道,部分被重吸收(肠肝循环),其余随粪便排出
			肾脏排泄:少量游离T3、T4及其代谢产物经尿液排出

第五节 性激素信号通路

类固醇激素是一类脂溶性激素,它们在结构上都是环戊烷多氢菲。类固醇激素主要包括性腺激素和肾上腺皮质激素、1,25-二羟维生素 D_3 等。性腺激素可以促进性器官发育,维持第二性征。性激素主要包括雌性激素,比如孕激素、雌激素;雄性激素包括睾酮、雄酮等。肾上腺皮质激素可以分为糖皮质激素和盐皮质激素,糖皮质激素包括皮质醇、可的松、皮质酮等,主要作用是升高血糖,在应激反应中发挥作用。盐皮质激素主要以醛固酮为代表,具有保钠排钾的作用,是调节水盐代谢的主要激素。1,25-二羟维生素 D_3 也属于固醇类激素,主要用于调节钙磷代谢(表3-5)。

表 3-5　类固醇激素分类和受体分布

分类		结构	分泌细胞	调节分泌的激素	活性	受体	受体分布	作用机制	功能
雄性激素	睾酮（T）（主要）	（结构式）	睾丸间质细胞	①胚胎期：人类绒毛膜促性腺激素 ②青春期：垂体分泌促性腺激素		雄激素受体（AR）	肌肉、骨骼、脑、睾丸、中肾管系	结合 AR 后进入细胞核，调控相关靶基因（如肌肉合成相关基因）转录；部分需转化为 DHT 激活 AR	①影响胚胎性别分化； ②影响青春期性器官的发育； ③对成熟生殖器官及生精过程的维持； ④促进和维持男性第二性征
	双氢睾酮（DHT）	（结构式）			双氢睾酮>睾酮>雄烯二酮	雄激素受体（AR）	前列腺、毛囊、皮脂腺、外生殖器	直接高亲和力结合 AR，激活靶基因转录（如前列腺生长相关基因）	
	雄烯二酮	（结构式）				无独立受体	肾上腺、睾丸、卵巢（前体激素）	直接高亲和力结合 AR，激活靶基因转录（如前列腺生长相关基因）	
	脱氢异雄酮（DHEA）	（结构式）	肾上腺皮质		活性较弱	未直接结合 AR，主要通过转化为睾酮、DHT 或雌激素间接作用			DHEA 可和睾酮与性激素结合球蛋白（SHBG）结合，提高游离睾酮水平，参与青春期启动及代谢调节
	硫酸脱氢异雄酮（DHEAS）	（结构式）							

（续表）

分类		结构	分泌细胞	调节分泌的激素	活性	受体	受体分布	作用机制	功能
雌性激素	雌二醇(E2)		卵泡和黄体	下丘脑-垂体-卵巢轴(HPO轴)实现,并受内外环境因素影响:下丘脑释放GnRH,垂体分泌促性腺激素(FSH, LH,促进雌激素合成)	雌二醇含量丰富,活性最高	雌激素受体α(ERα)和雌激素受体β(ERβ)与配体亲和力E2>E3>E1	广泛存在于子宫、卵巢、骨骼、乳腺、脑、皮肤及心血管系统	雌激素与受体(ERα/ERβ)结合,调控靶基因如c-Myc、cyclin D1表达,调控细胞周期,控脂肪分化与能量代谢;与膜受体(GPR30)G蛋白偶联受体GPER1介导快速信号	促进女性第二性征发育(如乳房、子宫生长),调节月经周期及排卵功能,在妊娠期,胎盘分泌雌三醇维持妊娠状态
	雌三醇(E3)						妊娠期由胎盘大量合成,非妊娠期含量极低;靶组织包括阴道上皮,尿道及宫颈		
	雌酮(E1)						主要分布在绝经后女性的肾上腺及卵巢间质细胞,脂肪组织,由雄烯二酮通过芳香化酶转化生成		
	孕激素(孕酮,包括20α-羟孕酮、17α-羟孕酮)		黄体		孕酮生物活性最强		子宫(子宫内膜肌层)、卵巢(黄体细胞)、乳腺腺体及中枢神经系统(如下丘脑)	孕酮与孕酮受体(PR)结合,进入核内,启动靶基因如胚胎着床相关的Edn2(内皮素-2)及代谢相关基因PPARγ表达;或干扰转录因子NF-κB、AP-1等下调TNF-α、IL-1β等炎症因子表达	

(续表)

分类	结构	分泌细胞	调节分泌的激素	活性	受体	受体分布	作用机制	功能
盐皮质激素 — 醛固酮	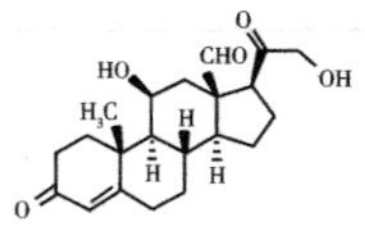 (结构式)	肾上腺皮质	肾素-血管紧张素系统(RAS)是醛固酮合成的主要调节途径,与血容量、电解质浓度(如血钠、血钾)密切相关	醛固酮活性最强	核受体 MR,G 蛋白偶联受体	肾脏、结肠、外分泌腺、心脏、脑、免疫细胞	醛固酮-MR 复合物在细胞核,识别靶基因序列,激活上皮钠通道(ENaC)、Na⁺/K⁺-ATP 酶和水孔蛋白 AQP 等基因的表达	维持体内水盐平衡,促进肾脏对 Na⁺的重吸收和 K⁺排泄
盐皮质激素 — 去氧皮质酮	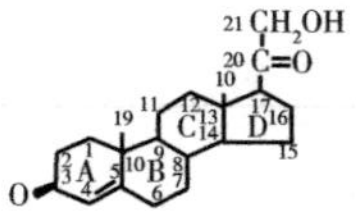 (结构式)			活性弱于醛固酮				
盐皮质激素 — 去氧皮质醇	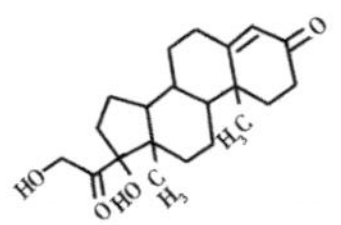 (结构式)			活性弱				

103

(续表)

分类		结构	分泌细胞	调节分泌的激素	活性	受体	受体分布	作用机制	功能
糖皮质激素	皮质醇	(结构式)	肾上腺皮质束状带和网状带	下丘脑-垂体前叶-肾上腺皮质轴调节：下丘脑分泌促肾上腺皮质激素释放激素(CRH)进入垂体前叶，促进肾上腺皮质激素(ACTH)的分泌，ACTH则可以促进皮质醇的分泌	皮质醇含量高，活性强	核受体GR，膜上受体G蛋白偶联受体	广泛存在于机体各种组织细胞中	GR通过结合糖皮质激素反应元件(GRE)直接激活抗炎基因(如NF-κB)的活性。或与GPR97等膜受体结合激活通过Gαi蛋白，影响糖、蛋白质代谢	调节体内糖代谢、脂肪、蛋白质代谢，抑制炎症和免疫反应，帮助机体应对长期压力
	皮质酮	(结构式)			皮质酮含量低，活性弱		海马、下丘脑、血管内皮、肝、肾、免疫细胞、皮肤毛囊		

一、雄激素

1. 雄激素

雄激素（Testosterone）是一类由睾丸、肾上腺皮质及卵巢分泌的类固醇激素，核心结构为环戊烷多氢菲（由3个六元环和1个五元环组成），含19个碳原子，主导男性生殖器官发育、第二性征形成及代谢调节（图3-11）。雄激素包括双氢睾酮（DHT）、睾酮、雄烯二酮、脱氢异雄酮（DHEA）及硫酸脱氢异雄酮（DHEA-S）。其中DHT活性最强，为睾酮的2.5~10倍，由外周组织经5α-还原酶催化生成，DHT的高生物活性尤其在毛囊、前列腺等靶组织中表现更显著。而且DHT与雄激素受体（AR）的亲和力更高，结合稳定性更强，导致其生理效应更持久。睾酮是核心雄激素，主要由睾丸间质细胞分泌，活性次之。雄烯二酮活性为睾酮的1/10，是睾酮和雌激素的合成前体。脱氢异雄酮（DHEA）及硫酸脱氢异雄酮（DHEA-S）是肾上腺皮质分泌，活性较弱，参与青春期启动及代谢调节。

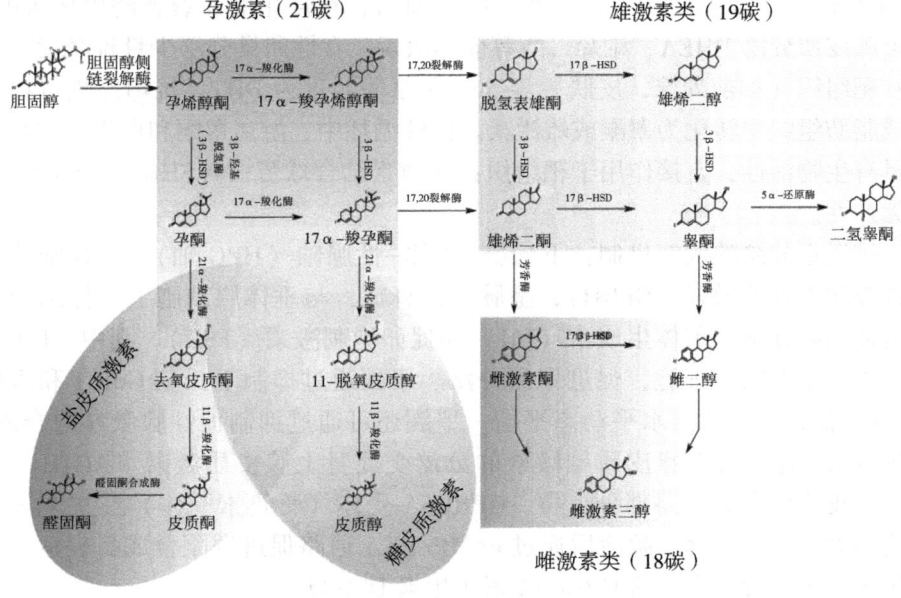

图 3-11 性激素合成

胆固醇由StAR蛋白（Steroidogenic acute regulatory protein，类固醇激素合成急性调节蛋白，位于细胞的线粒体膜上）调控由线粒体外膜转运到内膜，经细胞色素 P450scc（胆固醇侧链裂解酶）的作用生成孕烯醇酮。从胆固醇转化成孕烯醇酮是所有类固醇激素形成的第一步，转化需要 NADPH、氧和细胞色素 P450 的参与，然后孕烯醇酮被转化成有活性的性激素（图 3-11）。孕烯醇酮是孕激素的前体，含有 21 个碳，这是孕激素的特点。孕烯醇酮可以通过两种可能的途径，即 Δ5 和 Δ4 途径之一转化为雄激素。Δ5 途径首先是孕烯醇酮在 17α-羟化酶（P450c17）和 17,20-裂解酶的催化下，首先转化为 17α-羟孕烯醇酮，随后生成脱氢异雄酮（DHEA）。DHEA 进一步通过 3β-羟基类固醇脱氢酶（3β-HSD）的作用，转化为雄烯二酮（Δ4-A）。Δ5 途径是女性卵巢和肾上腺合成雄激素的主要路径，尤其在卵泡期占主导地位。Δ4 途径是孕烯醇酮在 3β-羟基类固醇脱氢酶（3β-HSD）作用下，先转化为孕酮（Progesterone）。孕酮经 17α-羟化酶（P450c17）催化，生成 17α-羟孕酮，再通过 17,20-裂解酶作用转化为雄烯二酮（Δ4-A）。Δ4 途径在黄体期更为活跃，主要生成孕激素和雄烯二酮。雄烯二酮经 17β-羟基类固醇脱氢酶（17β-HSD）催化，还原为睾酮（Testosterone），此为睾丸间质细胞的主要分泌产物。部分睾酮在靶组织（如前列腺）中经 5α-还原酶作用转化为活性更强的双氢睾酮（DHT）。睾丸间质细胞以胆固醇为原料，经羟化酶和裂解酶生成睾酮。肾上腺皮质分泌 DHEA、雄烯二酮等前体激素。女性卵巢分泌少量雄激素。睾酮在靶组织（如前列腺、皮肤）经 5α-还原酶转化为 DHT。雄烯二酮可在卵巢或脂肪组织中转化为睾酮或雌激素。血液循环中，游离睾酮和白蛋白结合睾酮具有生物活性，直接作用于靶组织；性激素结合球蛋白（SHBG）结合的睾酮无活性。

雄激素分泌的调节机制：下丘脑-垂体-性腺轴（HPG 轴）。下丘脑分泌促性腺激素释放激素（GnRH），呈脉冲式释放，与垂体腺细胞上受体结合刺激垂体前叶分泌促黄体生成素（LH）和促卵泡刺激素（FSH）。其中，LH 直接作用于睾丸间质细胞，促进睾酮分泌。睾酮通过抑制下丘脑 GnRH 和垂体 LH 的分泌，维持激素水平动态平衡。睾酮还可通过抑制促性腺激素的合成，减少自身分泌。肾上腺皮质雄激素的分泌受促肾上腺皮质激素（ACTH）调控，与皮质醇合成通路部分重叠。GPRC6A 受体（骨钙素受体）在睾丸间质细胞中表达，被骨钙素激活后通过 cAMP/PKA 通路促进睾酮合成酶表达，提升睾酮水平。骨钙素激活 GPRC6A 需维生素 D 参与。

2. 雄激素受体

双氢睾酮（DHT）与睾酮的受体都属于一种类型的受体——雄激素受体（Androgen receptor，AR），DHT 受体主要分布于皮肤毛囊、皮脂腺、前列腺、男性外生殖器等组织，在胚胎期促进男性外生殖器及前列腺分化，成年后调控性毛生长、皮脂腺分泌及外生殖器发育。睾酮受体作用于靶组织包括中肾管系、肌肉、脑、骨髓及睾丸生精上皮等，部分组织（如前列腺、皮肤）需依赖 5α-还原酶将睾酮转化为 DHT 后激活 AR。睾酮借助于受体在胚胎期调控男性内生殖器分化，青春期维持生精功能及第二性征，促进蛋白质合成代谢、骨骼生长及肌肉发育。DHT 与 AR 的亲和力显著高于睾酮，雄烯二酮无独立受体，需转化为睾酮或 DHT 后通过 AR 发挥作用；也可转化为雌激素，间接影响雌激素受体通路。雄烯二酮由肾上腺和卵巢分泌，作为睾酮和雌激素的前体激素，参与调节生殖内分泌平衡及代谢过程。脱氢异雄酮（DHEA）及硫酸脱氢异雄酮（DHEAS）不直接结合传统 AR，主要通过转化为睾酮、DHT 或雌激素间接作用。DHEA 可抑制睾酮与性激素结合球蛋白（SHBG）结合，提高游离睾酮水平。青春期前促进性发育启动，成年后参与骨密度、肌肉力量及免疫调节；肾上腺来源的 DHEAS 是女性高雄激素症状的潜在因素。

雄激素受体 AR 是一个大小为 110 kD 的配体依赖的核受体，属于类固醇激素受体超家族。其基因由 8 个外显子和 7 个内含子组成，位于 X 染色体 q11~12 号上。AR 序列由 3 个基本的功能区组成：①N-末端转录激活区（N-terminal domain，NTD）（部分外显子 1）；②中心 DNA 结合区（DNA-binding domain，DBD）（外显子 2 和 3）；③羧基端配体结合区（Ligandbinding domain，LBD）（外显子 4 至部分外显子 8）（图 3-12）。DBD 与 LBD 之间通过一段铰链区（hinge region）相连接。其中 NTD 区是变异最大的，该区域中有 3 种较为常见的基因多态性：(CAG)n、(GGN)n 以及 StuI 酶切位点。这些由

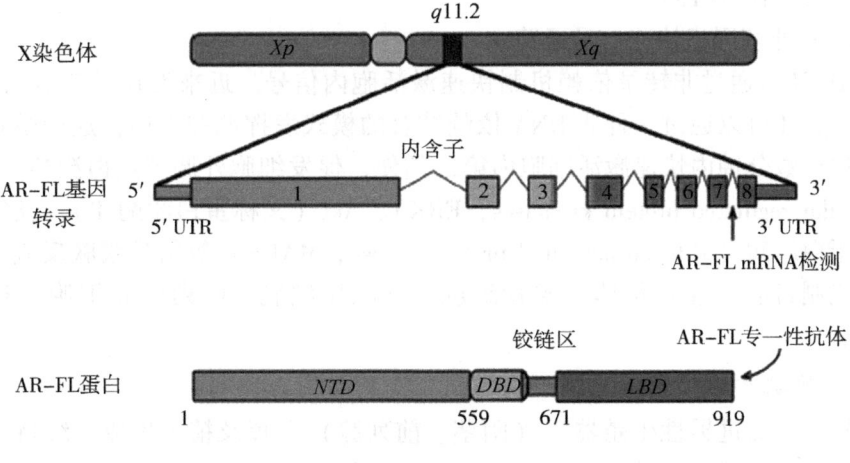

图 3-12 雄激素受体

可变数量的聚甘氨酸重复序列和聚谷氨酰胺组成的重复片段高度影响雄激素受体的转录活性。而 DBD 和 LBD 均属于高度保守的区域。DBD 上有两个锌指结构，使其能识别特定的 DNA 序列。在基础状态下，LBD 还允许 AR 和胞质中的热休克蛋白（HSP）物理连接，同时 LBD 本身与 AR 的 N-末端相互作用，稳定了 AR 与雄激素的结合状态。

实验发现在低类固醇浓度时，AR 与具有生理活性的雄激素有高的结合亲和力，然而在高激素类固醇浓度时则会降低它与 AR 的亲和力，且 AR 的核转运和转录活性也会降低；该试验进一步发现具有高亲和力的雄激素与 AR 相结合，可以诱导 AR 的磷酸化，提高 AR 蛋白的稳定性。

3. AR 介导的信号通路

(1) 经典基因组通路

睾酮是一种亲脂性的激素，可以自由渗透细胞膜进入细胞质。在细胞质内 5α-还原酶的作用下，睾酮被转化为效能更强的二氢睾酮。当雄激素配体与 AR 结合时，使得原本在细胞质中的 AR 与热休克蛋白（HSP）解离，构象发生改变，暴露出核定位信号（Nuclear localization signal，NLS）区，配体-AR 复合物转位进入细胞核，该复合物以二聚体与特定的雄激素调控基因启动子上的 AR 反应元件（Androgen receptor element，ARE）结合，招募共激活因子（如 ARA70、CBP/p300）或共抑制因子，形成转录复合物，以一种 DNA 依赖的结合模式，调控靶基因表达。典型靶基因包括肌肉生长相关基因（如 IGF-1）、骨骼代谢基因及生殖系统发育相关基因，影响肌肉合成、骨密度维持和性征发育（图 3-13）。

(2) 非基因组快速信号通路

AR 还可通过非转录依赖机制快速激活胞内信号。近来发现雄激素与 AR 结合后，还可以通过一种非 DNA 依赖结合的模式发挥调控作用，这种模式可在数秒至数分钟内快速激活细胞内第二信使，促发细胞外调节蛋白激酶（Extracellular regulated protein ki-nases，ERK）、Akt（又称蛋白激酶 B）、丝裂原活化蛋白激酶（Mitogen activated protein kinase，MAPK）等信号级联反应。该调控机制目前已在骨细胞、成骨细胞、乳腺癌细胞、前列腺癌细胞中得到证实。

4. 雄激素的功能

雄激素促进男性生殖器官（阴茎、前列腺）发育及精子生成，维持男性第二性征（胡须、喉结、低沉嗓音）及女性阴毛分布。它可促进蛋白质合成，抑制糖皮质激素的蛋白质分解作用，增强肌肉质量（氮沉积和增加肌纤维的

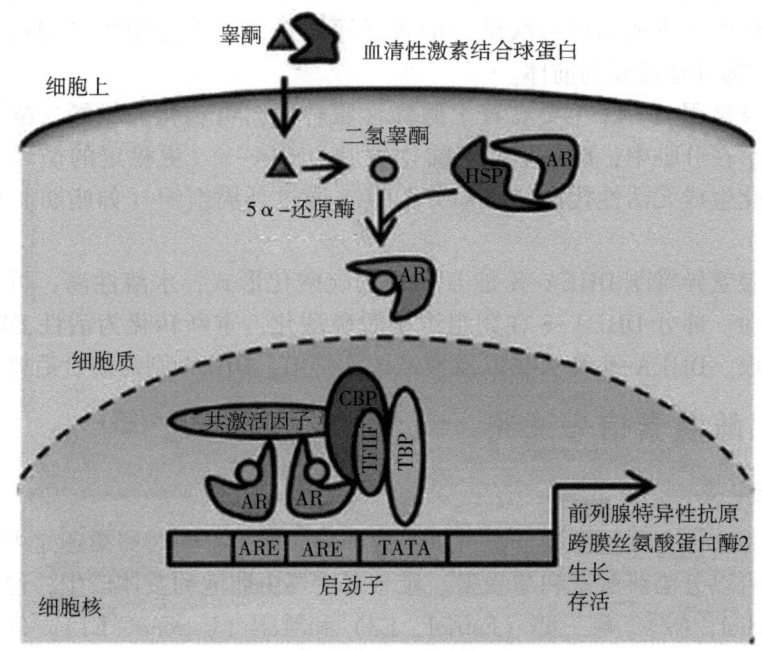

图 3-13 雄激素受体激活信号途径

数量和厚度等）；刺激红细胞生成，提升骨髓造血功能。其他作用还包括维持骨密度，调节脂代谢及心血管功能。在女性中参与卵巢功能调节及性欲维持。

5. 雄激素的失活

在靶组织（如前列腺、皮肤毛囊）中睾酮经 5α-还原酶催化生成 DHT，活性比睾酮更强。在肝脏中，DHT 通过羟基化和葡萄糖醛酸化转化为无活性的代谢物（如雄烯二醇），随后经肾脏排出。少量 DHT 可被氧化为雄酮，进一步结合硫酸盐或葡萄糖醛酸后形成可溶性物质经尿液排出，少量通过胆汁进入肠道，部分可被肠道菌群水解后重吸收（肝肠循环）。主要代谢途径：DHT—（羟基化）→雄烯二醇—（葡萄糖醛酸化）→尿液；次要途径：DHT—（氧化）→雄酮—（结合硫酸盐）→胆汁/尿液。

睾酮在肝脏中经 17β-羟类固醇脱氢酶转化为雌二醇（雌激素活性形式）。另一途径是通过 17-酮类固醇转化为雄酮（Androsterone）和本胆烷醇酮（Etiocholanolone）等无活性代谢物，并与硫酸盐或葡萄糖醛酸结合，结合代谢物通过肾脏排泄，未结合的睾酮可通过肝肠循环延长半衰期。还有约 6% 的睾酮直接以原型经尿液排出。

雄烯二酮是肾上腺和性腺分泌的中间产物，可转化为睾酮或雌酮（通过芳香化酶作用）。在肝脏中，雄烯二酮经还原反应生成雄酮和本胆烷醇酮，代谢产物以硫酸盐或葡萄糖醛酸结合形式经尿液排出。部分雄烯二酮可转化为 DHEA，作为其他激素的前体。

脱氢异雄酮 DHEA 主要在肾上腺和性腺合成，可转化为雄烯二酮或直接生成睾酮。在肝脏中，DHEA 经硫酸化生成 DHEA-S（更稳定的循环形式），或经羟基化生成无活性代谢物。部分 DHEA 通过外周组织（如脂肪）转化为雌激素。

硫酸脱氢异雄酮 DHEA-S 是 DHEA 的硫酸化形式，水溶性高，可直接通过肾脏排泄。部分 DHEA-S 在靶组织中脱硫酸化，重新转化为活性 DHEA 参与激素合成。DHEA-S 约 90% 以原型经尿液排出，DHEA 则需结合后排泄。

二、雌激素信号通路

1. 雌激素

卵巢是女性主要生殖器官，可以生成和排放卵子；同时卵巢还是主要内分泌器官，可以分泌雌激素和孕激素。雌激素主要由卵泡和黄体产生，包括雌二醇（Estradiol，E2）、雌三醇（Estriol，E3）和雌酮（Estrone，E1），其中雌二醇含量最为丰富、活性最强，它的生物学作用分别是雌酮和雌三醇大 12 倍和 80 倍，主导女性生殖功能及第二性征发育（图 3-14）。雌酮是绝经后女性主要雌激素形式，由肾上腺分泌的雄烯二酮经外周组织（如脂肪）芳香化酶转

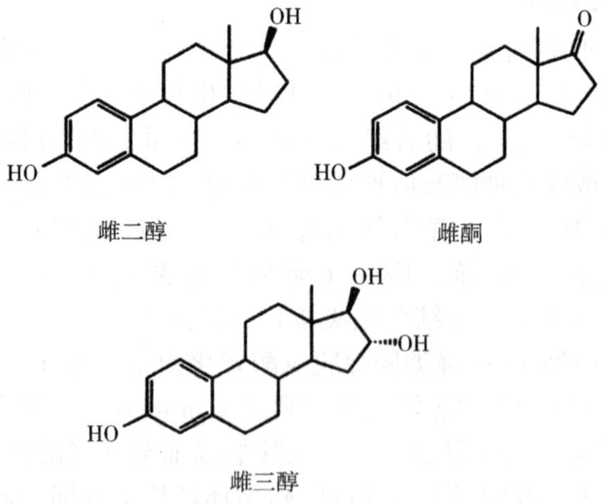

雌二醇　　　　　雌酮

雌三醇

图 3-14　雌激素化学结构

化生成。雌三醇（E3）是雌二醇和雌酮的代谢产物，妊娠期由胎盘大量分泌，用于评估胎儿-胎盘功能。孕激素主要由黄体产生，包括孕酮和17-羟孕酮，最重要的孕激素是孕酮。此外卵巢还能分泌少量雄激素、松弛素和卵泡素。雌激素促进女性第二性征发育（如乳房、子宫生长），调节月经周期及排卵功能。

卵巢以胆固醇为原料，通过 Δ5 途径（孕烯醇酮→17α-羟孕酮→雄烯二酮）或 Δ4 途径（孕酮→雄烯二酮）生成雄烯二酮，再经芳香化酶转化为雌酮和雌二醇（图3-15）。绝经前女性的卵巢通过卵泡颗粒细胞合成雌二醇（E2），是女性体内最主要的活性雌激素形式；在妊娠期，胎盘分泌雌激素（如雌三醇）维持妊娠状态。肾上腺脂肪组织和肌肉等也可分泌少量雌激素前体（如雄烯二酮、DHEA），可通过芳香化酶（Aromatase）转化为雌酮（E1）和雌二醇（E2）（DHEA→雌激素），参与调节骨密度和免疫功能，是绝经后雌激素的主要来源。胎盘利用胎儿肾上腺提供的硫酸脱氢异雄酮（DHEAS），经羟化酶和芳香化酶作用合成雌三醇，作为妊娠期标志性激素。雌二醇与雌酮可在肝脏和外周组织（如脂肪）中通过氧化还原酶相互转化，形成动态平衡，延长了二者的代谢周期。

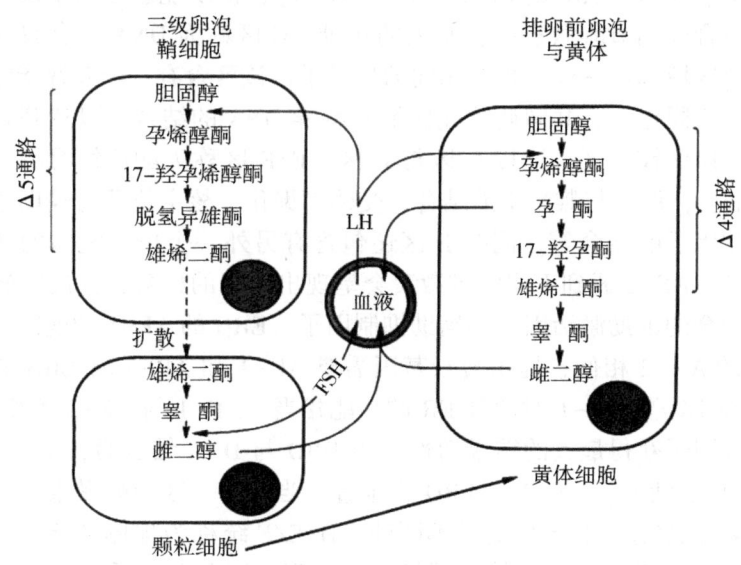

图3-15 雌激素合成途径

2. 雌激素受体

雌激素受体（Estrogen receptor，ER）包括两大类：一是经典的核受体，包括 ERα 和 ERβ，它们位于细胞核内，介导雌激素的基因型效应，即通过调节特异性靶基因的转录而发挥"基因型"调节效应。二是膜性受体，包括经典核受体的膜性成分以及属于 G 蛋白偶联受体家族的 GPER1（GPR30）、Gaq-ER 和 ER-X，它们介导快速的非基因型效应，通过第二信使系统发挥间接的转录调控功能，其中一些似乎只在脑局部起作用。这两类受体在机体内的分布具有组织/细胞特异性，参与了对诸如生殖、学习、记忆、认知等多种功能的调节。

雌二醇、雌三醇、雌酮均通过 ERα 和 ERβ 发挥作用，但亲和力与效应强度差异显著。雌二醇（E2）是 ERα 的主要激活者，主导生殖与代谢功能；雌酮（E1）为绝经后基础雌激素，活性较弱；雌三醇（E3）通过 ERβ 发挥局部保护作用（如妊娠期宫颈成熟）。

(1) 雌激素核受体

经典的雌激素受体包括 ERα、ERβ 两种亚型，二者的结构相似，有 A、B、C、D、E、F、J 几个区域。A/B 区具有一个非配体依赖的转录激活区（Ligand independent activation function 1，AF-1），该功能区参与了调节雌激素与受体的结合以调节雌激素应答基因的转录。C 区称为 DNA 结合域（DBD），两种受体此区域基本一样，含有相同的外显子。该区含有一个双锌指结构，两个锌指结构协同作用，共同调节此区域与特异 DNA 的结合，以达到转录靶基因的目的。D 区铰合区，连接 C 区与 E 区。E/F 区称为配体结合域（LBD）。E 区作用最多，例如与雌激素的结合、受体二聚化、核定位及与辅助激活因子或辅助抑制因子的结合等。同时 E 区还包含有另外一个依赖配体的转录激活区（AF-2），AF-2 遇到不同的雌激素会呈现出不同的构象，并决定转录靶基因所需要结合的辅助激活因子和辅助抑制因子。ERβ 的 AF-1 功能微弱而 AF-2 与 ERα 的 AF-2 相似，提示转录基因需要 AF-1 和 AF-2 时 ERβ 的功能较 ERα 弱，在不需要 AF-1 时两种 ER 的功能相当。AF-1 与 AF-2 的相互配合，能够使转录因子获得最大的转录活性。当 DBD 与 DNA 结合后，AF-1 即可激活 DNA 的转录活性，AF-2 与 LBD 相重叠，当 AF-2 区与雌激素结合后，即可激活 DNA 的转录。F 区功能尚不明朗。D/E/F 统称为配体结合区，两种亚型雌激素受体此区只有 53% 的相同氨基酸序列，因此两种受体既有共同的配体，也有各自不同。

(2) 雌激素的膜性受体

在 1977 年，Pietras 等（1997）发现雌激素可以通过细胞膜结合位点快速上调子宫内膜细胞 cAMP 水平，因而推测细胞膜上存在膜性 ER（Membrane estrogen receptor，mER）。1995 年 Pappas 等（1995）利用核受体不同结构域的各种抗体首次证实质膜上存在 ERα，两种受体结构极为相似。Song 等（2002）运用激光共聚焦发现在雌二醇（E2）刺激下，经典的 ERα 转位至细胞膜。Razandi 等（1999）在 CHO 细胞中发现 ERα 和 ERβ 除了在细胞内表达外，细胞膜上也有分布。经典的 ERα 可以定位于胞膜，作为膜性雌激素受体，这种核受体故称核受体型膜受体。与细胞内受体相比，膜性受体只占 2%～3%。

膜性 ER 虽然与核 ER 有关，但结构有差别。所有这些雌激素结合蛋白可能来自核受体不同的剪切方式，这就使它们可以插入跨膜区，保存核受体的配体结合结构域，丢弃 DNA 结合结构域和其他部分，从而产生多种膜受体，如 ERα 的变异体 ER-46。膜性受体 GPER1 也叫 GPR30，是真正意义上的膜性受体，为一类由 375 个氨基酸残基组成的 7 次跨膜的 G 蛋白偶联受体（G protein-coupledreceptor，GPCR）。新近发现的膜性受体还包括 ER-X 和 Gaq-ER。ER-X 不同于经典的核受体，也不是核受体的变异体，它与 ERα 有相同的 C 区域，但它不是 ERα 的剪切体，可能是一种新的基因。豚鼠的弓状核中发现了一种依赖 Gaq 蛋白的膜性受体，它不同于其他膜性受体而是一种调节 GABAB 受体去敏感化的 ER，主要通过 Gaq 蛋白激活磷脂酶 C 介导调控蛋白激酶 A，并最终改变基因的转录活性。它也属于 G 蛋白偶联受体家族，于是将其命名为 Gaq-ER（表3-6）。

表3-6 雌激素受体分布

受体类型	受体亚型	分布	功能
核受体	ERα 受体	女性生殖系统：高表达于子宫、卵巢及乳腺组织	调控生殖功能及乳腺发育
		肝脏与脂肪组织	参与脂代谢及胰岛素敏感性调节
	ERβ 受体	中枢神经系统：广泛分布于大脑皮层、海马、下丘脑等区域	参与神经保护及认知功能调节
		心血管系统：存在于心肌细胞、血管内皮细胞和平滑肌细胞中	调节血管舒张和抗氧化作用
		前列腺与结肠：ERβ 在前列腺上皮细胞和结肠黏膜中高表达	可能与抑制肿瘤增殖相关
		骨骼系统：在成骨细胞和破骨细胞中表达	参与骨代谢平衡

(续表)

受体类型	受体亚型	分布	功能
核受体型膜受体	GPER1（GPR30）	心血管系统：分布于心肌细胞膜及血管内皮细胞	介导雌激素的快速血管舒张作用
		神经系统：存在于神经元突触膜	调节突触可塑性和神经递质释放
		生殖系统：卵巢颗粒细胞及子宫内膜细胞膜上均有表达	影响卵泡发育和内膜增殖
其他膜受体	（Gαq-ER、ER-X）	脑组织：ER-X 主要分布于海马区	参与神经元存活和突触形成
		免疫系统：Gαq-ER 在免疫细胞表面表达	调控炎症反应和免疫应答

3. 雌激素信号通路

雌激素通过受体在细胞内引发的信号转导包括：核启动的类固醇信号转导（Nuclear-initiated steroid signaling, NISS）即基因组作用模式，和膜启动的类固醇信号转导（Membrane initiated steroid signaling, MISS）即为非基因组作用模式。

（1）核启动的类固醇信号转导（NISS）

雌激素介导的基因组作用模式分为三步：雌激素通过扩散进入细胞和核内 ER 结合，激活 ER 形成同源或异源二聚体，激活的 ER 与 DNA 增强子雌激素应答元件（Estrogen responseelement，ERE）结合，ER-ERE 复合物促使形成转录起始复合物并诱导转录。除 ERE 机制外，ER 还能结合到其他转录因子，然后结合到靶基因启动区的活化蛋白 1（Activating protein 1, AP-1）位点、特异蛋白 1（SP-1）等增强子元件间接调控基因转录。在此信号途径中，与配体结合的受体二聚体需要转录因子 Fos Jun 的共同作用而进行转录激活。

（2）膜启动的类固醇信号转导（MISS）

雌激素可以通过膜 ER 快速激活细胞内的第二信号系统，间接调节一系列基因转录，在多种细胞类型中快速发挥生物学效应（王麟等，2006）。这些效应包括：①迅速激活 MAPK 信号通路；②通过 Gαs 活化腺苷酸环化酶（GC），促进 cAMP 调节基因转录的活性；③通过 Gαq 活化磷脂酶 C（PLC），激活 PKC 并增加内源性 Ca^{2+}；④通过 Gαi 合成一氧化氮（NO）；⑤增强 Src-Ras-PI3K 通路活性、胞吐作用、泌乳素的分泌及钙通路活性；⑥使 Src、Src 同源性胶原蛋白、内皮黏附分子、环前列腺素和一些未知磷脂酶的表达水平增加。如雌激素能在数秒钟内改变神经元的电生理特性，在几分钟之内降低不表达核受体的神经元的 Ca^{2+} 电流，导致特异性增强基因表达的蛋白质如 MAPK 途径、PKA、CREB 等的活化。

雌激素活化的膜受体 ERα 活化 MAPK/ERK 的过程主要靠相关分子形成复合体来介导，主要有 ERα-Shc-IGFR 复合体和 PELPl/MNAR-ER-Src 复合体。前者主要是 Shc 的 PTB/SH2 结构和 ERα 的 AF-1 结合，通过磷酸化的 Shc 与 IGFR（胰岛素样生长因子受体）结合固定到膜上（Shc 支架蛋白），从而发挥生物效应。而后者中，PELP1/MNAR 既定位于细胞核又定位于细胞膜，MNAR 和 PELP1 上有两种不同的模体，可以分别 ERα、c-Src 结合形成复体，从而发挥作用。

雌激素受体非基因组活性调制因子（Modulator of nongenmic activity of estrogen receptor，MNAR）与 ERα 的核受体辅助活化因子 PELP1 在功能和氨基酸序列上一致，它们都具有 9 个 LXXLL 模体和 3 个 PXXP 模体。在雌激素刺激下，PELP1/MNAR 通过 LXXLL 模体与 ERα 结合，通过 PXXP 模体与 c-Src 结合，在 ERa-Src 相互作用中起到了支架的作用，为增强 ERα 与 Src 结合的稳定性以及 c-Src 的活化提供了保障（王麟等，2006）。

在内皮细胞，ERα 可以与 PI3K 的 p85 亚单位直接相互作用，而 PI3K 与膜上多种细胞因子受体（EGFR 和 IGFIR）相互作用，即可能有 ERα-PI3K-生长因子受体复合体的存在。在表达 ER 的 CHO 细胞中，E2 通过 ERβ 激活 JNK，而通过 ERα 抑制 JNK。

(3) ER-X 和 Gαq-ER 介导的信号转导途径

ER-X 和 Gαq-ER 在脑组织中特异性高表达，参与神经保护、突触可塑性及认知功能调节。ER-X 可能更偏向于局部快速反应（如神经元电活动调节），而 Gαq-ER 可能整合激素信号与代谢调控。两类受体通过膜启动的快速信号与核受体的慢基因效应协同，实现对雌激素生理功能的时空精准调控。

ER-X 主要分布于细胞膜，可能通过结合雌激素或其他配体触发构象变化，激活下游 G 蛋白信号复合物，通过 cAMP-PKA 或 ERK/MAPK 通路传递信号，激活转录因子（如 CREB 或 SRF），间接调控基因表达。Gαq-ER 通过 Gαq 亚基偶联，配体结合后诱导 Gαq 与 Gβγ 亚基解离，Gαq 直接刺激 PLCβ，分解膜磷脂 PIP_2 生成 IP_3 和 DAG。IP_3 促进内质网 Ca^{2+} 释放，DAG 与 Ca^{2+} 协同激活蛋白激酶 C（PKC）。PKC 进一步磷酸化下游靶蛋白（如 MAPK），引发级联反应。两类受体均可通过第二信使（如 Ca^{2+}、cAMP）调控核内基因转录，但作用速度显著快于经典的核受体途径。

4. 雌激素生物学作用

雌激素调控生殖系统，促进生殖器官发育，刺激子宫肌层增厚及内膜增殖，增强输卵管蠕动和阴道上皮角化，维持生殖道酸性环境；调节月经周期，通过下丘脑-垂体-卵巢轴调控卵泡发育与排卵，协同孕激素完成子宫内膜周期性变化；乳腺发育与泌乳，促进青春期乳腺导管增生，大剂量则抑制泌乳。保护心血管，改善血管功能，增加一氧化氮和前列腺素合成，抑制血管平滑肌异常增殖，减少心肌缺血再灌注损伤；调节脂代谢，降低血浆胆固醇及低密度脂蛋白，升高高密度脂蛋白水平。雌激素促进骨形成，刺激成骨细胞活性，加速钙盐沉积，维持骨密度；抑制骨吸收，减少破骨细胞分化，延缓骨质疏松进展，保持骨骼代谢平衡。

雌激素有保护神经作用，能促进神经元存活、突触形成及神经递质（如多巴胺、5-羟色胺）合成；提供认知功能支持，通过海马区ERβ受体介导学习记忆功能。

雌激素能激活肾素-血管紧张素系统，增加醛固酮分泌；调控脂肪分布，促使脂肪向臀部、大腿等部位沉积，形成女性体态特征。皮肤与免疫调节中，雌激素的存在有助于维持皮肤弹性，促进真皮层胶原合成，改善表皮血液供应；增强免疫应答，通过淋巴细胞增殖与巨噬细胞活化提高抗病能力。

雌激素分泌维持第二性征出现，促进乳房发育、皮下脂肪堆积及声调变化；形成生殖道防御机制，增加阴道糖原储备，维持酸性环境抑制病原体。同时雌激素作用具有剂量依赖性，如小剂量促排卵、大剂量抑制排卵；其受体分布（ERα/β、GPER1）及信号通路的组织特异性导致功能多样性。

5. 雌激素的失活

雌二醇、雌酮在肝脏中与硫酸盐或葡萄糖醛酸结合，形成水溶性代谢物，主要通过肾脏随尿液排出，部分经胆管排入肠道，经水解后可被重吸收（肝肠循环），维持体内雌激素水平。雌三醇作为终末代谢产物，活性仅为雌酮的1/3，进一步失活后排出。

三、孕酮介导的信号通路

1. 孕酮

孕酮（Progesterone）是一种类固醇激素，又称孕酮激素、黄体激素，是卵巢分泌的具有生物活性的主要孕激素（图3-16）。在排卵前和经期，卵泡仅分泌少量孕酮，孕酮水平较低；但卵泡排卵后的月经周期黄体期，剩余的颗粒细胞和泡膜细胞分化为黄体细胞，黄体细胞将胆固醇转化为孕酮。妊娠9周后，胎盘合体滋养细胞利用母体胆固醇，通过高效酶系统（如CYP11A1）完成孕酮合成，胎盘成为孕酮主要来源，一直持续至分娩。此外，肾上腺可少量合成孕酮，与其他类固醇激素（如雄激素）共同生成，但其分泌量远低于卵巢和胎盘。胆固醇合成孕酮需经羟化酶和裂解酶作用生成孕烯醇酮，再通过3β-羟类固醇脱氢酶转化为孕酮。孕酮通过多途径维持妊娠、调控生殖周期、促进乳腺发育，并参与代谢与免疫调节，是女性生殖健康及妊娠成功的核心激素。

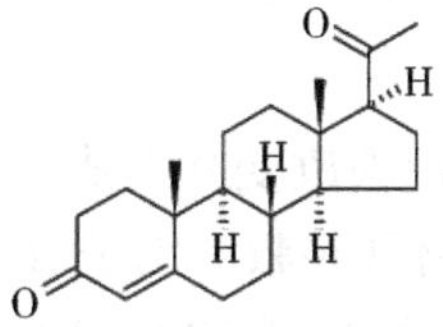

图3-16　孕酮分子结构

孕酮合成的调节机制：排卵后促黄体生成素（LH）刺激黄体细胞大量分泌孕酮。另外，下丘脑促性腺激素释放激素（GnRH）和垂体卵泡刺激素（FSH）间接调节卵巢孕酮合成。妊娠中晚期胎盘独立于母体内分泌系统持续分泌孕酮。非妊娠期孕酮呈脉冲释放。

2. 孕酮受体

孕酮受体（Progesterone receptor，PR）属于核受体超家族中的 NR3C3 亚型，其结构由多个功能域组成：激素结合域（HBD）位于受体羧基末端，含疏水口袋结构，通过氢键和疏水作用特异性识别并稳定结合孕酮分子，结合后触发受体构象变化，暴露共激活因子结合位点；DNA 结合域（DBD）位于受体中部，包含两个高度保守的锌指基序，通过锌指结构识别靶基因启动子区的孕酮反应元件（PRE）与 DNA 双螺旋的特定序列结合，启动转录调控；铰链区连接 DBD 和 HBD 的柔性区域，调节受体与 DNA 的亲和力，并参与核定位信号的传递；N 端激活域（AF-1/AF-3）位于氨基末端（N 端），独立于激素结合的转录激活功能，通过招募共激活因子（如 NCOA2）增强基因表达。

PR 分为两种亚型：PR-A（分子量约 94 kDa）和 PR-B（分子量约 116 kDa），两者由同一基因通过不同启动子剪切产生。PR-B 包含完整的 N 端激活域（AF-3），具有更强的转录激活能力，主要调控与妊娠维持相关的基因（如子宫内膜蜕膜化相关蛋白）。PR-A 缺失 N 端部分序列，转录活性较低，可通过抑制 PR-B 或雌激素受体（ER）的活性发挥拮抗作用。核受体 PR 需与共激活因子（如 NCOA2）结合形成复合物，才能高效启动基因转录。受体磷酸化状态可影响其稳定性、核定位及转录活性，例如孕酮结合后通过激酶信号通路增强 PR 的稳定性。PR 主要分布于子宫（子宫内膜、肌层）、卵巢（黄体细胞）、乳腺腺体及中枢神经系统（如下丘脑）。

除经典的核受体外，细胞膜上存在非基因组作用的孕酮受体即膜相关孕酮受体（mPRs）（如 mPRα、mPRβ、mPRγ），其结构与 G 蛋白偶联受体类似，介导快速信号通路（如钙离子内流）。

3. 孕酮介导信号的作用机制

（1）基因组效应

孕酮与 PR 结合后，受体构象改变并形成二聚体，进入细胞核内结合靶基因的孕酮反应元件（PRE），招募共激活因子（如 SRC-1、NCOA2）调控基因转录。PR-A 主要抑制雌激素受体（ER）活性，拮抗雌激素的促增殖效应；PR-B 主导促分化功能，如促进子宫内膜分泌期转化及乳腺腺泡发育。

（2）非基因组效应

通过膜相关 PR 或与生长因子受体（如 EGFR）交互，快速激活 MAPK、PI3K/AKT 等信号通路，调控细胞增殖与凋亡。但是介导其快速作用的受体及具体分子机制尚未完全阐明，目前尚未发现介导孕酮快速作用的 GPCR 受体。

4. 孕酮生物学功能

血液中孕酮约 95% 与皮质类固醇结合球蛋白（CBG）和白蛋白结合，仅游离部分具有生物活性。孕酮的主要生理功能包括维持妊娠黄体、促进着床、抑制宫缩、促进泌乳和调节体温等。在女性的月经周期中，PR-B 介导孕酮对子宫内膜的转化作用，为胚胎着床准备条件，孕酮水平的变化有助于调节月经周期和促进受孕。妊娠期间，孕酮主要由胎盘分泌，PR-A 抑制子宫收缩相关基因（如催产素受体），维持妊娠稳态。孕酮受体（PR）通过亚型特异性调控（PR-A 抑制、PR-B 激活）协调女性生殖周期及妊娠维持。其与雌激素受体（ER）的交叉调控是激素依赖性肿瘤（如乳腺癌）治疗的重要研究方向。

5. 孕酮分解代谢

孕酮在肝脏被还原为孕二醇（Pregnanediol），部分转化为 17α-羟孕酮（17-OHP），最终形成孕三醇（Pregnanetriol）。约 80% 代谢产物与葡萄糖醛酸或硫酸结合，经肾脏排出。

第六节　肾上腺皮质激素信号通路

肾上腺激素是由肾上腺分泌的一类重要激素，分为皮质激素和髓质激素两大类。皮质激素为类固醇激素，由肾上腺皮质分泌。以醛固酮为代表的、由肾上腺皮质的球状带分泌的盐皮质激素负责维持体内水盐平衡、促进肾脏对 Na^+ 的重吸收和 K^+ 排泄；以皮质醇为代表的、由束状带和网状带分泌的糖皮质激素调节体内糖、脂肪、蛋白质代谢，抑制炎症和免疫反应，帮助机体应对长期压力；网状带分泌少量性激素如脱氢异雄酮和雌二醇。皮质激素分泌受下丘脑-垂体-肾上腺轴（HPA轴）调控，盐皮质激素性激素参与性发育和生殖功能调节。

髓质激素由肾上腺髓质分泌的激素，包括肾上腺素（Adrenaline）和去甲肾上腺素（Noradrenaline）。前者在应激状态下分泌，加速心跳、扩张气管、升高血糖，增强机体"战斗或逃跑"反应；后者临床用于抢救心脏骤停、过敏性休克等急症，收缩血管、升高血压，增强神经兴奋性，与肾上腺素协同参与应激反应。从结构、发生和功能上看，肾上腺皮质和肾上腺髓质是两个完全不同的内分泌腺，前者分泌类固醇激素，可进入细胞内发挥作用，而后者分泌的肾上腺髓质激素属于儿茶酚胺类激素，这一类激素不能通过扩散方式进入细胞，往往需要通过膜上受体介导细胞信号转导，引起细胞的生物学效应。

一、盐皮质激素

1. 盐皮质激素

盐皮质激素（Mineralocorticoids，MC）主要包括醛固酮（Aldosterone）、去氧皮质酮（Deoxycorticosterone）和去氧皮质醇（Deoxycortisol），都是类固醇激素（图3-17）。醛固酮是盐皮质激素活性的主要执行者，对水、盐代谢的作用最强，去氧皮质酮为其前体且活性较弱，去氧皮质醇则更多参与糖皮质激素合成，盐皮质激素活性最低（表3-7）。醛固酮保钠排钾的作用是皮质醇的500倍，而对糖代谢的作用仅为皮质醇的$1/40 \sim 1/5$。

盐皮质激素

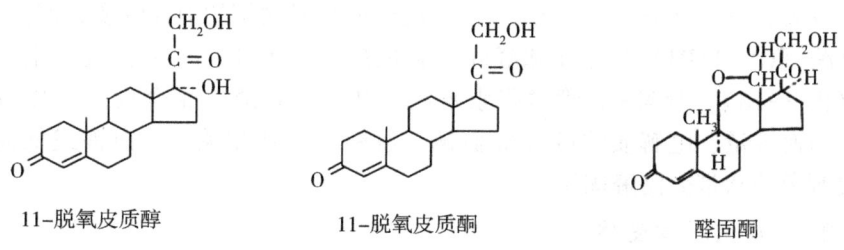

11-脱氧皮质醇　　　　11-脱氧皮质酮　　　　醛固酮

图3-17　盐皮质激素化学结构

表 3-7 盐皮质激素分类

激素类型	分泌部位	功能	活性强度	受体	受体分布	组织特异性调控
醛固酮	球状带	保钠排钾，调节血容量	高	高选择性结合MR（盐皮质激素受体）	主要分布于肾脏远曲小管、结肠上皮及心血管组织	在肾脏等上皮组织中，醛固酮-MR信号主导钠钾平衡调节，且不受11β-HSD2酶影响
去氧皮质酮	球状带	弱效保钠排钾	中低	主要与MR结合，次要结合糖皮质激素受体（GR）	肾脏：与醛固酮类似，但亲和力较低，辅助调节钠钾平衡；肝脏及脂肪组织：通过GR参与糖脂代谢的辅助调控	肾脏：辅助调节钠钾平衡；肝脏及脂肪组织：参与糖脂代谢的辅助调控
去氧皮质醇	球状带/束状带	中间代谢产物，弱盐皮质激素活性，应激反应、免疫抑制及代谢调控	低	优先结合GR，低亲和力结合MR	全身广泛组织：GR：广泛分布于肝脏（调节糖异生）、脂肪组织（分解代谢）、免疫细胞（抑制炎症）及中枢神经系统（应激反应）；MR：在心脏、血管及海马体等非上皮组织中，当11β-HSD2酶活性不足时，皮质醇可异常激活MR，导致组织纤维化或炎症反应；肾脏：因11β-HSD2酶的高表达，皮质醇被灭活，仅少量与MR结合	在非上皮组织（如心脏、血管）中，若局部11β-HSD2活性不足，皮质醇可异常激活MR，引发纤维化或炎症反应

胆固醇（Cholesterol）是合成盐皮质激素的初始原料，经StAR蛋白介导转运至线粒体内膜，在胆固醇侧链裂解酶（CYP11A1）催化生成孕烯醇酮。孕烯醇酮经过3β-羟基类固醇脱氢酶（3β-HSD）氧化和21-羟化酶（CYP21A2）的羟基化后依次生成黄体酮（Progesterone）和11-脱氧皮质酮（11-Deoxycorticosterone，DOC）。去氧皮质酮是醛固酮的前体物质，经过11β-羟化酶（CYP11B1）羟基化和醛固酮合成酶（CYP11B2）催化反应生成醛固酮（图3-18）。肾素-血管紧张素系统（RAS）是醛固酮合成的主要调节途径，与血容量、电解质浓度（如血钠、血钾）密切相关。高血钾或低血钠可直接刺激球状带分泌醛固酮。

2. 盐皮质激素受体

盐皮质激素受体（Mineralocorticoid receptor，MR）是一种单一类型的核受体，属于核受体超家族成员。人类MR基因NR3C2位于4号染色体q31.1区，由450个碱基构成，由10个外显子组成，前2个外显子不翻译，其余8个外

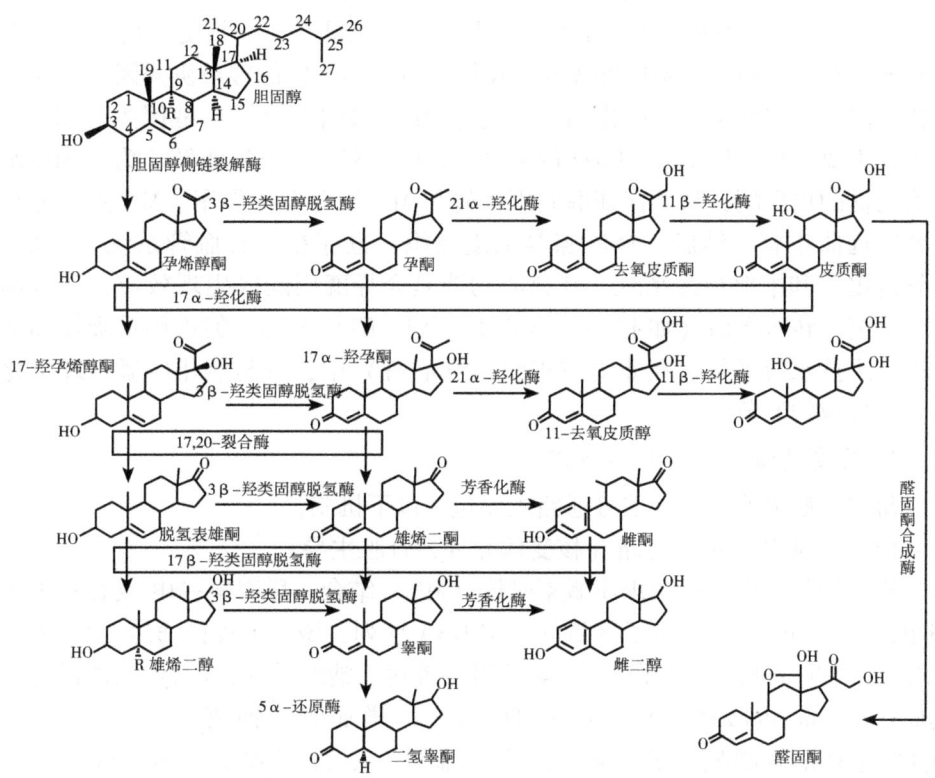

图 3-18 盐皮质激素合成途径

显子编码整个 MR 蛋白。MR 结构与功能域在所有组织中均保持一致，由 DNA 结合结构域（DBD）、配体结合结构域（LBD）和转录激活结构域（AF-1）组成（王川，2009）。DBD 含两个锌指结构，可特异性识别靶基因的 DNA 序列；LBD 负责与盐皮质激素（如醛固酮、皮质醇）结合。它与糖皮质激素受体（GR）、雌激素受体（ER）、雄激素受体（AR）及孕酮受体（PR）等同属一类。

醛固酮和皮质醇（一种糖皮质激素）与 MR 有相同的亲和力，但它们的解离常数（Kd）却有很大差别，醛固酮从 MR 上解离比皮质醇慢，即醛固酮-MR 复合物更稳定，结合更有效率。此外，MR 在药物动力学方面的特性也保证了醛固酮选择性作用于 MR，即 MR 蛋白的 N 端和 C 端存在交互作用，醛固酮出现时，N-/C-末端作用增强，MR 内部结构变化导致特异性招募协同转录因子，促进醛固酮产生相应的作用；而皮质醇与 MR 结合时无此作用。另外 MR 单独与配体结合并不能产生生理效应，必须有转录协同因子的参与。协同激活因子有皮质受体协同激活因子-1、fas 相关因子-1、RNA 解旋酶和转录介导因子-2 等。协同抑制因子有维甲酸甲状腺素沉默介质、核受体协同抑制因子和死亡相关蛋白等。不同配体与 MR 结合可募集不同的转录协同因子，而转录协同因子决定产生不同的作用，这就是 MR 的受体后调节。醛固酮对 MR 的选择性主要依赖 2 型 11β-HSD2 的活性，11β-HSD2 使皮质醇转化为与 MR 亲和力较低的皮质酮，从而保证醛固酮优先与 MR 结合发挥作用。MR 主要分布于肾脏远曲小管、结肠、唾液腺等上皮组织，也存在于心血管系统（心肌、血管内皮）和中枢神经系统。其核心功能是介导醛固酮的生理效应，通过调控钠钾离子转运蛋白（如 ENaC、Na^+/K^+-ATP 酶）表达，促进钠重吸收和钾排泄，维持水盐平衡。在非上皮组织（如心脏）中，参与氧化应激、纤维化和炎症反应的调节。

3. 盐皮质激素介导信号通路

盐皮质激素醛固酮的信号通路主要包括以下机制：

（1）经典基因调控通路（核受体介导，肾脏主导）

醛固酮与胞质内的盐皮质激素受体（MR）结合，醛固酮-MR 复合物进入细胞核，识别靶基因启动子区域的特定 DNA 序列，激活上皮钠通道（ENaC）、Na^+/K^+-ATP 酶和水孔蛋白 AQP 等基因的表达。钠通道（ENaC）上调促进肾远曲小管 Na^+ 重吸收，Na^+/K^+-ATP 酶表达增加驱动钾离子（K^+）排泄，AQP2 的诱导会增强水分重吸收，扩大血容量，此过程通过 Na^+ 重吸收和 K^+/H^+ 排泄调节水盐平衡及血压。11β-羟甾类脱氢酶通过灭活糖皮质激素，防止其与 MR 的非特异性结合，确保醛固酮信号的特异性。

（2）非经典快速信号通路（非基因途径，心血管系统突出）

醛固酮通过细胞膜表面的 G 蛋白偶联受体激活磷脂酶 C（PLC），生成 IP_3 和 DAG 第二信使，IP_3 触发胞内钙库释放 Ca^{2+} 并与 DAG 激活蛋白激酶 C（PKC），调节血管收缩与心肌收缩力快速，同时信号通路调控 K^+/H^+ 交换体（NHE）活性，影响细胞内 pH 和离子转运。

在心肌和血管内皮等非上皮组织中，醛固酮-MR 复合物激活 NADPH 氧化酶，产生活性氧（ROS）引起血管内皮损伤；同时该复合物会诱导 TGF-β、PAI-1 表达，促进心肌胶原沉积和心肌肥厚/纤维化。该途径参与血管收缩、心肌纤维化等病理过程，与高血压和心血管重构相关。

4. 盐皮质激素功能

盐皮质激素通过与胞内受体 MR 结合，引起基因表达，促进肾脏对 Na^+ 的重吸收，减少尿钠排泄，维持血钠浓度；同步加速 K^+ 排泄至尿液，防止血钾过高。通过保钠作用增加细胞外液量，间接稳定循环血量。钠潴留导致血容量扩张，直接提升血管内容量；收缩血管平滑肌，增强外周阻力，进一步升高血压。分泌过量时引发水钠潴留，导致高血压。调节 Na^+、K^+、H^+ 的动态平衡，确保细胞渗透压和神经肌肉正常功能。适量分泌可抑制心肌过度收缩，降低心脏耗氧量；长期过量分泌会促进心肌纤维化和心血管损伤。在应激状态下协同其他激素（如皮质醇）维持内环境稳态。

5. 盐皮质激素的失活

盐皮质激素主要在肝脏代谢，通过还原、羟化等反应转化为无活性代谢产物。约90%的醛固酮主要通过与葡萄糖醛酸结合形成无活性代谢产物，代谢产物经肾脏从尿液中排出，少量未灭活的醛固酮可直接通过尿液排泄。

二、糖皮质激素

1. 糖皮质激素定义

糖皮质激素（Glucocorticoid，GC）是机体内极为重要的一类调节分子，对机体的发育、生长、代谢以及免疫功能等起着重要调节作用，是机体应激反应最重要的调节激素，也是临床上使用最为广泛而有效的抗炎和免疫抑制剂。正常人血浆中的糖皮质激素主要为皮质醇、其次为皮质酮，后者含量仅为前者的 $1/100 \sim 1/20$（图3-19）。临床常见的糖皮质激素类药物有泼尼松、甲泼尼龙、倍他米松、丙酸倍氯米松、泼尼松龙、氢化可的松、地塞米松等，具有抗炎、抗毒、抗过敏、抗休克、非特异性抑制免疫及退热作用等多种作用，可以防止和阻止免疫性炎症反应和病理性免疫反应的发生，对任何类型的变态反应性疾病几乎都有效。

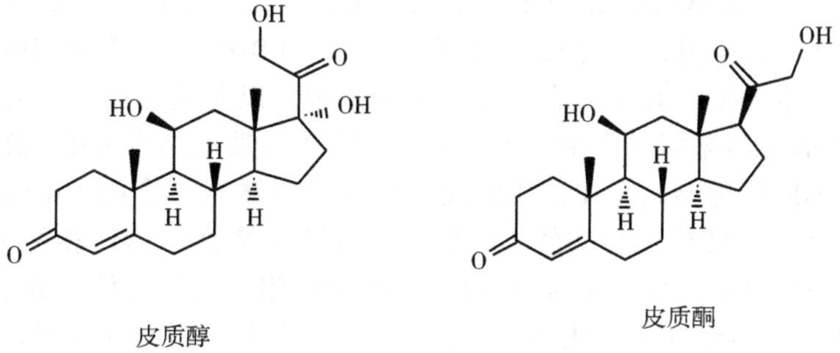

皮质醇　　　　　　　皮质酮

图3-19　糖皮质激素结构

胆固醇在侧链裂解酶作用下转化为孕烯醇酮，孕烯醇酮经 17α-羟化酶作用生成 17α-羟孕烯醇酮，随后经 3β-羟类固醇脱氢酶转化为 17α-羟孕酮。17α-羟孕酮通过 21-羟化酶和 11β-羟化酶依次羟化，最终生成皮质醇-氢化可的松。

体内糖皮质激素的分泌主要受下丘脑-垂体前叶-肾上腺皮质轴调节，由下丘脑分泌的促肾上腺皮质激素释放激素（CRH）进入垂体前叶，促进促肾上腺皮质激素（ACTH）的分泌，ACTH 则可以促进皮质醇的分泌。反过来，糖皮质激素在血液中浓度的增加又可以抑制下丘脑和垂体前叶分泌 CRH 和 ACTH，从而减少生理性糖皮质激素的分泌，长期使用外源性糖皮质激素便会导致肾上腺皮质的正常功能长期受抑制，从而引起功能减退。同时生理性 ACTH 含量的增加也会抑制下丘脑分泌 CRH，这是一个负反馈的过程，保证了体内糖皮质激素含量的平衡。

内源性糖皮质激素的分泌有昼夜节律性，午夜时含量最低，清晨时含量最高。此外机体在应激状态下，内源性糖皮质激素的分泌量会激增到平时的 10 倍左右。所以用药时应尽量符合激素分泌的生理性节律，并避免应激性刺激。

2. 糖皮质激素受体

糖皮质激素受体（Glucocorticoid receptor，GR）是保守的核受体超家族中的一员，属于核转录因子，其家族成员主要包括盐皮质激素受体、雄激素受体、甲状腺激素受体、维生素 D 受体等多种受体，被激活后通过与核内靶基因上的一段特定 DNA 序列结合从而调控基因的转录，发挥各种生物效应。GR 广泛存在于机体各种组织细胞中，几乎所有细胞都是它的靶细胞，每个细胞的结合位点多在 5 000～20 000，其表达量因组织不同各不相同。GR 由约 800 个氨基酸构成的多肽组成，包括 3 个功能区，即氨基端的转录活化区（AF）、羧基端的糖皮质激素结合区（LBD）和中间的 DNA 结合区（DBD），在机体内 GR 主要存在于细胞胞浆中，以非激活的未与激素结合的 GR、激活的未与激素结合的 GR、非激活的已与激素结合 GR、激活的已与激素结合 GR 四种形式存在，我们通常注意已与激素结合的 GR 由非激活状态向激活状态的转化。公认的 GR 结构是由激素结合亚单位和两个 90 kD 热休克蛋白 90（Heat shock protein 90，HSP 90）组成的复合体，分子量为 300 kD。热休克蛋白辅助糖皮质激素受体维持一定的构型并处于未被激活状态。

糖皮质激素受体包括正常的 GRα 和变异片段 GRβ 两类亚型，两者均为糖皮质激素受体基因同一转录产物通过不同的剪切方式剪切的结果。后者能与 DNA 结合，但不与类固醇结合，因此可能会通过干扰 GRα 与 DNA 结合，而成为类固醇的抑制物。GRα 和 GRβ 的前 727 个氨基酸完全相同，从第 728 个氨基酸开始 GRα 有 50 个氨基酸序列，而 GRβ 只有 15 个氨基酸序列。在 mRNA 水平上，两者都包含第 1 到第 8 外显子，不同之处为 GRα 包含 9α 外显子，而 GRβ 包含 9β 外显子。GRα 几乎在所有组织和细胞中均有表达，在绝大多数细胞中其含量也远远超过 GRβ，且糖皮质激素主要是通过结合 GRα 发挥其生物学效应。因此对 GRα 的表达、生化特点及生理功能等早就有了详细的研究，但对 GRβ 的研究最近几年才引起关注，研究发现 GRβ 对 GRα 的功能有拮抗作用，可能对糖皮质激素的生理及药理功能起着重要的负性调节作用

近年研究发现，糖皮质激素可能通过 G 蛋白偶联受体（如 GPR97）触发快速非基因组效应，例如调节免疫细胞的快速反应。

3. 糖皮质激素信号通路

糖皮质激素信号通路的两种作用模式：基因组机制和非基因组机制。

（1）基因组机制（经典通路）

糖皮质激素与 GR 结合后，释放 HSP 复合物，激素-GR 二聚体转位至细胞核；GR 通过结合糖皮质激素反应元件（GRE）直接激活抗炎基因（如脂皮质蛋白-1、IKBα、GILZ），或抑制促炎转录因子（如 NF-κB）的活性。活化的 GR 激活肝脏磷酸烯醇式丙酮酸羧激酶（PEPCK）基因，促进糖异生；诱导肌肉泛素-蛋白酶体通路基因，加速蛋白质分解。

（2）非基因组机制（快速通路）

GPR97 等膜受体可能通过 Gαi 蛋白激活 MAPK/ERK（Ras-Raf-MEK-ERK 级联）等信号通路，调节细胞迁移和炎症反应，调控细胞增殖与分化（数秒至数分钟内完成）；抑制腺苷酸环化酶（AC），降低 CAMP 水平，抑制蛋白激酶 A（PKA）活性，阻断炎症介质；抑制电压门控钙通道，减少 Ca^{2+} 内流，抑制神经递质/激素释放（如 ACTH 负反馈），减少肥大细胞脱颗粒，快速抗过敏；激活钾通道，诱导膜超极化，抑制神经元兴奋性。

4. 糖皮质激素的生物学功能

糖皮质激素与胞质 GRα 结合后受体复合物转位入核，调控靶基因转录，参与抗炎与免疫抑制，激活肝脏磷酸烯醇式丙酮酸羧激酶（PEPCK）基因和肌肉泛素-蛋白酶体通路基因，调节糖代谢、蛋白代谢。GC 通过膜受体或胞质 GR 直接激活信号通路，抑制钙离子内流参与快速抗过敏，激活 PI3K/AKT 通路，增强内皮细胞一氧化氮合成，改善微循环、稳定血压。

5. 糖皮质激素的失活

皮质醇在肝脏通过还原、羟化等反应转化为无活性代谢物（如四氢皮质

醇），随后与葡萄糖醛酸结合形成水溶性物质，结合产物经肾脏随尿液排出。天然皮质醇半衰期较短（60~90 min），而人工合成类（如地塞米松）因结构修饰半衰期显著延长。肝肾功能不全时，代谢速率降低，半衰期延长。

第七节　NO 信号通路

一、NO 信号分子

20世纪80年代科学家发现在培养条件下巨噬细胞的杀菌活性依赖于培养基中精氨酸的存在，而精氨酸是 NO 合酶（Nitric oxide synthase，NOS）的底物，提示 NO 是一种重要的生物功能分子。此外，多年前人们就知道乙酰胆碱（Acetylcholine）通过引起平滑肌松弛而舒张血管。1980 年 R·Furchgott 提出乙酰胆碱引起血管舒张是因为血管内皮细胞产生一种信号分子引起血管平滑肌松弛所致。随后在 1986 年 NO 被证实作为气体信号分子引起血管平滑肌舒张。R·Furchgott 等 3 位美国科学家也因此突出贡献获得 1998 年诺贝尔生理学或医学奖。

NO 是一种具有自由基性质的脂溶性气体分子，可透过细胞膜快速扩散，作用邻近靶细胞发挥作用。由于体内存在 O_2 及其他与 NO 发生反应的化合物（如超氧离子、血红蛋白等），因而 NO 在细胞外极不稳定，其半衰期只有 2~30 s，只能在组织中局部扩散，被氧化后以硝酸根（NO_3^-）或亚硝酸根（NO_2^-）的形式存在于细胞内外液中。血管内皮细胞和神经细胞是 NO 的生成细胞，NO 的生成需要 NO 合酶的催化，以 L-精氨酸为底物，以还原型辅酶Ⅱ（NADPH）作为电子供体，等物质的量生成 NO 和 L-瓜氨酸（图3-20）。NO

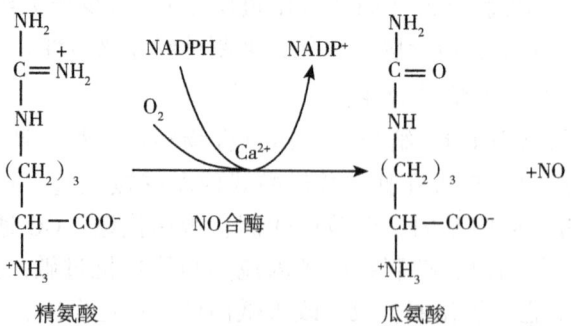

图 3-20　NO 生成机制

没有专门的储存及释放调节机制,作用于靶细胞 NO 的多少直接与 NO 的合成有关。

二、NO 受体

可溶性鸟苷酸环化酶(G-cyclase,sGC)作为 NO 信号通路的核心受体,存在于胞浆,通过 NO 激活后催化 cGMP 生成,介导血管舒张、神经信号传递等生理过程。可溶性 GC 是由 α 和 β 两个亚基组成异源二聚体蛋白,每个亚基包含 4 个结构域:H-NOX,PAS,CC 和催化结构域,其结构特征与功能机制密切相关(图 3-21)。H-NOX 结构域(血红素-NO/氧气结合)位于 N 端,是血红素结合的关键区域。β 亚基的 H-NOX 结构域含有血红素辅基,其中心的 Fe^{2+} 直接参与 NO 的识别和结合。当 NO 结合后,破坏血红素铁与 β1H105 的相互作用,触发构象变化,启动信号传导。α 亚基的 H-NOX 结构域因 N 端螺旋占据血红素结合口袋而无法结合血红素。PAS 结构域(果蝇昼夜节律蛋白 Period、哺乳动物转录因子 ARNT 及果蝇神经发育蛋白 Single-minde 的缩写)紧邻 H-NOX 结构域,形成异源二聚体,介导 α 和 β 亚基的相互作用,稳定整体结构,并可能参与信号传递的中间调控。CC 结构域(卷曲螺旋结构域)连接 PAS 结构域与催化结构域,作为"传导模块",在激活过程中发生显著构象变化。无活性状态下呈直角弯曲,激活后伸展为两根完整螺旋(类似膝关节伸展),并伴随 70° 相对旋转,将构象变化传递至催化模块。催化结构域(CD)位于 C 端,催化 GTP 生成第二信使 cGMP。无活性状态下底物结合口袋关闭,激活后催化模块发生扭转,口袋开放并容纳底物类似物(Kang et al.,2019)。α 亚基调节 β 亚基活性,稳定二聚体;β 亚基含血红素,通过血红素结合 NO,触发构象激活。

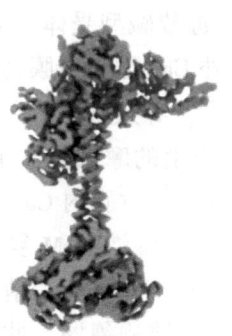

图 3-21 NO 受体-GC 结构

sGC 激活机制：NO 通过自由扩散进入靶细胞，与 β 亚基 H-NOX 结构域的血红素 Fe^{2+} 结合，导致血红素辅基的构象改变。这一结合触发 H-NOX 结构域与其他功能域（如 CCD 和催化结构域）的相互作用，解除自抑制状态，使催化结构域暴露，使得 sGC 由静息状态转变为高活力激活状态（图 3-22）（Kang et al., 2019）。激活后的 sGC 的催化结构域将 GTP 转化为第二信使 cGMP，信号被放大并传递至下游效应蛋白（如 PKG）。cGMP 通过调控钙离子浓度或磷酸化途径，最终实现血管平滑肌松弛等生理效应。

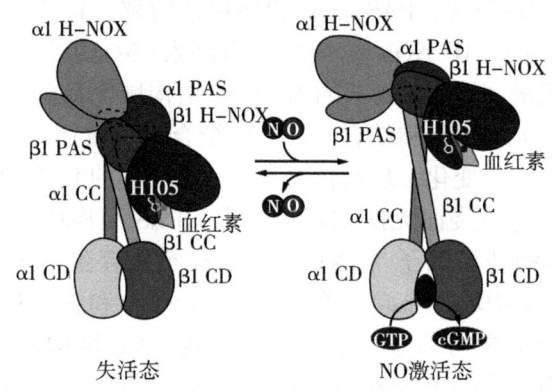

图 3-22　SGC 的别构激活模型

（图片来源：Kang et al., 2019）

三、NO 引起信号转导

可溶性 NO 气体作为局部介质在许多组织中发挥作用的主要机制是激活靶细胞内具有鸟苷酸环化酶活性的 NO 受体。在血管上皮细胞，乙酰胆碱（ACh）与血管内皮细胞膜上的毒蕈碱型受体（M 型乙酰胆碱受体）结合，激活细胞膜上的阳离子通道，胞外 Ca^{2+} 通过质膜钙通道内流，同时通过 IP_3 信号通路促使内质网释放储存的 Ca^{2+}，导致胞质 Ca^{2+} 浓度显著升高。另外血流对血管壁产生的切应力（血液流动产生的摩擦力）通过作用于内皮细胞膜上的机械敏感离子通道（如 Piezo 通道）引发胞内 Ca^{2+} 浓度升高。升高的 Ca^{2+} 与胞质中的钙调蛋白（CaM）结合，形成 Ca^{2+}-CaM 复合物，直接激活内皮型一氧化氮合酶（eNOS）的活性；激活的 eNOS 以 L-精氨酸为底物，利用 NADPH 作为电子供体，催化生成 NO 和副产物胍氨酸，此过程依赖于 Ca^{2+}-CaM 复合物对 eNOS 构象的调节。生成的 NO 作为脂溶性气体分子，快速自由扩散至邻近的血管平滑肌细胞，与胞质中的可溶性鸟苷酸环化酶活性中心的 Fe^{2+} 结合，激活 sGC；激活的 sGC 催化 GTP 转化为 cGMP，升高的 cGMP 与 PKG 结合，诱导其构象变化并激活。PKG 作为丝氨酸/苏氨酸激酶，磷酸化下游靶蛋白。首先活化的 PKG 抑制三磷酸肌醇（IP_3）受体，减少肌浆网释放钙；激活钙泵（Ca^{2+}-ATPase，如内质网 SERCA 和细胞膜钙泵 PMCA）促进肌浆网对钙离子的摄取和细胞外排；激活细胞膜上钠-钙交换体（NCX），促进钙外排，降低细胞内钙离子浓度。其次 PKG 磷酸化肌球蛋白轻链磷酸酶（MLCP）、增强其活性，使肌球蛋白轻链去磷酸化，导致肌动蛋白-肌球蛋白解离；抑制肌球蛋白轻链激酶（MLCK），减少肌球蛋白磷酸化；降低肌动蛋白-肌球蛋白收缩装置对钙的敏感性。另外，PKG 激活钙依赖性钾通道（KCa），钾外流增加，细胞膜超极化，抑制电压依赖性钙通道（VDCC），减少钙内流。最后 cGMP 通过 cGMP 依赖的蛋白激酶 G（PKG）降低平滑肌细胞内的 Ca^{2+} 浓度（如抑制 Ca^{2+} 内流或促进 Ca^{2+} 回收），抑制肌动-肌球蛋白复合物信号通路，导致血管平滑肌舒张（图 3-23）。此外，心房排钠肽（Atrial natriuretic peptide, ANP）和某些多肽类激素与血管平滑肌细胞表面受体的结合，也会引发血管

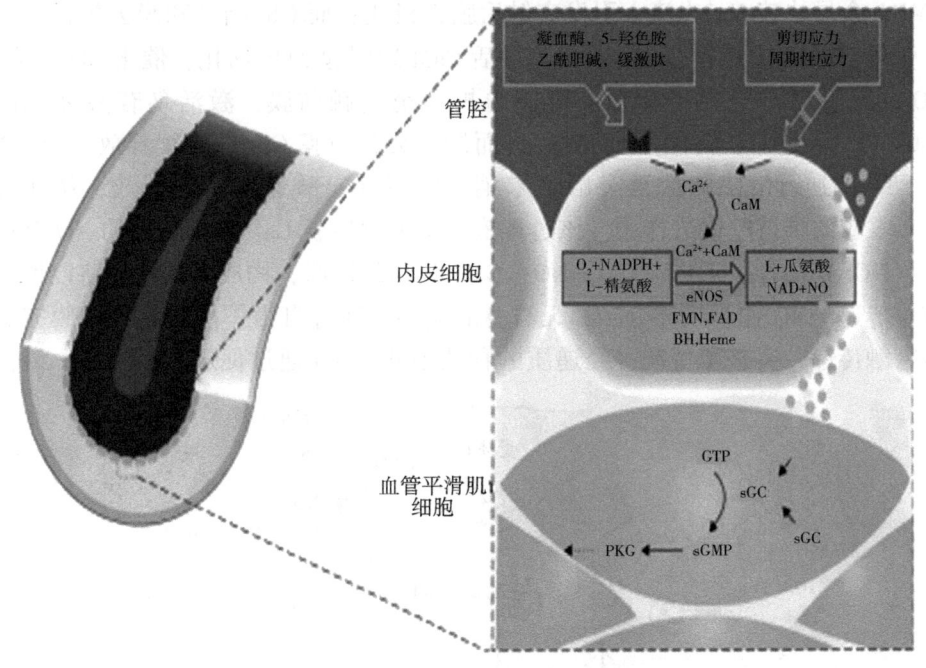

图 3-23　NO 诱导血管舒张的信号通路

血管上皮细胞：ACh+AChR→［Ca^{2+}］↑→Ca^{2+}-CaM→eNOS 活化→NO 合成→扩散；

血管平滑肌细胞：NO→激活 sGC→cGMP→PKG→Ca^{2+} ATPase↑→［Ca^{2+}］↓→肌肉舒张。

平滑肌舒张，这些细胞表面受体的胞质结构域也具有内源性鸟苷酸环化酶活性，通过类似的机制调节心肌的活动。NO 对血管的影响可以解释为什么硝酸甘油（Nitroglycerin）能用于治疗心绞痛，因为硝酸甘油在体内转化为 NO，可舒张血管，从而减轻心脏负荷和心肌的需氧量。NO 通过 sGC-cGMP-PKG 信号轴，多途径降低平滑肌细胞内钙离子浓度及收缩装置敏感性，最终导致血管舒张。这一过程对调节血压、血流及心血管稳态至关重要。

NO 也由许多神经细胞产生并传递信号，在参与大脑的学习记忆生理过程中具有重要作用。大脑海马某些区域在受到重复刺激后可产生一种持续增强的突触效应，称为长时程增强作用（Long-term potentiation，LTP），是学习和记忆的分子基础。LTP 的产生涉及神经元间突触连接重构，这一过程既需要突触前神经元释放神经递质作用于突触后膜，也需要突触后神经元将信息反馈到突触前膜，NO 就充当了这一逆行信使的角色（图 3-24）。神经冲动到达突触前膜引起胞吐作用，膜泡中的神经递质谷氨酸（Glu）释放到突触间隙，Glu 分别与突触后膜上离子型 Glu 受体 AMPA（受体 1）与 NMDA（受体 2）结合，AMPA 介导快速 Na^+ 内流，引发突触后膜去极化；而 Glu 结合和膜去极化进一步引起 NMDA 通道打开，Ca^{2+} 内流激活 CaM 后引起 NOS 活化，催化 NO 合成。NO 由突触后神经元产生后，可逆向扩散至突触前膜，激活鸟苷酸环化酶（sGC），促使 GTP 转化为 cGMP，进而调节突触前膜 Glu 的持续释放。NO 作为 LTP 的逆行信使弥散至突触前末梢，刺激谷氨酸递质不断释放，从而对 LTP 效应的维持起促进作用。该过程依赖于突触后膜 Ca^{2+} 内流触发的 NO 合成酶（NOS）活性，形成"Ca^{2+}-NO-cGMP"信号级联，构成正反馈环路以增强信号传递。NO 作为气体分子，无需囊泡储存，通过自由扩散跨越细胞膜完成跨突触传递，突破了传统神经递质的释放模式。NO 通过促进 Glu 释放，激活

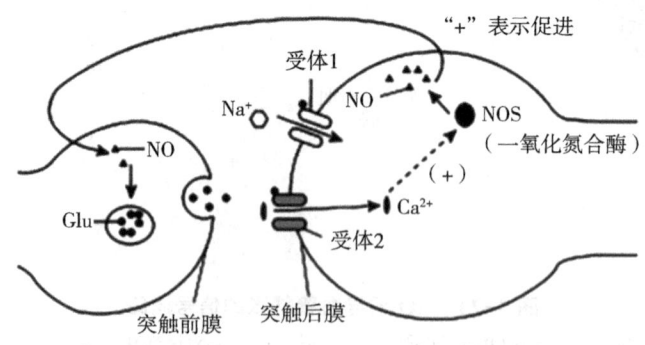

图 3-24　神经细胞 NO 信号通路

突触后膜的 AMPA 和 NMDA 受体，引发 Na^+ 和 Ca^{2+} 内流，形成突触后电位并维持突触可塑性。这种协同作用对学习记忆等认知功能具有关键影响。

四、信号终止

磷酸二酯酶（PDE，如 PDE5）分解 cGMP，终止 PKG 活性，确保信号动态平衡。

第八节　CO 信号通路

CO 也是一种气体性信号分子，可通过扩散进入细胞。在细胞内，CO 主要通过与细胞内的一些金属蛋白结合来发挥作用，如 CO 可以与血红素蛋白结合，其中最典型的是与可溶性鸟苷酸环化酶（sGC）结合。CO 结合到 sGC 的血红素部分，引起 sGC 构象改变，激活 sGC 的酶活性，使三磷酸鸟苷（GTP）转化为环磷酸鸟苷（cGMP）。cGMP 作为第二信使，进一步激活下游的蛋白激酶 G（PKG），PKG 通过磷酸化一系列底物蛋白来传递信号。在血管系统中，CO-cGMP 信号通路的激活可导致血管平滑肌舒张，从而调节血管张力和血压。这有助于维持正常的血液循环和心血管功能。CO 能够抑制炎症细胞的活化和炎症介质的释放，减轻炎症反应。它可以调节细胞内的信号转导通路，影响炎症相关基因的表达，发挥抗炎和免疫调节作用。CO 可以通过激活细胞内的抗氧化应激信号通路，增加抗氧化酶的表达和活性，减少细胞内 ROS 的产生，从而保护细胞免受氧化应激损伤，对细胞具有保护作用。

CO-SGC 复合物半衰期短（秒级），CO 自发释放后 SGC 恢复无活性状态。

CO 与血红蛋白结合形成 HBCO 经肺呼出（半衰期 4~6 h）。另外细胞色素 P450 氧化 CO 为 CO_2，经呼吸道排泄。作为气体信号分子，CO 通过 SGC-CGMP 轴精密调控血管张力，其生理功能严格依赖浓度梯度；信号终止依赖代谢清除与负反馈调节，失衡时从保护因子转为致命毒素。

第四章　离子通道偶联受体介导的信息传递

离子通道受体是具有离子通道作用的细胞质膜受体，这种受体见于可兴奋细胞间的突触信号传导，产生一种电效应，如烟碱样乙酰胆碱受体（nAchR）、γ-氨基丁酸受体（GABAR）、谷氨酸受体（AMPA 和 NMDA 受体）、5-羟色胺受体（5-HT3R）、组胺受体、甘氨酸受体（GlyR）等都是离子通道偶联受体。它们多为数个亚基组成的寡聚体蛋白，除有配体结合位点外，本身就是离子通道的一部分，信号分子同离子通道受体结合，可改变膜的离子通透性并借此将信号传递至细胞内。

离子通道偶联受体是跨膜复合体，受体由多亚基组成，兼具受体与离子通道双重功能，其跨膜结构直接调控离子通透性，如烟碱样乙酰胆碱受体（nAChR）由 5 个亚基（$\alpha 2\beta\gamma\delta$）构成跨膜通道，包含配体结合域（胞外结构域）和离子通道域（跨膜结构域），配体结合引发通道构象变化，实现信号快速传递。其信号转导的作用机制是通过配体与受体结合的配体门控离子通道引起带电离子的流动，形成细胞的膜电位变化，引起兴奋在细胞间的传递，如神经递质（乙酰胆碱、γ-氨基丁酸）与受体结合后，触发通道开放，允许特定离子（如 Na^+、Cl^-）跨膜流动，目标细胞产生去极化或超极化效应。这种信号传递速度极快（毫秒级），适用于神经突触的即时反应。其次离子通道偶联受体在信号传递中实现了电信号转换，它将化学信号直接转化为电信号，例如：GABA 受体（GABAR）介导 Cl^- 内流引发抑制性突触后电位，降低神经元兴奋性。

离子通道偶联受体核心功能是调控可兴奋细胞（如神经元、肌细胞）的电活动，参与动作电位产生、突触传递及肌肉收缩。根据对神经细胞的作用效果，受体分为兴奋性受体，如 nAChR（Na^+ 通道）、谷氨酸受体（AMPA/NMDA 型，Na^+/Ca^{2+} 通道）和抑制性受体，如 GABAR（Cl^- 通道）、甘氨酸受体（Cl^- 通道）；前者通过细胞去极化激活神经活动，后者通过超极化抑制神经活动。

离子通道偶联受体通过配体门控机制实现电信号快速传递，其功能异常涉及神经、肌肉及免疫相关疾病，是药物研发的关键靶点。

第一节 乙酰胆碱信号通路

一、乙酰胆碱

乙酰胆碱是一种小分子神经递质，分子式 $CH_3COOCH_2CH_2N^+(CH_3)_3$，交感和副交感神经节前纤维、副交感神经节后纤维分泌乙酰胆碱作为神经递质（图 4-1A）。在胆碱能神经细胞中，首先由丝氨酸脱羧酶催化丝氨酸脱羧、其次胆碱 N-甲基转移酶进行甲基化形成胆碱，最后由胆碱和乙酰辅酶 A 在胆碱乙酰移位酶（胆碱乙酰化酶）的催化作用下合成乙酰胆碱（图 4-1B）。由于胆碱乙酰移位酶存在于胞浆中，因此乙酰胆碱在胞浆中合成，之后由小泡摄取并贮存在细胞质中。引起乙酰胆碱量子性释放的关键因素是神经末梢去极化引起的 Ca^{2+} 内流，当神经冲动传至神经终板时，膜电位变化，导致可使 Ca^{2+} 通过的电压闸门通道开放，使 Ca^{2+} 进入终板，从而刺激终板分泌乙酰胆碱，进入突触间隙的乙酰胆碱作用于突触后膜乙胆碱受体发挥生理作用。

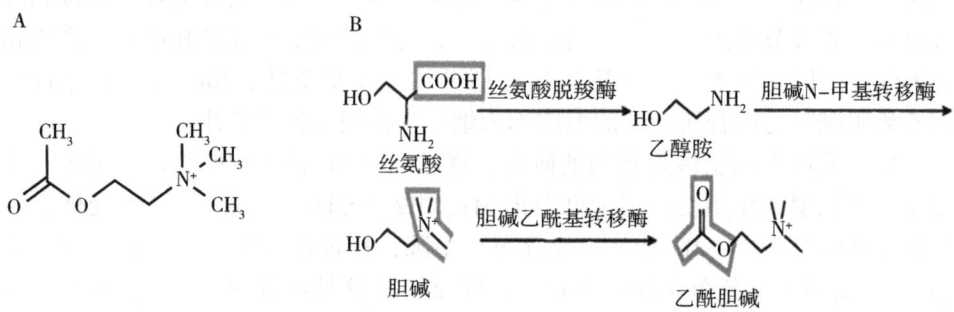

图 4-1 乙酰胆碱结构（A）和合成反应（B）

二、乙酰胆碱受体

1. 胆碱能受体

20 世纪末发现阿托品能阻断副交感神经节后纤维对效应器的作用，当时认为效应器具有一种接受物质，阿托品与接受物质结合后就阻断了副交感神经的作用。研究证实了这一设想，例如刺激支配颌下腺的副交感神经则唾液分泌量增加，如果先用阿托品后再刺激神经则唾液分泌量不再增加，而此时末梢乙酰胆碱的释放量并不见减少。这说明阿托品不影响神经末梢递质的释放过程，而是直接作用于效应器上。效应器上的接受物质后来就称为受体。

递质的受体一般是指突触后膜或效应器细胞膜上的某些特殊部分，神经递质必须通过与受体相结合才能发挥作用。如果受体事先被药物结合，则递质就很难再与受体相结合，于是递质就不能发挥作用。这种能与受体相结合，从而占据受体或改变受体的空间结构形式，使递质不以发挥作用的药物称为受体阻断剂。

受体阻断剂的不断发现，对递质与受体的作用关系有了更多的了解。乙酰胆碱有两种作用，实际上是由于存在两种不同的乙酰胆碱能受体而形成的。一种受体广泛存在于副交感神经节后纤维支配的效应细胞上，当乙酰胆碱与这类受体结合后就产生一系列副交感神经末梢兴奋的效应，包括心脏活动的抑制、支气管平滑肌的收缩、胃肠平滑肌的收缩、膀胱逼尿肌的收缩、虹膜环形肌的收缩、消化腺分泌的增加等。这类受体也能与毒蕈碱相结合，产生相似的效应，因此这类受体称为毒蕈碱受体（M型受体，Muscarinic receptor）；而乙酰胆碱与之结合所产生的效应称为毒蕈碱样作用（M样作用）。阿托品是M型受体阻断剂，它仅能和M型受体结合，从而阻断乙酰胆碱的M样作用。

另一种胆碱能受体存在于交感和副交感神经节神经元的突触后膜和神经肌接头的终板膜上，当乙酰胆碱与这类受体结合后就产生兴奋性突触后电位和终板电位，导致节神经元和骨骼肌的兴奋。这类受体也能与烟碱相结合，产生相似的效应。因此这类受体也称为烟碱型受体（N型受体，Nicotinic receptor），而乙酰胆碱与之结合所产生的效应称为烟碱样作用（N样作用）。

通过采用不同受体阻断剂的研究，现已证明M型和N型受体均可进一步分出多种亚型。M型受体至少已分出M1、M2和M3三种亚型：M1受体主要分布在神经组织中；M2受体主要分布在心脏，在神经和平滑肌上也有少量分布；M3受体主要分布在外分泌腺上，神经和平滑肌也有少量分布。N型受体可分出N1和N2两种亚型。神经节神经元突触后膜上的受体为N1受体，终板膜上的受体为N2受体。简箭毒能阻断N1和N2受体的功能，六烃季铵主要阻断N1受体的功能，十烃季铵主要阻断N2受体的功能，从而阻断乙酰胆碱的N样作用。支配汗腺的交感神经和骨骼肌的交感舒血管纤维，其递质也是乙酰胆碱；由于阿托品能阻断其作用，所以属于M型受体。

2. 乙酰胆碱N型受体（nAChR）

烟碱型乙酰胆碱受体属于典型的离子通道偶联受体，受体是由5个同源性很高的亚基构成，包括2个α亚基，1个β亚基，1个γ亚基的和1个δ亚基。

每一个亚基都是一个四次跨膜蛋白，分子量约 60 kD，约由 500 个氨基酸残基构成。推测跨膜部分为四条 α 螺旋结构，其中一条 α 螺旋含较多的极性氨基酸，就是由于这个亲水区的存在，使五个亚基共同在膜中形成一个亲水性的 Na^+ 通道，乙酰胆碱的结合部位位于 α 亚基上（图 4-2A）。乙酰胆碱受体（特别是 nAChRs）作为配体门控离子通道，其功能依赖于三种典型构象的动态转换（图 4-2B）。在无乙酰胆碱结合时，nAChR 的离子通道处于关闭状态（静息态），此时受体亚基的跨膜结构域形成紧密排列，阻止阳离子（如 Na^+、K^+）跨膜流动。两分子乙酰胆碱结合到 nAChR 胞外结构域的配体结合位点时，受体发生构象变化，导致跨膜区的 α 螺旋结构重新排列，形成中央离子通道开放（激活态），Na^+ 快速内流，细胞发生去极化，触发下游电生理反应（如肌肉收缩或神经兴奋）。但即使有乙酰胆碱的结合，该受体处于通道开放构象状态的时限仍十分短暂，在几十毫微秒内又回到关闭状态。在持续或重复配体刺激下，nAChR 的离子通道再次关闭，进入脱敏状态（脱敏态）。此时即使乙酰胆碱仍结合于受体，通道也无法开放，表现为信号传递的暂时性终止，这一状态可能通过亚基间相互作用或结构域重排实现。

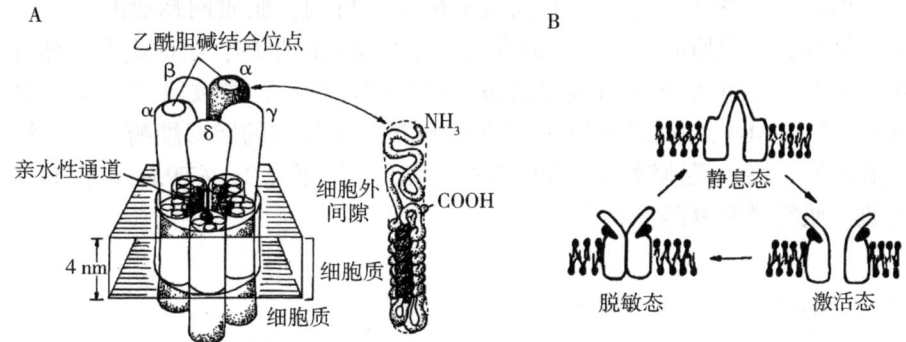

图 4-2 乙酰胆碱受体的结构模式（A）及
乙酰胆碱受体的三种构象示意（B）

三、烟碱型乙酰胆碱受体介导信号通路

神经肌肉接头（Neuromuscular junction）是运动神经元轴突末梢在骨骼肌肌纤维上的接触点，运动神经元的轴突在接近肌细胞时分出多个分支，每个分支通常终止于一根肌纤维上，形成一对一的神经肌肉接头。神经末梢侧的接头膜（突触前膜）与肌细胞侧的接头膜（突触后膜）之间存在约 50 nm 的突触

间隙,其间充满了细胞外液和一些纤维基质。神经肌肉接头是一种特化的化学突触,作为神经肌肉接头的递质,乙酰胆碱在神经末梢的突触小泡内储存,并在神经冲动到达时释放到突触间隙。肌细胞膜上的乙酰胆碱受体调控钠离子和钾离子的通透性,其主要功能是将运动神经元的电信号传递到肌肉细胞,从而引起肌肉收缩。乙酰胆碱酯酶存在于突触间隙的纤维基质上,负责分解未与受体结合的乙酰胆碱,确保神经肌肉接头的正常功能。

乙酰胆碱受体介导的神经肌肉接头信号传递(nAChR-离子通道偶联受体)如下:

①动作电位传导与钙离子内流:当神经冲动(动作电位)到达运动神经元末梢时,电压门控钙离子通道开放,细胞外钙离子(Ca^{2+})内流,触发突触前膜内囊泡与细胞膜融合;②乙酰胆碱释放至突触间隙:囊泡破裂后,储存的乙酰胆碱被释放到突触间隙,并通过扩散作用到达突触后膜(骨骼肌细胞膜);③受体结合与终板电位形成:乙酰胆碱与肌细胞膜上的烟碱型乙酰胆碱受体(nAChRs)结合,引发受体构象变化,阳离子通道开放,钠离子(Na^+)大量内流,形成局部去极化(终板电位);④动作电位传递至肌纤维:终板电位通过肌细胞膜的横管系统传导至肌纤维内部,触发肌质网释放Ca^{2+},启动肌肉收缩(图4-3A);⑤肌肉收缩的分子机制:肌质网释放的Ca^{2+}与肌钙蛋白结合,解除原肌球蛋白对肌动蛋白结合位点的阻碍,肌球蛋白头部与肌动蛋白结合,通过ATP水解提供能量,引发肌丝滑动,导致肌节缩短(肌肉收缩)(图4-3B);⑥收缩终止:乙酰胆碱被突触间隙的胆碱酯酶迅速水解为胆碱和乙酸,终止受体激活;同时肌质网膜上的钙泵(Ca-ATPase)将Ca^{2+}主动回收,肌纤维恢复静息状态。

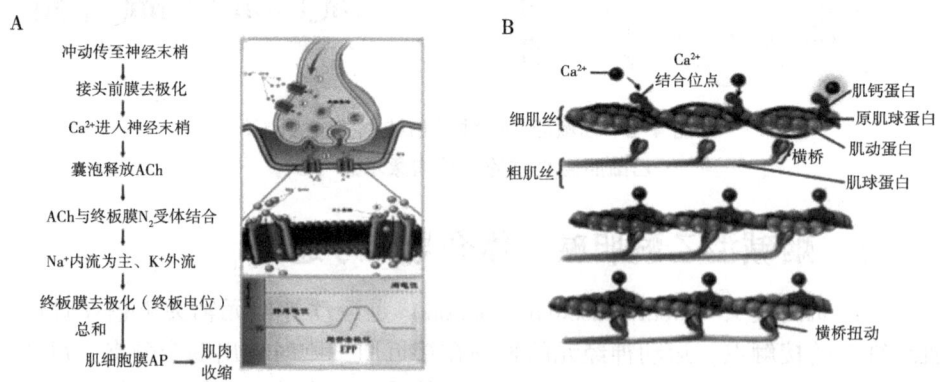

图4-3 乙酰胆碱受体介导肌肉收缩信号传递(A)和肌肉收缩(B)

乙酰胆碱在神经肌肉接头通过"电信号——化学递质——电信号"的级联反应实现信号传递，其核心步骤包括递质释放、受体激活、离子流动及肌丝滑行，这一过程依赖 Ca^{2+} 动态平衡与酶解系统的协同调控。

M 型乙酰胆碱受体属于 G 蛋白偶联受体（GPCR）（单体跨膜蛋白），与 N 型乙酰胆碱受体结构不同，引起的信号途径也不相同，这一部分将在后面进一步介绍。

四、乙酰胆碱生物学功能

作为神经递质，乙酰胆碱在突触后膜引发去极化或超极化电位变化，完成神经信号传递；激活骨骼肌细胞钙通道，触发钙离子内流，引发收缩反应，参与肌肉收缩；抑制炎症反应，减少细胞因子释放，维持免疫系统平衡，免疫调节。乙酰胆碱通过两类受体（M 型和 N 型）参与中枢与外周神经系统调节、肌肉运动控制、腺体分泌及免疫应答等多种生理过程，其功能异常可能引发重症肌无力及神经退行性疾病。

五、信号的失活

进入突触间隙的乙酰胆碱作用于突触后膜发挥生理作用后，就被胆碱酯酶水解成胆碱和乙酸，这样乙酰胆碱就被破坏而失去作用——失活（迅速分解是为了避免受体细胞膜持续去极化而造成的传导阻滞）。

六、乙酰胆碱受体异常引起的病症——重症肌无力

神经肌肉接头是运动神经元与骨骼肌纤维间的信号传递，信号传递过程：运动神经末梢释放神经递质乙酰胆碱（ACh），ACh 与突触后膜上的乙酰胆碱受体（AChR）结合，触发肌纤维收缩。重症肌无力（Myasthenia gravis, MG）是一种由自身抗体介导的神经肌肉接头传递障碍的自身免疫性疾病。其症状主要表现为肌肉无力，在活动后加重，休息后减轻，症状晨轻暮重。常见首发症状：①眼肌型（80%以上患者），眼睑下垂、复视（视物双影）；②全身型，吞咽困难、饮水呛咳、抬臂梳头或上楼梯困难，严重时累及呼吸肌导致呼吸衰竭。重症肌无力是因免疫系统错误攻击神经肌肉接头的突触后膜成分所致，触发的因素有遗传易感性、胸腺异常（如胸腺增生或胸腺瘤）、感染或环境因素打破免疫耐受，激活自身反应性 T 细胞，促使 B 细胞产生致病抗体，80%患者产生抗 ACHR 抗体，5%~8%产生抗肌肉特异性酪氨酸激酶（MuSK）抗体。AChR 抗体介导的损伤作用：抗体与 AChR 结合→激活补体系统→溶解突触后膜→AChR 数量减少→ACh 无法有效结合。MuSK 抗体会干扰

AChR 聚集和突触后膜结构组装，直接破坏信号传导。最终突触后膜皱褶减少、平坦化甚至断裂，神经机头接头的信号传递效率显著下降，重复活动后 ACh 耗竭，突触后膜受体不足，肌无力加重，休息后 ACh 补充，症状缓解；严重时抗体广泛攻击全身肌肉，延髓肌/呼吸肌受困，导致吞咽困难、呼吸衰竭。

第二节 谷氨酸信号通路

一、谷氨酸

谷氨酸（Glutamate，Glu）是脊椎动物和无脊椎动物中枢神经系统内含量最高、作用最广泛的兴奋性氨基酸，主要集中在前脑，从新皮质到后脑逐渐减少，是皮层和海马椎体细胞发出的下行通路，其作用是调控神经元活动和基因表达，参与学习、记忆、神经发育和突触可塑性等多种生理功能。

谷氨酸是不能通过血脑屏障的非必需氨基酸，不能通过血液供给脑，必须由生物化学途径在脑内合成。脑内谷氨酸的合成原料为葡萄糖，葡萄糖通过血脑屏障进入神经元或星形胶质细胞后，经糖酵解（EMP 途径）和己糖磷酸支路（HMP 途径）生成丙酮酸，再进入三羧酸循环（TCA 循环）转化为 α-酮戊二酸（α-KG），最终通过酶促反应生成谷氨酸。酶促反应：①α-酮戊二酸（α-KG）在谷氨酸脱氢酶（GDH）催化下直接与氨（NH_3）结合生成谷氨酸，但此反应因脑内氨浓度低而受限；α-KG 在转氨酶催化下，与其他氨基酸（如天冬氨酸）的氨基转移生成谷氨酸。此途径效率更高，因无需依赖高浓度氨（主要途径）（线粒体与细胞质）。②α-KG 与丙氨酸在丙氨酸转氨酶催化下反应，生成谷氨酸和丙酮酸，补充神经元内的谷氨酸储备（细胞质）。③星形胶质细胞产生的谷氨酰胺通过谷氨酰胺转运蛋白进入神经元，在神经元线粒体内经磷酸盐活化的谷氨酰胺酶催化，水解生成谷氨酸。谷氨酸的合成主要发生于神经元线粒体和细胞质，而星形胶质细胞负责谷氨酰胺的供应与代谢调控。该途径是神经元补充谷氨酸的主要方式，同时避免脑内游离氨的积累。

谷氨酸合成后，通过囊泡谷氨酸转运蛋白储存于突触囊泡中，待神经信号触发时释放。谷氨酸的释放是依赖钙离子的：去除钙离子，神经末梢内的谷氨酸不能被释放；存在钙离子，动作电位达到神经突触前膜末梢后，突触囊泡就会与突触前膜结合，通过胞吐作用将谷氨酸释放到突触间隙。

谷氨酸代谢与 GABA 系统紧密关联：谷氨酸可经谷氨酸脱羧酶

（GAD）转化为抑制性递质GABA，动态调节神经兴奋性平衡（图4-4）。

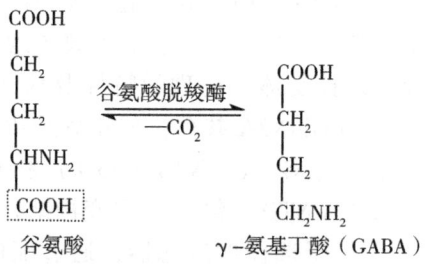

图4-4 谷氨酸转化为GABA

二、谷氨酸受体

谷氨酸受体分为两类，离子型受体（iGluRs）和代谢型受体（mGluRs），离子型谷氨酸受体为配体门控离子通道，直接介导中枢神经系统突触兴奋性快速信号传递。iGluRs由必需亚基GluN1、可变亚基GluN2（2A-2D）或调节亚基GluN3（3A-3B）组成多亚基蛋白质复合物，根据结构和功能差异可分为NMDA受体、AMPA受体、Kainate受体和孤儿GluD受体四种亚型（表4-1）。

表4-1 谷氨酸离子型受体类型及特征

受体类型	亚基组成	离子选择性	激活特性	功能与生理学作用
NMDA受体	NR1（必需）+ NR2（A-D）或NR3（A-B）	$Ca^{2+} > Na^+/K^+$（高钙通透性）	双门控机制：需谷氨酸+甘氨酸协同激活，且突触后膜去极化解除Mg^{2+}阻滞	突触可塑性关键介质：Ca^{2+}内流触发LTP（长时程增强）和LTD（长时程抑制），是学习记忆的分子基础；疼痛调控：脊髓背角过度激活导致中枢敏化（慢性疼痛核心机制）
AMPA受体	GluA1-GluA4 四聚体组合	Na^+/K^+（GluA2缺失亚型可通透Ca^{2+}）	快速激活介导基础兴奋性突触传递	快速兴奋性传递：介导90%以上中枢神经系统的兴奋性突触反应；动态调节：通过亚基运输（如GluA1突触插入）实现LTP
Kainate受体	GluK1-GluK5 +KA1/KA2辅助亚基	Na^+/K^+（部分亚型通透Ca^{2+}）	调节突触前神经递质释放及突触可塑性	突触前调节：抑制GABA能中间神经元，增强神经环路兴奋性；癫痫关联：过度激活可诱发同步化放电
孤儿GluD受体	GluD1/GluD2（不属于NMDA/AMPA/KAINATE家族）	通道功能不明确，可能参与突触形成	作为突触组织者调控神经回路发育	突触黏附分子：与突触前神经配体结合（如Cbln1），调控小脑Purkinje细胞突触形成

NMDA 受体（N-甲基-D-天冬氨酸受体）由必需亚基 GluN1 与可变亚基 GluN2（2A-2D）或调节 GluN3（3A-3B）组成异源四聚体，典型受体由 2 个 GluN1 和 2 个 GluN2 亚基构成。GluN1 亚基形成离子通道的核心结构，决定受体基本功能；GluN2 亚基调控受体的药理学特性及脑区分布，例如 GluN2B 在发育早期高表达，成年后与 GluN2A 共存；成年大脑皮层和海马中，内源受体以 GluN1-N2A-N2B（45%）、GluN1-N2B（35%）和 GluN1-N2A（20%）为主要亚型。GluN2B-N 末端（NTD）包含 Mg^{2+} 变构结合位点 Ⅱ 和 Ⅲ，分别介导增强或抑制效应；位点 Ⅰ 位于选择性过滤器，通过配位键结合 Mg^{2+}，实现电压依赖性阻断。GluN1 结合甘氨酸，GluN2 结合谷氨酸，双重配体结合是激活的必要条件，受体需同时结合谷氨酸和甘氨酸，并依赖膜去极化解除 Mg^{2+} 阻断。跨膜结构域含离子通道孔区，其选择性过滤器的天冬酰胺环形结构（位点 Ⅰ）决定 Ca^{2+} 通透性，C 端结构域参与突触后信号转导，调控受体锚定与突触可塑性（图 4-5A）。

AMPA 受体（α-氨基-3-羟基-5-甲基-4-异恶唑丙酸受体，AMPAR）是由 GluA1-4（GluR1-4）亚基组成的四聚体通道，其亚基组合形式包括同源或异源四聚体（如 GluA1/A2 或 GluA2/A3），每个亚基都有 1 个大的 N 端、3 个跨膜区域、1 个形成孔的发夹结构和 1 个位于胞质侧的 C 端（图 4-5B）。成年海马区以 GluA1/A2 或 GluA2/A3 异源四聚体为主，幼年脑区则存在 GluA1/A2 同源四聚体为主要。N 端结构域（NTD）参与亚基间相互作用，调控受体的组装与突触定位。配体结合域（LBD）结合谷氨酸后触发构象变化，诱导跨膜结构域（TMD）的通道开放。跨膜结构域（TMD）包含三个跨膜螺旋（M1-M3）和孔道发夹环（M2），形成离子选择性通道，其通透性由 GluA2 亚基的 RNA 编辑状态决定（Q/R 位点未编辑时允许 Ca^{2+} 内流，Q/R 位点编辑使精氨酸取代谷氨酰胺，通透 Na^+/K^+）。C 端结构域（CTD）含 PDZ 结合基序，与突触后致密区（PSD）的支架蛋白（如 PSD-95）相互作用，调控受体突触锚定与内吞循环。AMPA 受体介导快速兴奋性突触传递，主要通透 Na^+/K^+，部分亚型允许 Ca^{2+} 内流，具有钙通透性。

Kainate 受体（海人藻酸受体）是由四个亚基组成的四聚体配体门控离子通道，其亚基类型包括 GluK1-GluK5，通常以同源四聚体或异源四聚体形式存在（如 GluK2 与 GluK5 组合），组合方式决定通道的生理特性（War et al., 2024）。辅助亚基 NETO2 以 1:4 或 2:4 的化学计量比结合于 GluK2 四聚体的一侧或两侧，通过 CUB1、CUB2 和 LDLa 结构域与受体氨基末端结构域（ATD）、配体结合域（LBD）及跨膜结构域（TMD）相互作用，调控通道活性。氨基末端结构域（ATD）位于胞外，参与亚基间相互作用和受体

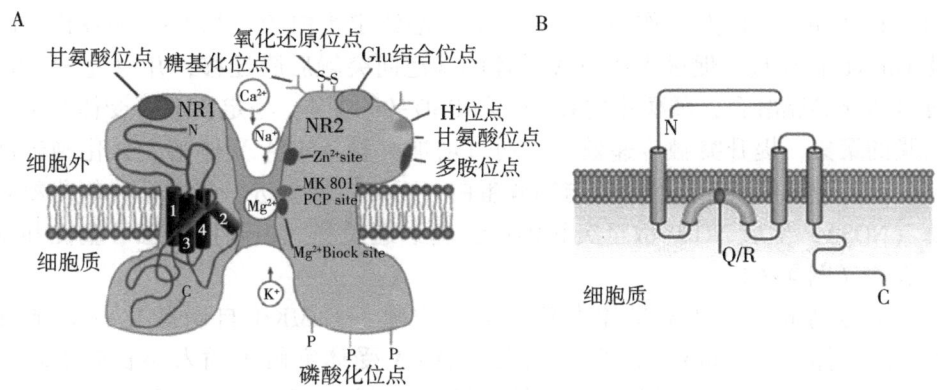

图 4-5　NMDA 受体 (A) 和 AMPA 受体亚基 (B) 结构

(图片来源：War et al., 2024)

组装，与 NETO2 的 CUB1 结构域结合调控受体活性。配体结合域（LBD）结合谷氨酸后触发构象变化，激活通道开放；跨膜结构域（TMD）包含四个 M3 螺旋构成的离子通道孔区，通道开放依赖 M3 螺旋的扭结构象变化，允许 Na^+ 和 Ca^{2+} 内流。细胞内 C 端结构域参与突触后锚定和信号转导，与支架蛋白（如 PDZ 蛋白）相互作用影响突触可塑性。谷氨酸结合 LBD 后诱导 ATD-LBD-TMD 协同运动，促使 M3 螺旋扭结，通道开放。孤儿 GluD 受体（δ 型受体），与突触形成和神经发育相关，可能通过非典型信号通路发挥作用。

代谢型谷氨酸受体（mGluRs）是 G 蛋白偶联受体（GPCR），通过第二信使间接调控细胞功能。受体又分为多种亚型：Group I（mGluR1/5），激活 Gq 蛋白，触发 PLC 通路，生成 IP3 和 DAG，释放内质网 Ca^{2+}；Group II（mGluR2/3）和 Group III（mGluR4/6-8），激活 Gi/o 蛋白，抑制腺苷酸环化酶，减少 cAMP。

三、谷氨酸受体介导信号通路的核心机制

1. NMDA 受体信号通路

NMDA 受体是电压与配体双重门控的离子通道，静息膜电位下，Mg^{2+} 结合于通道孔区，阻止离子流动；当突触前释放谷氨酸/甘氨酸（结合受体 LBD 结构域），突触后膜去极化（解除 Mg^{2+} 对通道的电压依赖性阻断），允许 Ca^{2+} 和 Na^+ 内流；Ca^{2+} 内流激活钙调蛋白（CaM），CaMKII 发生 Thr286 位点自磷酸化，转化为持续活性状态，即使 Ca^{2+} 浓度下降仍保持活性，活化的 CaMKII 磷

酸化突触后致密区（PSD）的支架蛋白（如 PSD-95）和 AMPA 受体亚基（如 GluA1 的 Ser831 位点）作用，增强其与突触锚定蛋白的亲和力；CaMKII 磷酸化 GluA1 的 C 端，促进含 AMPA 受体的囊泡向突触后膜迁移，并通过 SNARE 复合体介导膜融合，磷酸化的 GluA1 与 PSD-95 结合，稳定 AMPA 受体在突触后膜的聚集，提升突触传递效率，通过增加突触 AMPA 受体密度强化神经回路，支持记忆编码。Ca^{2+} 内流与钙调蛋白（CaM）结合进一步激活一氧化氮合酶（NOS），生成 NO 扩散至突触前膜，增强递质释放，调控突触可塑性和基因表达（图 4-6）。

信号通路：NMDA 受体激活→Ca^{2+} 内流→CaMKII 自磷酸化→磷酸化 AMPA 受体（如 GluA1 亚基）→促进 AMPA 受体突触膜插入→长时程增强（LTP）形成。CaMKII 持续活化维持突触结构重塑，是学习记忆的分子基础。

另外，Ca^{2+} 激活 Ras→级联激活 ERK 激酶→促进转录因子 CREB 磷酸化→上调 BDNF 等神经营养因子表达→维持长期记忆巩固。

2. AMPA 受体信号通路

谷氨酸结合 AMPA 受体后，通道开放，介导 Na^+ 快速内流，引发突触后膜去极化，为 NMDA 受体激活提供条件；突触后电位变化通过调控电压依赖性离子通道（如 K^+ 通道）影响神经元兴奋性（图 4-6）。

突触可塑性：通过磷酸化（如 PKA/PKC）调控受体插入膜中（如 GluA1 亚基的插入）。

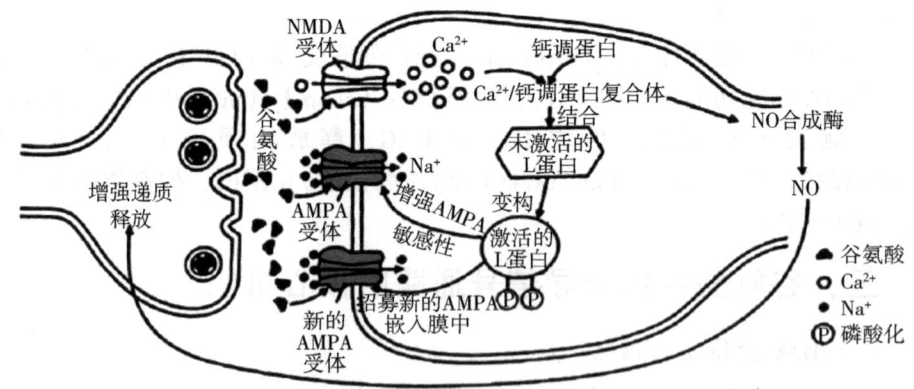

图 4-6　谷氨酸离子型受体介导信号通路

LTP 机制：高频刺激激活 NMDA 受体→Ca^{2+} 内流→CaMKII 磷酸化 GluA1（Ser831 位点），促进 AMPA 受体插入突触后膜并增强其电导。LTD 机制：低强度刺激激活磷酸酶（如 PP1），促使 AMPA 受体内吞，削弱突触传递效率。

3. Kainate 受体介导的信号通路

Kainate 受体与 NMDA 受体、AMPA 受体同属于离子型谷氨酸受体（iGluRS），是以四聚体形式构成的配体门控离子通道，激活后允许阳离子（如 Na^+、K^+、Ca^{2+}）内流，引发突触后膜快速去极化，介导兴奋性神经信号传递。但 Kainate 受体在突触前和突触后膜均有分布，双向调控神经递质释放和信号转导。信号通路的分子机制：谷氨酸或激动剂（如 Kainate）结合受体后，诱导跨膜结构域构象变化，打开离子通道后允许 Na^+、K^+ 内流（少量 Ca^{2+}），导致突触后膜快速去极化，触发兴奋性突触后电流（EPSCs）。其门控机制涉及受体亚基的动态变构，正变构调节剂（如 NETO2）可调控通道脱敏速率和整流特性。当膜电位为正时，带正电的多胺阻塞通道孔，抑制阳离子外流，形成内向整流（电流主要向内流动）。神经连接蛋白 NETO2 通过其 CUB 结构域与受体氨基末端结构域（ATD）结合，稳定受体构象，显著减缓通道脱敏并增强通道电流，从而延长信号传递时间。Kainate 受体激活直接介导突触后去极化，与 AMPA 受体协同传递快速兴奋性信号，参与基础突触传递。介导长时程增强（LTP）和抑制（LTD），通过 Ca^{2+} 内流激活下游激酶通路，调控突触后受体表达及树突棘重塑，参与学习与记忆。突触前 Kainate 受体激活可增强 GABA 能神经元抑制性递质释放，或通过负反馈抑制谷氨酸能神经元递质释放，维持神经环路平衡。兴奋性作用：在某些通路（如皮层-纹状体投射）中增强谷氨酸释放，促进癫痫样异常放电。

突触后信号：Glu→Kainate 受体→Na^+、K^+ 内流→细胞去极化→与 AMPA 受体协同传递快速兴奋性信号，参与基础突触传递（主要作用）；Glu→Kainate 受体→Ca^{2+} 内流→CaMPK→介导长时程增强（LTP）和抑制（LTD）。

突出前信号：Glu→Kainate 受体→Na^+、K^+ 内流→细胞去极化→GABA 释放→反馈抑制神经元活动；或谷氨酸→Kainate 受体→Na^+、K^+ 内流→细胞去极化→Glu 释放→癫痫样异常放电（皮层-纹状体投射）。突触前效应是双向调控递质释放（抑制 GABA 能或增强谷氨酸能），维持神经环路稳态。

4. 代谢型受体（Group I mGluR）信号通路

Group I mGluR 包括 mGluR1 和 mGluR5，属于 G 蛋白偶联受体（GPCR），受体以二聚体形式分布于突触后膜，调控神经元兴奋性与突触可塑性。其信号转导途径：谷氨酸与受体结合后，受体构象变化激活下游 G 蛋白（主要为 $Gαq/11$ 亚型），$Gαq/11$ 与磷脂酶 Cβ（PLCβ）结合，催化膜磷脂水解生成三磷酸肌醇（IP3）和二酰基甘油（DAG）。IP3 与内质网 IP3 受体结合，触发 Ca^{2+} 释放至胞质；DAG 与 Ca^{2+} 协同激活蛋白激酶 C（PKC），磷酸化下游靶蛋白（如离子通道、转录因子）。Group I mGluR 通过激活丝裂原活化蛋白激酶（MAPK），调控细胞增殖、存活及突触可塑性相关基因表达（如 BDNF、Arc）。

mGluR5 通过增强 NMDA 受体功能，放大 Ca^{2+} 内流信号，促进突触后长时程增强（LTP）。

四、谷氨酸信号介导生物学功能

谷氨酸是中枢神经系统最主要的兴奋性神经递质，通过激活突触后膜的离子型受体（NMDA、AMPA 受体）引发钠/钙离子内流，驱动神经元去极化和信号传递，构成学习、记忆及感觉处理等高级脑功能的分子基础。谷氨酸通过长时程增强（LTP）机制增强突触连接强度，这一过程依赖 NMDA 受体介导的钙信号通路，是记忆形成的核心机制。谷氨酸经谷氨酸脱羧酶（GAD）催化生成 γ-氨基丁酸（GABA），后者是中枢神经系统主要的抑制性神经递质，两者动态平衡维持神经元兴奋性稳态。

五、信号的失活

中枢的谷氨酸能突触间隙内，不存在使谷氨酸降解的酶，从突触间隙清除谷氨酸是由迅速的扩散和高亲和力的摄取实现的。谷氨酸经突触前神经元释放后，部分被突触前膜的高亲和力谷氨酸转运体主动重吸收至神经元胞浆内，随后通过囊泡膜转运体重新储存至突触小泡中，以备再次释放。邻近的胶质细胞（如星形胶质细胞）通过其膜上的谷氨酸转运体摄取突触间隙的谷氨酸，胶质细胞内谷氨酸在谷氨酰胺合成酶催化下转化为谷氨酰胺（需消耗 ATP），后者通过细胞膜扩散至细胞间隙，再被神经元吸收并重新转化为谷氨酸，形成谷氨酸-谷氨酰胺循环。谷氨酸摄取主要由 EEATs 和囊泡膜低亲和性谷氨酸转运体（VGLUTs）实现的（图 4-7）。EAATs 是兴奋性氨基酸转运体，其中 EAAT2 在星形胶质细胞中表达，负责清除约 90% 的突触间隙谷氨酸，是主要的神经保护性转运体。EAATs 通过 Na^+/K^+-ATP 酶建立的跨膜电化学梯度，以协同转运方式将谷氨酸摄入细胞内，每转运 1 分子谷氨酸伴随 3 个 Na^+ 和 1 个 H^+ 内流，同时排出 1 个 K^+。VGLUTs 属于囊泡膜转运蛋白家族，其中 VGLUT1 和 VGLUT2 是谷氨酸能神经元的主要标志物，VGLUTs 利用突触囊泡膜内外的质子电化学梯度（由 V-ATPase 建立），将胞质谷氨酸逆浓度梯度转运至囊泡内，使其浓度高达 100 mmol/L 以上，为突触释放提供高浓度递质储备，转运过程伴随 Cl⁻ 的协同运输,且 VGLUT2 的活性受 pH 和 Cl⁻ 浓度调控,以适配突触囊泡循环中离子环境的变化。VGLUTs 通过精准调控谷氨酸装载,确保兴奋性突触后电位的快速激活,参与学习、记忆和感觉信号传递等高级脑功能。

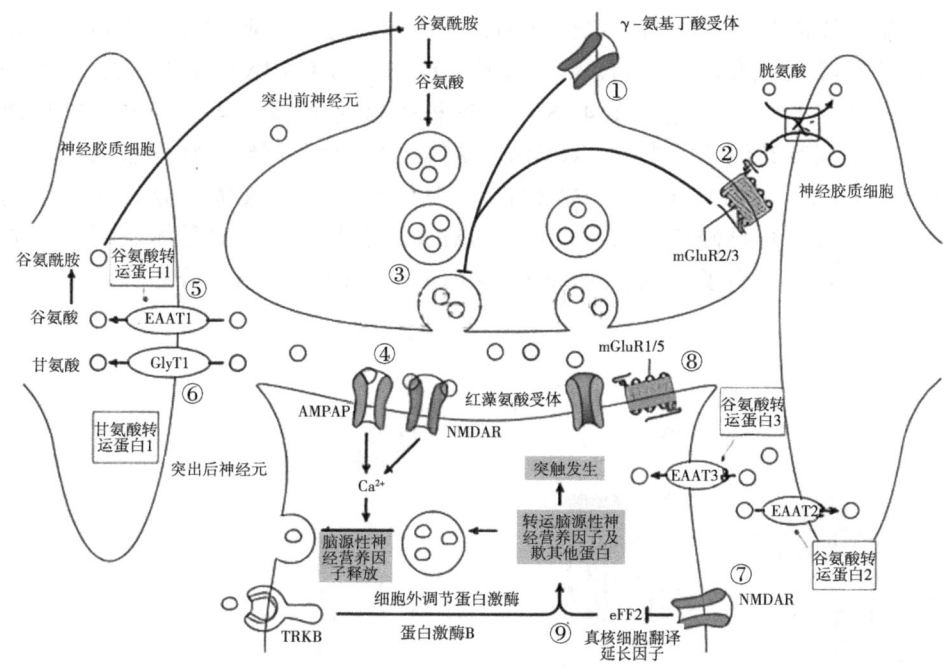

图 4-7 谷氨酸系统调节机制

第三节 γ-氨基丁酸信号通路

一、γ-氨基丁酸

γ-氨基丁酸(GABA)是中枢神经系统(CNS)中主要的抑制性神经递质,由谷氨酸经谷氨酸脱羧酶(GAD)催化生成,广泛分布于大脑、脊髓等区域,通过降低神经元兴奋性维持神经系统的平衡。

二、γ-氨基丁酸受体(GABAR)

γ-氨基丁酸(GABA)主要作用于两大类型的受体:GABAA/ GABAC 和 GABAB,具有不同的结构和功能特性。GABAA 受体是离子型受体,由镶嵌在神经细胞膜脂双层中的 5 个亚基（如 2α：2β：1γ 亚基）聚合而成的异质寡聚体跨膜糖蛋白，其中心为 Cl⁻ 通道，分布在突触后膜，介导快速抑制（张瑞华等，2003）（图 4-8A）。在大多数情况下，胞外 Cl⁻ 离子浓度高于胞内浓度。GABA 与 GABAA 受体结合，细胞膜上 Cl⁻ 通道开启，Cl⁻ 顺着浓度差从胞外流向胞内；胞内膜电位增加，产生超级化，抑制神经元兴奋。但未成熟的神经元细胞内 Cl⁻ 浓度高于胞外，GABA 与 GABAA 受体结合，Cl⁻ 外流，导致膜电位去极化（图 4-8B）。这种去极化能够激活一些电压门控离子通道，调节其他细胞事件。GABAB 受体（代谢型受体）为 G 蛋白耦联受体（GPCR），由 GABAB1 和 GABAB2 亚基形成异源二聚体。分布在突触前和突触后膜，介导慢速、持久抑制。GABAC 受体（离子型受体亚型）主要由 ρ 亚基组成氯离子通道，对部分 GABAA 拮抗剂不敏感，分布在视网膜等特定区域。

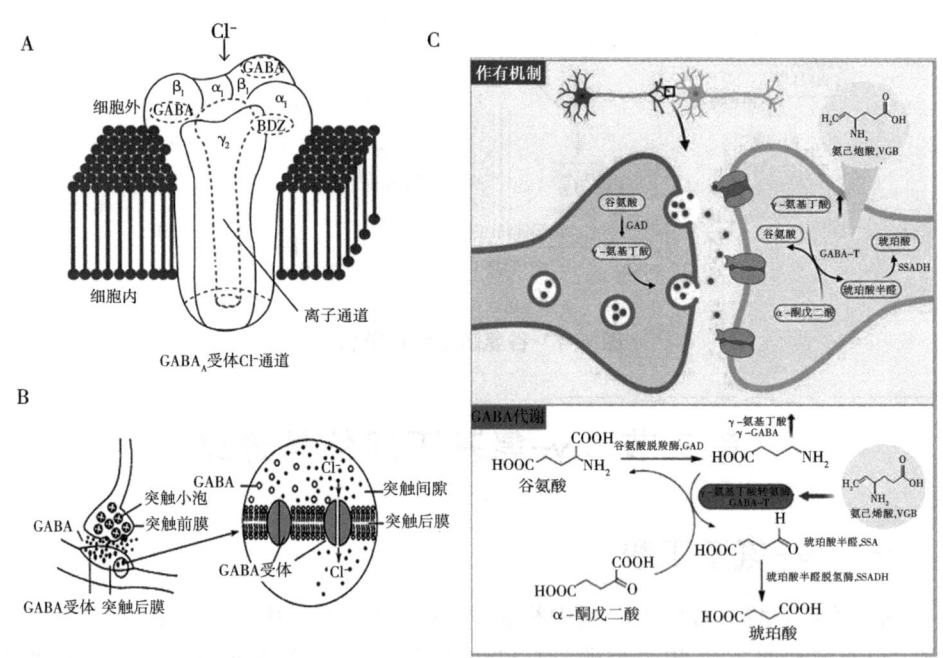

图 4-8　γ-氨基丁酸受体结构及信号传导

（图片来源：张瑞华等，2003）

A：γ-氨基丁酸离子型受体结构；B：γ-氨基丁酸与受体结合后通道打开，Cl⁻ 转运；C：γ-氨基丁酸作用机制和代谢失活。

三、γ-氨基丁酸介导的信号通路

1. GABAA 受体通路

受体位于突触后膜，GABA 结合 GABAA 受体后，触发 Cl^- 通道开放，Cl^- 顺浓度梯度内流，导致神经元膜电位超极化，快速抑制动作电位产生，抑制突触后神经元兴奋性。在未成熟神经元中，Cl^- 转运蛋白 NKCC1（钠-钾-氯共转运体）主导 Cl^- 外流，导致 GABAA 受体激活后神经元去极化；随着发育，KCC2（K^+-Cl^- 共转运体）表达上调，Cl^- 内流形成超极化效应。

GABAA 受体在视网膜神经元突触后膜富集，GABA 结合受体后打开 Cl^- 通道，Cl^- 内流导致神经元超极化（膜电位更负），降低兴奋性；特异性辅助蛋白（如 Gephyrin）锚定受体，维持抑制性突触稳定性。尽管放电频率被抑制，相邻瞬时型视网膜神经元的放电活动相关性显著增强，提升视觉信号传递的同步性与编码效率，利于运动检测等时空信息整合，增强相邻神经节细胞放电活动的同步性。

部分神经元突触前膜表达 GABAA 受体，GABA 结合后激活 Cl^- 通道，导致 Cl^- 内流引起局部超极化。突触前膜超极化降低电压门控钙通道（VGCC）开放概率，减少 Ca^{2+} 内流，从而抑制神经递质囊泡释放。该机制形成负反馈回路，限制 GABA 自身或共存递质（如谷氨酸）的过度释放，抑制谷氨酸能神经元递质释放，维持兴奋/抑制平衡。

脑源性神经营养因子（BDNF）是一种在中枢神经系统中广泛存在的蛋白质，对神经元存活、发育及功能维持具有核心作用。它是由神经元和星形胶质细胞分泌的碱性蛋白质，主要富集于海马、皮层及纹状体，周围神经系统亦有合成。BDNF 通过结合酪氨酸激酶受体 B（TrkB）激活下游信号通路（如 Ras-MAPK-CREB），核心生物学作用是促进神经前体细胞分化，抑制凋亡（↑Bcl-2/↓Bax）；同时增强 AMPA 受体膜定位，改善学习记忆能力。神经再生：诱导损伤神经元轴突再生，修复神经功能。GABAA 受体激活后，显著提升海马区 BDNF 表达，促进其受体 TrkB 磷酸化，进而激活下游 ERK1/2 信号，减少神经元凋亡。

2. GABAB 受体通路

GABAB 受体作为 G 蛋白偶联受体（GPCR），在突触前膜通过 Gi/o 蛋白抑制电压门控钙通道，减少神经递质释放。在突触后膜 GABAB 受体激活 G 蛋白偶联内向整流钾通道（GIRK），引起 K^+ 外流和超极化；通过 Gi/o 蛋白抑制腺苷酸环化酶（AC），降低 cAMP 水平；或通过 Gβγ 亚基激活钾离子通道，抑制神经元活性。

在非神经元组织中，GABA 通过星形胶质细胞的 GABAA 受体和 GABAB 受体激活钙离子信号，促进脑血管扩张；或直接作用于脑血管表面的 GABA 受体调节血管直径。肠上皮 GABA 激活 GABAA 受体，调控 Cl^- 分泌，影响小肠液分泌及肠道屏障功能。

四、γ-氨基丁酸的生物学作用

GABA 是中枢神经系统最主要的抑制性神经递质，通过降低神经元兴奋性，维持神经信号传递的平衡，减少焦虑、烦躁等情绪波动。GABA 可形成天然镇静作用，缩短入睡时间并延长深度睡眠阶段，但无法直接治疗失眠症；GABA 可能通过增强褪黑素通路间接改善睡眠节律紊乱，但其直接助眠效果尚不明确。通过扩张血管和调节脊髓血管运动中枢活性，GABA 可辅助降低血压，适用于轻度高血压患者。GABA 激活脑内葡萄糖代谢，促进乙酰胆碱合成，修复神经损伤，增强脑功能（如改善脑卒中后遗症）；抑制肝脏磷酸脱羧反应，降低血氨水平，减轻肝肾代谢负担；GABA 还可刺激垂体分泌生长激素，间接促进组织修复和生长发育。

GABA 通过离子型受体和代谢型受体介导快速抑制与慢速调节双重作用，广泛参与神经元兴奋性调控。在非神经元组织中，其信号通路涉及血管直径调节、肠液分泌及肿瘤转移等复杂生理病理过程。病理条件下，GABA 能信号的异常激活或抑制可能成为神经退行性疾病、癌症转移及精神障碍的治疗靶点。

五、信号的失活

神经元和星形胶质细胞通过 GABA 转运体（GATs）将突触间隙中的 GABA 主动回收至胞内，终止其抑制性信号传递。GABA 在 GABA 转氨酶（GABA-T）作用下转化为琥珀酸半醛（SSA），随后经琥珀酸半醛脱氢酶（SSADH）氧化为琥珀酸，进入三羧酸（TCA）循环供能。GABA 的合成与失活需严格调控，以维持神经元兴奋性稳态，例如 GAD 活性受钙离子和能量状态调节，而 GATs 的表达水平影响突触 GABA 浓度（图 4-8C）。

六、GABAA 受体与慢性压力下的焦虑行为

慢性压力应激会降低海马神经元细胞 GABA 合成与释放，海马抑制性神经传递减弱，破坏兴奋/抑制平衡（E/I 失衡）。其次慢性压力会选择性下调基底外侧杏仁核（BLA）神经元的 GABAA 受体 δ 亚基表达，降低突触外 GABA

能紧张性抑制电流（Tonic inhibition）。投射至海马的 BLA 神经元抑制减弱，过度激活下游海马-杏仁核恐惧记忆环路，促发焦虑样行为。但中央杏仁核（CeA）神经元 GABAA 受体功能相对保留，导致 BLA-CeA 抑制性调控失衡，恐惧信号输出增强。

GABAA 受体与 SRC 激酶之间存在密切的功能调控关系，SRC 激酶可磷酸化 GABAA 受体 β 亚基的酪氨酸残基（如 β2/3 亚基 Tyr365/367 位点），增强受体对 GABA 的敏感性，促进 Cl^- 内流及超极化效应，维持抑制性突触传递效能，稳定神经元兴奋/抑制平衡（E/I 平衡）。Src 活性增强时（如慢性压力下），磷酸化 β 亚基触发受体内吞，减少膜表面 GABAA 受体密度，削弱抑制性电流。反之，GABARAP 蛋白（依赖 SRC 信号的受体结合蛋白）可促进受体从胞内向膜转运，维持受体膜定位。

Myosin Va（MyoVa）是马达蛋白，负责沿微丝运输突触后膜蛋白（如 GABA 受体、NMDA 受体）至抑制性突触位点。Neuroligin 2（NL2）为突触黏附分子，通过结合突触前膜神经配蛋白（Neurexin）维持抑制性突触结构稳定性。钙调蛋白作为桥梁，直接结合 MyoVa 尾部与 NL2 胞内域，形成 MyoVa-钙调蛋白-NL2 复合物，保障受体锚定和突触传递效率。慢性压力激活 Src 激酶，磷酸化钙调蛋白的酪氨酸残基（如 Tyr99/138），导致钙调蛋白构象变化，丧失同时结合 MyoVa 与 NL2 的能力，MyoVa-钙调蛋白-NL2 复合物。慢性压力下，Src 激酶磷酸化削弱 MyosinVa-Neuroligin2 互作，MyoVa 无法将 GABA 受体等运输至突触，NL2 稳定性下降，抑制性突触功能受损，导致抑制性突触传递下降，引发焦虑行为。

第四节　甘氨酸信号通路

一、甘氨酸

甘氨酸（Glycine）是中枢神经系统中重要的抑制性神经递质，广泛分布于中枢神经系统（如脊髓、脑干）。其合成主要通过丝氨酸羟甲基转移酶（Serine hydroxy methyl transferase, SHMT）催化完成，该反应发生于神经元胞质及线粒体，是中枢神经系统甘氨酸的主要来源。糖酵解途径中的 3-磷酸甘油酸被氧化为 3-磷酸羟基丙酮酸，随后经转氨基反应生成 3-磷酸丝氨酸。3-磷酸丝氨酸在磷酸酶作用下脱去磷酸基团，生成 L-丝氨酸。在神经元的线粒体或细胞质中，L-丝氨酸通过丝氨酸羟甲基转移酶（SHMT）转化为甘氨酸，磷酸吡哆醛（PLP）作为 SHMT 的辅酶，参与转甲基反应。神经元中甘氨酸合成主要依赖线粒体中的 SHMT2（线粒体亚型），而胞质中的 SHMT1 更多参与一碳单位代谢。甘氨酸作为神经递质需通过囊泡甘氨酸转运体（VGAT）储存于突触囊泡，释放后激活突触后膜的甘氨酸受体（GlyR），介导 Cl⁻ 内流和神经元抑制。

甘氨酸合成反应式：

$$L\text{-丝氨酸} + \text{四氢叶酸} \xrightarrow{SHMT} \text{甘氨酸} + 5,10\text{-亚甲基四氢叶酸}$$

二、甘氨酸受体

甘氨酸受体（Glycine receptors，GlyRs）属于配体门控 Cl⁻ 离子通道，与 GABAA 受体结构类似，由 5 个亚基围绕中央 Cl⁻ 离子通道组成，激活后允许 Cl⁻ 内流，导致突触后膜超极化，抑制神经元兴奋性（表 4-2，图 4-9B，图 4-9C）。受体亚基分为 α 亚基（α1~α4）和 β 亚基。α1 亚基主要分布于脊髓和脑干，介导快速抑制性信号传递；α2 亚基在胚胎期高表达，参与神经发育阶段的突触可塑性调控；α3 和 α4 分布更局限。β 亚基与 α 亚基共同组成异聚体受体，增强受体对甘氨酸的亲和力及突触后膜的聚集，β 亚基调节受体组装和突触定位。另外，2023 年发表在 Science 上的一篇论文证实，孤儿受体 GPR158 是甘氨酸的代谢型受体-MGLYR，是首个被证实介导甘氨酸代谢性慢信号的受体，其结构独特性在于 CACHE-RGS 偶联模式（Laboute et al.，2023）（表 4-2，图 4-9A）。

表 4-2 甘氨酸受体类型及特征

特征	受体类型	受体特点	信号时程	下游效应	脑区分布
GPR158（MGlyR）	代谢型 GPCR（Class C）	胞外 CACHE 结构域（位于 N 端，呈钳形口袋状，与细菌感知结构同源）；跨膜结构域（7 次跨膜 α 螺旋）；胞内 RGS 结合域（C 端与 RGS7-Gβ5 复合物偶联，而非传统 G 蛋白）	秒至分钟级慢信号	↓cAMP→调控神经元兴奋性	前额叶皮层、海马高表达
经典离子型 GlyR	配体门控氯离子通道（LGIC）	由 α（1-4）和 β 亚基组成五聚体通道，成人以 2α：3β 异聚体为主；亚基排列为 β-α-β-α-β，形成中心氯离子通道	毫秒级快信号	↑Cl⁻ 内流→快速抑制突触传递	脊髓、脑干为主

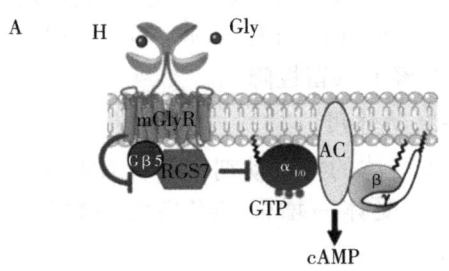

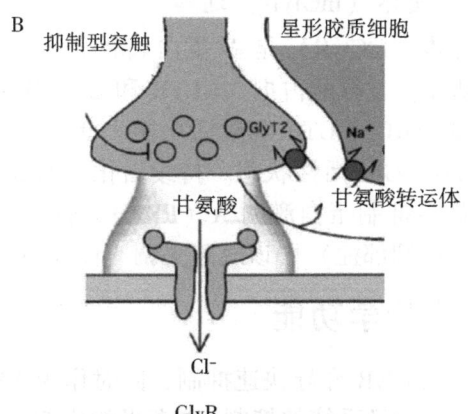

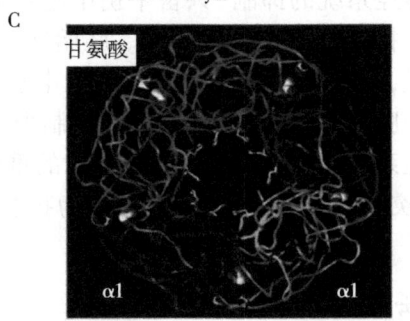

图 4-9 甘氨酸代谢型受体（A）和离子型受体（B/C）结构示意
（图片来源：Laboute et al., 2023）

三、甘氨酸受体介导的信号通路

1. 经典离子型通路（GlyR 途径）

甘氨酸离子型受体属于配体门控 Cl^- 通道，介导中枢神经系统快速抑制性信号传递。突触间隙甘氨酸结合 α/β 亚基界面，触发胞外域构象变化→跨膜区通道开放（图4-9C）。通道开放→Cl^-顺电化学梯度内流（胞外Cl^-浓度高于胞内），离子选择性序列：$Cl^- > BR^- > NO_3^- > I^-$。$Cl^-$内流使突触后膜电位负值增大（超极化）→神经元兴奋性降低。

2. NMDA 受体共激动作用

甘氨酸作为 NMDA 受体的共激动剂，结合 NMDA 受体的 GluN1 亚基，与谷氨酸协同激活 NMDA 受体→增强 Ca^{2+} 内流→触发突触可塑性（如 LTP/LTD），参与学习记忆。

3. 代谢型甘氨酸受体（mGlyR）通路

代谢型甘氨酸受体（mGlyR）是 G 蛋白偶联受体（GPCR），通过抑制性信号调控中枢神经功能。甘氨酸占据 MGLYR 和 CACHE 结构域→胞内 RGS7-Gβ5 复合物构象改变→RGS7 GTP 酶激活功能失活；RGS7 失活→减弱对 Gαi 蛋白的 GTP 水解→延长 Gαi 活性状态。持续活化的 GαI 抑制腺苷酸环化酶→胞内 CAMP 水平下降→抑制蛋白激酶 A（PKA）活性。该通路实现慢速神经抑制，在情绪障碍（如抑郁症）中该通路失调（图4-9A）。

四、甘氨酸生物学功能

甘氨酸通过离子型 GlyR 介导快速抑制，同时作为 NMDA 受体共激动剂参与兴奋性调节，在中枢神经系统的抑制-兴奋平衡中起核心作用。在脊髓、脑干中介导毫秒级抑制，调控运动协调与反射弧。胚胎期同聚体（$α_2$ 为主）参与神经元迁移与环路形成，调控神经发育。延髓呼吸中枢 GlyR 抑制过度兴奋，保障呼吸节律稳定性。小胶质细胞 GlyR 激活可能抑制炎症反应。其受体和信号通路的异常与多种神经系统疾病相关，是药物研发的重要靶点。甘氨酸转运体（GlyT1/GlyT2）调控突触间隙甘氨酸浓度，成为抗精神病药物靶点（如 GlyT1 抑制剂 Bitopertin）。

五、信号的失活

突触间隙的甘氨酸通过甘氨酸转运体（GlyT1/GlyT2）被回收至突触前神经元或胶质细胞。GlyT1 主要分布于胶质细胞，GlyT2 位于神经元，两者协同调节突触甘氨酸浓度。线粒体中的甘氨酸裂解酶复合体将其分解为一碳单位和 NH_3，参与叶酸代谢循环，部分通过氧化脱氨基生成乙醛酸，进入三羧酸循环代谢。

六、甘氨酸受体对疼痛和运动的调节

离子型甘氨酸受体（GlyR）是中枢神经系统关键的抑制性氯离子通道，

在脊髓和脑干中高表达,通过调控痛觉信号传递路径发挥核心镇痛作用。GlyR 密集分布于脊髓背角浅层（Ⅰ-Ⅱ层），激活后引起 Cl^- 内流→抑制投射神经元和中间神经元的兴奋性,阻断痛觉信号向高级中枢传递。甘氨酸能中间神经元释放甘氨酸激活 GlyR→抑制谷氨酸能 NMDA 受体的激活,阻断 Ca^{2+} 内流→防止脊髓背角神经元中枢敏化（慢性疼痛关键机制）→减少伤害性信号输出。GlyR 降低伤害性刺激诱导的 c-Fos 蛋白表达（神经元激活标志物）,位于初级传入纤维末梢的 GlyR 可减少 P 物质、谷氨酸等致痛递质释放。GlyR 功能抑制（如 GlyR 表达下调、甘氨酸转运体上调等）→脊髓背角抑制/兴奋平衡破坏→低阈值机械刺激（如轻触）诱发疼痛（Allodynia）。GlyR 通过 Cl^- 内流抑制脊髓背角痛觉传递神经元,阻断谷氨酸能兴奋信号,防止中枢敏化发挥生理性镇痛；其功能下调是神经病理性疼痛的核心机制,而增强 GlyR 活性（如甘氨酸补充、变构调节剂）可避免阿片类药物缺陷,成为慢性疼痛治疗的突破方向。

脊髓灰质 Renshaw（闰绍）细胞释放甘氨酸,激活 α 运动神经元表面 GlyR,诱导 Cl^- 内流,造成超极化抑制 α 运动神经元放电,防止肌肉过度收缩。α 运动神经元激活 Renshaw 细胞→形成负反馈环（Renshaw 细胞抑制 α 运动神经元放电）→精细调节肌肉收缩强度。屈肌-伸肌交替收缩依赖 GlyR 介导的抑制,伸肌兴奋时屈肌被抑制,保障运动流畅性。其次,脑干前庭核神经元 GlyR 激活通过抑制躯干抗重力肌（伸肌）张力,维持姿势平衡,功能异常时导致肌张力亢进（如去大脑强直）。延髓呼吸中枢（如 Pre-Bötzinger 复合体）GlyR 激活会抑制吸气神经元过度放电,进而保障吸气-呼气节律转换。

第五节　5-羟色胺信号通路

一、5-羟色胺

5-羟色胺（5-hydroxytryptamine,5-HT,又称血清素）是一种吲哚衍生物,广泛分布于中枢神经系统（CNS）和外周组织（如胃肠道、血小板）。5-HT 作为一种重要的单胺类神经递质和调质主要分布于松果体和下丘脑,它通过结合多种受体介导复杂的生理功能,包括情绪调节、认知、睡眠、食欲、疼痛感知、血管收缩和胃肠运动等。5-羟色胺的主要前体是色氨酸,这是一种必需氨基酸,必须从食物中摄取,依赖于载脂蛋白将色氨酸通过血液进入神经元。在神经元内,色氨酸经色氨酸羟化酶（Tryptophan hydroxylase）催化羟化反应形成 5-羟色氨酸,这是形成 5-羟色胺的第一个关键步骤,也是生物合成的速率限制步骤。5-羟色氨酸接下来经过氨酮酸脱羧酶（Aromatic L-amino acid decarboxylase）脱羧反应生成 5-羟色胺，这个步骤是色胺合成的第二个关键步骤。形成的 5-羟色胺大部分储存在神经元的囊泡内，待需要时，通过神经元的末梢释放到突触间隙。这释放的 5-羟色胺与受体结合，传递神经冲动。同时释放后的 5-羟色胺可能被再摄取到神经元内，由 5-羟色胺转运体（Serotonin transporter）媒介。

二、5-羟色胺受体

5-HT 受体分为 7 大类（5-HT$_1$~5-HT$_7$），共 14 种亚型，除 5-HT$_3$ 受体为配体门控离子通道（LGIC）外，其余均为 G 蛋白偶联受体（GPCR）（表 4-3）。5-HT$_1$ 含 A、B、D、E、F 五种亚型，均为 G 蛋白偶联受体，如 5-HT$_1$A 与情绪调节相关；5-HT$_2$ 含 A、B、C 三种亚型（原 5-HT$_1$C 被重新归类为 5-HT$_2$C），介导血管收缩和血小板聚集等（图 4-10）；5-HT$_3$ 是唯一属于配体门控离子通道的亚型，介导快速突触传递，与恶心、疼痛等反应相关；5-HT$_{4/5/6/7}$ 均为 GPCR，分别参与肠道分泌、昼夜节律调节、认知功能及体温调控等。13 种 GPCRs 具有 7 个跨膜 α 螺旋结构域，通过偶联 Gi/o、Gq 或 Gs，产生第二信使系统（如 cAMP、IP$_3$）传递信号发挥作用（Basak, 2018）（图 4-10A）。5-HT$_3$ 受体是唯一属于配体门控离子通道的亚型，由 5 个亚基围绕中央孔道组成，介导 Na$^+$、K$^+$ 快速跨膜流动（Basak, 2018；Huang, 2022）。5-羟色胺结合后，会引起 5-HT3 包括配体结合胞外结构域（ECD）、跨膜结构域（TMD）和胞内结构域（ICD）在内的整体构象变化（图 4-10B）。

表 4-3 5-HT 受体类型

受体类型	主要亚型	G 蛋白偶联类型	组织分布	主要功能
5-HT$_1$ 受体	5-HT$_1$A、1B、1D 等 5 种亚型	Gi/o	CNS（海马、中缝核）、血管平滑肌	抑制神经元兴奋性，调节情绪、焦虑
5-HT$_2$ 受体	5-HT$_2$A、2B、2C 3 种亚型	Gq/11	CNS（皮层）、血小板、平滑肌	神经元兴奋、血小板聚集、血管收缩
5-HT$_3$ 受体	5-HT$_3$A 1 种亚型	离子通道（Na$^+$、K$^+$）	周围神经、肠道、CNS	快速兴奋性传递，恶心、呕吐反应
5-HT$_4$ 受体	5-HT$_4$ 1 种亚型	Gs	CNS、胃肠道、心脏	促进神经传递，胃肠蠕动，认知增强

第四章　离子通道偶联受体介导的信息传递

（续表）

受体类型	主要亚型	G蛋白偶联类型	组织分布	主要功能
5-HT$_5$ 受体	5-HT$_5$A，5B 2种亚型	Gi/o	CNS（较少）	功能尚不明确
5-HT$_6$ 受体	5-HT$_6$ 1种亚型	Gs	CNS（纹状体、海马）	调节认知、记忆
5-HT$_7$ 受体	5-HT$_7$ 1种亚型	Gs	CNS、血管、胃肠道	调节昼夜节律、 血管舒张

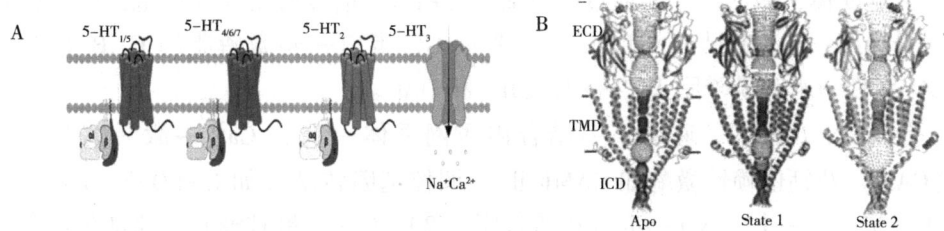

图 4-10　5-HT 受体结构（A）和 5-HT3 受体三种构象（B）示意
（图片来源：A图，Huang, 2022；B图，Basak, 2018）

A：7 种 5-羟色胺受体结构，5-HT$_{1/5}$ 是 GPCR/Gαi、5-HT$_{4/6/7}$ 是 GPCR/Gαs、5-HT$_2$ 是 GPCR/Gαq 型，5-HT$_3$ 是阳离子通道受体。B：5-HT3 受体三种构象：APO 未激活状态，State 1 构象可能对应的是一个预开放的、不导电的中间态或一个脱敏态；State 2 可能代表导电的开放状态。5-羟色胺结合后，会引起 5-HT3 受体结构改变包括配体结合胞外结构域（ECD）、跨膜结构域（TMD）和胞内结构域（ICD）在内的整体构象变化，导致亚基间相互作用减少和溶剂暴露表面增大。State 2 构象在 ICD 中具有较大的位移，这种位移使中心腔变宽，并在侧门和沿孔轴打开离子出口通道。

三、5-HT 信号通路

1. 5-HT$_1$ 受体（Gi/o 偶联）信号通路

6-HT$_1$A 高密度分布于海马体、前额叶皮质、杏仁核及中缝核（突触前自身受体），5-HT$_1$B/$_1$D 主要位于基底神经节、黑质、丘脑及皮层（突触前抑制性受体）、还有一部分分布于脑血管平滑肌（介导血管收缩），5-HT$_1$F 在三叉神经节（参与偏头痛调控）。所有 5-HT$_1$ 亚型均属 GI/O 蛋白偶联受体，核心通路：5-HT 与 5-HT$_1$ 受体结合→ 受体激活→ 激活 Gi/o→抑制腺苷酸环化酶（AC）→ 降低 cAMP → 抑制蛋白激酶 A（PKA）；同时开放 K$^+$ 通道，关闭 Ca^{2+} 通道→ 神经元超极化，抑制神经递质释放。

PKA 核心下游效应：① ↓PKA → ↓CREB（cAMP 响应元件结合蛋白）磷酸化 → ↓BDNF（脑源性神经营养因子）转录 → 影响神经可塑性与突触重塑；② ↓PKA → ↓AMPA/NMDA 受体磷酸化（如 GLUA1 亚基）→ 抑制突触后兴奋性电流；③ ↓PKA → 抑制 L 型电压门控钙通道 → ↓Ca^{2+} 内流 → 减少神经元兴奋性。

突触前 5-$HT_{1}B/_{1}D$ 激活可抑制 5-HT 释放，防止过度兴奋。海马 5-$HT_{1}A$ 通过 CREB-BDNF 通路增强神经可塑性，改善抑郁行为。

2. 5-HT_2 受体（Gq/11 偶联）信号通路

5-HT_2 受体家族（包括 5-HT_2A、5-HT_2B、5-HT_2C 等亚型）属于 GQ 蛋白偶联受体，激活后主要通过磷脂酶 C（PLC）信号通路介导细胞效应，核心信号通路：5-HT 结合 HT_2 受体 → 激活 GQ 蛋白 → 刺激磷脂酶 C-β（PLC-β）活性 → 水解膜磷脂 PIP_2 → 生成 IP_3 和 DAG。

①IP_3（肌醇三磷酸）→ 结合内质网受体 → 释放 Ca^{2+} → 激活钙调蛋白（CAM）及钙依赖性激酶如 CAMKⅡ → 调控基因转录（如 C-FOS）或 Ca^{2+} 激活（NOS）→ 生成 NO → 介导血管舒张；②DAG（二酰甘油）→ 激活蛋白激酶 C（PKC）→ 磷酸化下游靶蛋白（如离子通道、转录因子）。PKC 磷酸化 AMPA 受体（GLUA1 亚基）→ 增强谷氨酸突触传递；激活 ERK 通路 → 调控基因表达；或 PKC 激活 PI3K/AKT 通路 → 抑制凋亡；PKC 磷酸化 ENOS → 血管舒张；PKC 激活 K^+ 通道关闭 → 神经元去极化；抑制 MTOR 通路 → 调控食欲。

3. 5-HT_3 受体（离子通道型）信号通路

5-HT_3 受体包括 5-HT_3A、5-HT_3B 等，它是 5-HT 受体家族中唯一的配体门控离子通道型受体，其信号通路不依赖 G 蛋白，直接介导阳离子跨膜流动，引发快速神经兴奋效应。核心信号通路：5-HT 结合 → 受体构象改变 → 离子通道开放 → 通道开放后允许 Na^+、K^+、Ca^{2+} 通过，以 Na^+ 内流为主 → 细胞膜去极化 → 神经元兴奋或神经递质释放。

在中枢神经系统，延髓呕吐中枢、皮层及边缘系统 5-HT_3 受体激活引起快速兴奋神经元，调控呕吐反射、焦虑及疼痛感知。Ca^{2+} 内流促进 GABA、多巴胺（DA）、乙酰胆碱（ACh）等释放，影响情绪与认知。外周神经系统，肠道黏膜下/肌间神经丛 5-HT_3 受体激活会增强肠道蠕动及分泌，参与肠易激综合征（IBS）病理。

初级传入神经末梢 5-HT_3 激活会增强伤害性信号向脊髓背角传递。

4. 5-HT$_4$/5-HT$_6$/5-HT$_7$（Gs 偶联）信号通路

5-HT$_4$/5-HT$_6$/5-HT$_7$ 受体都属于 Gs 偶联 GPCR，当配体与受体结合，激活腺苷酸环化酶 AC 促使 cAMP 浓度升高，激活 PKA。5-HT$_4$ 受体激活的 PKA 磷酸化下游靶点 CREB 转录因子，调控神经元可塑性相关基因（如 BDNF）；磷酸化电压门控钙通道，增强 Ca^{2+} 内流，促进神经递质释放。5-HT$_4$ 受体主要分布在神经中枢，如海马区增强记忆巩固，在皮质区调节情绪；分布在外周，如肠道加速肠蠕动（激动剂如莫沙必利治疗便秘），在心脏（心房表达为主）正性肌力作用。

5-HT$_6$ 受体激活的 PKA 会磷酸化 DARPP-32（多巴胺/cAMP 调节蛋白）；抑制 GSK-3β 活性，减少 tau 蛋白过度磷酸化（与阿尔茨海默病相关）。5-HT$_7$ 受体（Gs 蛋白偶联）可引起 PKA/PKC 双激活，可调节离子通道及基因表达，抑制 Kv4.3 钾通道，引起去极化，延长神经元兴奋性；激活 ERK/MAPK 通路，调控昼夜节律基因（如 Per1）。

四、5-HT 生物学功能

5-羟色胺（5-HT）是一种广泛分布于中枢神经系统、肠道及外周组织的单胺类神经递质和调质，具有多维度生物学功能。在情绪与认知上，5-HT$_1$A 受体在抑郁症和焦虑症中起关键作用，其过度激活可能导致 5-HT 综合征（表现为自主神经亢进、肌肉痉挛等）。促进突触间隙 5-HT 浓度升高可改善抑郁、焦虑情绪；水平过低则与攻击行为、自杀倾向相关。作为褪黑素合成前体，参与调节睡眠-觉醒周期及生物钟。通过激活 5-HT$_4$/5-HT$_6$/5-HT$_7$ 受体增强海马与前额叶突触可塑性，巩固学习记忆。脊髓中的 5-HT 能神经元通过作用于 Gly 能和 GABA 能抑制性神经元，间接增强 PKCγ 神经元活性，促进疼痛发生。5-HT$_2$A 受体参与慢性疼痛的敏化过程。对外周系统作用表现在肠道功能，肠嗜铬细胞（EC 细胞）分泌的 5-HT 通过激活 5-HT$_3$ 受体介导感觉神经元信号（如恶心、疼痛），而 5-HT$_4$ 受体则调控肠道液体分泌平衡。5-HT$_2$B 受体参与心脏瓣膜病变等病理过程。

五、5-HT 信号的失活

突触前膜上的 5-HT 转运体（SERT）通过主动运输将突触间隙的 5-HT 重新摄入神经元内，终止其信号传递作用。外周系统中，血小板通过 SERT 摄取并储存 5-HT，调节其血液浓度。神经元内的单胺氧化酶 MAO（尤其是 MAO-A）将 5-HT 氧化脱氨基生成 5-羟吲哚乙醛，进一步被醛脱氢酶转化为 5-羟吲哚乙酸（5-HIAA），最终通过尿液排出。外周组织中，5-HT 还可通过儿茶酚-O-甲基转移酶（COMT）等途径代谢失活。部分5-HT通过扩散离开突触间隙，被周围胶质细胞或血液稀释，降低局部浓度。

六、5-HT$_3$受体与呕吐反射

病原体/毒素（如食物中毒、细菌感染或化疗药物等）结合肠嗜铬细胞（EC细胞）表面受体→激活电压门控钙通道→Ca^{2+}内流触发5-HT释放，5-HT结合迷走神经末梢5-HT$_3$受体→诱发动作电位→信号传至脑干孤束核。一方面孤束核信号 激活呕吐中枢，协调膈肌与腹肌收缩引发呕吐；另一方面，孤束核中仅表达速激肽基因的M神经元接收信号→释放神经递质速激肽（P物质），P物质与NK1受体作用持续激活呕吐中枢。同时5-HT刺激感觉神经末梢，信号传至脑干，激活"厌恶中枢"，大脑皮层产生恶心感。

第六节 神经感知温度的信号通路

眼睛如何检测光线，声波如何影响我们的内耳，以及不同的化合物如何与我们鼻子和嘴巴中的受体相互作用，产生嗅觉和味觉？这些问题一直激发着人们的好奇心，事实上我们还可以通过其他方式来感知周围的世界。想象一下在炎热的夏天赤脚走过草坪，你可以感受到太阳的热力、风的抚摸以及脚下的每一片草叶。对温度、触觉和运动的感知至关重要，帮助我们适应不断变化的环境。美国科学家戴维·朱利叶斯（David Julius）和他的团队利用辣椒素（一种来自辣椒的刺激性化合物，可引起灼烧感）来识别皮肤神经末梢中对热有反应的感受器。他们创建了一个包含数百万个DNA片段的文库，这些片段对应感觉神经元表达的基因，它们可以对疼痛、热和触觉做出反应，并从中确定了一个能够使细胞对辣椒素敏感的基因——机体感受辣椒素的基因，这个基因编码了一种新的离子通道蛋白，这一辣椒素受体后来被命名为TRPV1。当朱利叶斯探索这种蛋白质对热的反应能力时，他意识到这是一种热敏受体，它能在令人感到疼痛的温度下被激活。戴维·朱利叶斯和阿尔代姆·帕塔普蒂安各自独立地使用化合物薄荷醇（Menthol）鉴定出TRPM8——一种被证明会被寒冷激活的受体。随后人们发现了能被一系列不同温度激活的、与TRPV1和TRPM8相关的其他离子通道。阿尔代姆·帕塔普蒂安利用压敏细胞发现了一种可对皮肤和内脏中的机械刺激做出反应的新型感受器Piezo。关于TRPV1、TRPM8和Piezo通道蛋白家族的突破性发现，使我们理解了冷、热、机械作用力如何触发神经冲动，以及人类感知并适应外界刺激的机制。也因为这些发

第四章 离子通道偶联受体介导的信息传递

现,戴维·朱利叶斯和阿尔代姆·帕塔普蒂安获得 2021 年诺贝尔生理学或医学奖。

一、辣椒素和温度信号

辣椒是一种刺激性食物,辣椒素 [(反式) 8-甲基-N-香草基-6-壬烯酰胺] 是辣椒的活性成分,它对哺乳动物包括人类都有刺激性并可在口腔中产生灼烧感(图 4-11)。辣椒素是通过初级传入神经元末梢和胞膜上特殊的分子受体介导产生作用的,这一受体称为辣椒素受体,又称香草素受体(Vanilloid receptor,VR1)。温度是另一种物理信号,温度大于 43℃可被香草素受体亚家族 TRPV1 感知并引起细胞反应,低温(<25℃)可被黑色素亚家族成员 TRPM8 感知。

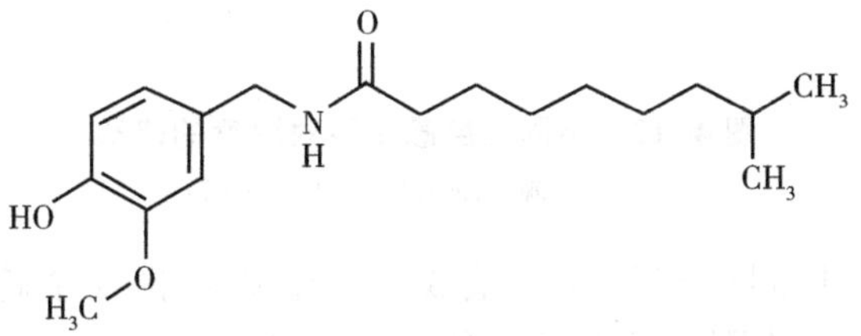

图 4-11 辣椒素分子结构

二、温度感受器(热敏感受体)

瞬时受体电位(Transient receptor potential,TRP)通道家族是一类非选择性阳离子通道蛋白,广泛分布于动物外周及中枢神经系统,负责感知多种物理(如温度、机械力)和化学刺激,并介导痛觉、触觉等生理信号的传递。TRP 主要亚家族包括:①TRPV(香草素受体亚家族):TRPV1,激活阈值>43℃,响应高温和辣椒素,介导灼烧痛觉;TRPV2 感知更高温度(>52℃),参与炎症反应。②TRPM(黑色素亚家族):TRPM8 被低温(<25℃)和薄荷醇激活,介导冷觉感知。③TRPA(锚蛋白亚家族):TRPA1 响应低温(<17℃)和芥末素,与冷痛及化学刺激相关。TRP 通道通过构象变化直接响应温度刺激,引发 Ca^{2+}/Na^+ 内流,激活感觉神经元动作电位,信号经脊髓传递至大脑皮层形成温度感知(Castillo et al.,2018)。

与 TRPV1 和 TRPM8 相关的其他离子通道也被发现在不同的温度范围内可以被激活(图 4-12)。

TRPV1 属于瞬时受体电位(TRP)离子通道家族的香草酸亚家族

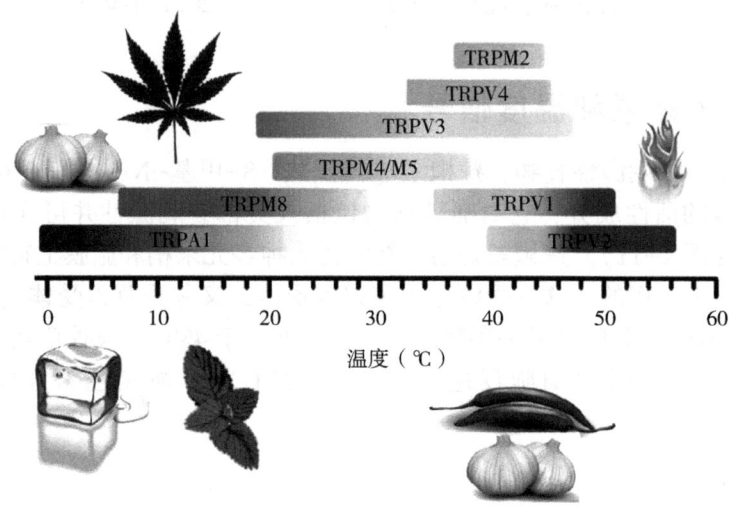

图 4-12　不同温度感受器对温度的感知

（图片来源：Castillo et al.，2018）

（TRPV），由 4 个相同或相似亚基组成，每个亚基含 6 个跨膜结构域（S1-S6），其中 S5-S6 形成阳离子选择性孔道（David，2013）。其 N 端和 C 端均位于胞质侧，N 端包含多个锚蛋白重复序列，参与蛋白相互作用；C 端含调控结构域，可结合钙调蛋白（CaM）等调节分子（图 4-13）。TRPV1 可被多种理

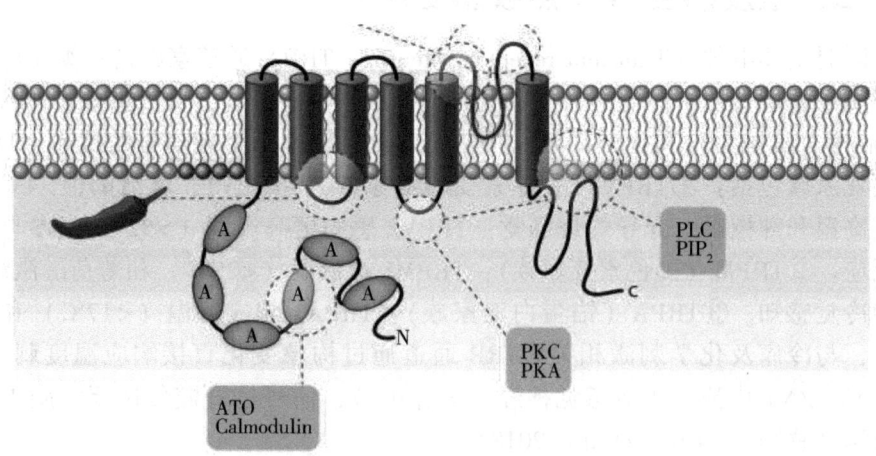

图 4-13　TRPV1 单体结构

（图片来源：David，2013）

化刺激激活,包括:外源性配体:辣椒素(辣椒活性成分)、树脂毒素(RTX);内源性配体:内源性脂质(如花生四烯酸乙醇胺)、质子(pH < 5.9);物理刺激:温度(>43℃)、机械牵张。

TRPV1是典型的热敏受体,激活阈值约为43℃,参与机体对有害高温的感知。其温度敏感性由通道蛋白构象变化介导,高温导致跨膜区结构重排,开放离子通道。TRPV1与TRPM8(薄荷醇受体,冷觉)共同构成温度感知网络。TRPM8在25℃以下激活,而TRPV1在高温下激活,两者通过不同信号通路传递冷热信息。

三、TRPV1离子通道激活与信号通路

1. 辣椒素与TRPV1结合引起信号通路

辣椒素受体TRPV1是由四个亚基组成的非选择性阳离子通道,位于感觉神经末梢(如背根神经节神经元)的膜上。辣椒素与TRPV1的香草酸结合位点特异性结合后引起TRPV1构象变化,导致通道开放,允许Ca^{2+}和Na^+顺浓度梯度内流(协助扩散)。Na^+内流使神经细胞膜去极化,形成外负内正的电位,触发动作电位。动作电位沿感觉神经纤维传递至脊髓或大脑中枢,最终在大脑皮层产生灼热或痛觉。温度协同作用:高温(>43℃)与辣椒素共同激活TRPV1,增强阳离子内流效率,加剧神经元去极化。

细胞内Ca^{2+}浓度升高促进突触前膜释放神经肽(如P物质)和神经递质(如谷氨酸),释放的神经肽引起局部血管舒张和通透性增加,导致组织红肿、水肿。Ca^{2+}内流激活钙调蛋白(CaM),进一步激活一氧化氮合酶(iNOS),促进NO释放,引发血管扩张。高温(>43℃)可协同辣椒素激活TRPV1,加剧Ca^{2+}内流和痛觉信号传导。

释放的神经肽(P物质)作用于肥大细胞NK1受体(神经肽受体),诱导组胺、IL-1β等炎症介质释放,导致血管通透性增加和组织水肿。炎症介质通过正反馈激活TRPV1,形成持续性痛觉敏化。Ca^{2+}内流激活NF-κB和MAPK通路,上调促炎基因(如COX-2、IL-6)表达,加剧炎症和组织损伤。

信号通路:辣椒素→TRPV1激活→离子通道开放→①Na^+内流→细胞去极化→神经冲动传递至脊髓或大脑皮层→产生灼热和痛感;→②Ca^{2+}内流→囊泡释放(胞吐)→释放P物质→激活NK1受体→组胺/IL-1β释放→血管通透性下降和组织水肿;→③Ca^{2+}内流→Ca^{2+}→CaM→iNOS→NO释放→引发血管扩张。

2. 高温启动 TRPV1 引起的信号通路

TRPV1 同样是人体的温度感知元件（温度感受器），温度升高直接增加跨膜区的分子运动能，无需配体结合即能被 40℃ 以上的高温激活，最终产生痛觉。4 个亚基组成的 TRPV1 中每个亚基包含 6 个跨膜螺旋（S1-S6），其中 S5-S6 螺旋形成中央孔道，S4-S5 螺旋连接门控结构域，负责通道开闭调控。当温度>43℃时，跨膜区（尤其是 S3-S4 和 S4-S5 螺旋）的疏水残基因热振动增强，导致 S4-S5 螺旋张力改变，驱动 S6 螺旋向外旋转，打开孔道（图 4-14）。TRPV1 的激活可通过多种刺激协同作用，如辣椒素结合于 S3-S4 螺旋胞内侧的疏水口袋（如 Tyr511 和 Ser512），稳定通道开放构象；另胞外酸性条件（pH<6）质子化外孔区 Glu600 等残基，降低热激活阈值（如从 43℃ 降至 35℃）。

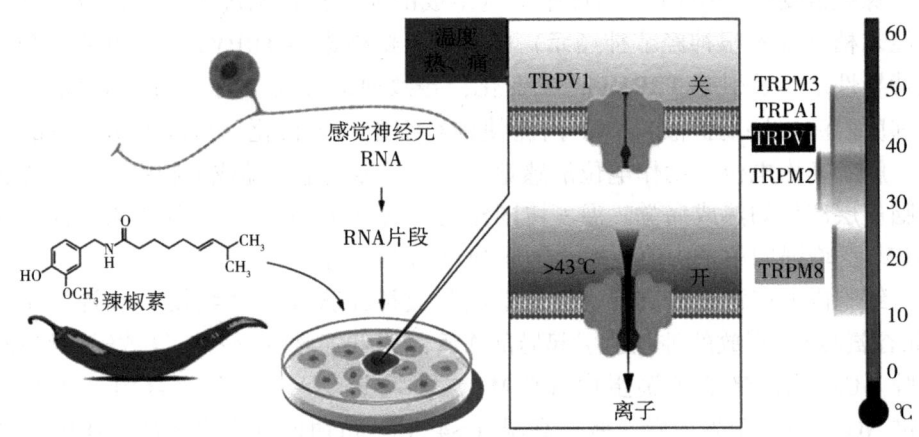

图 4-14 辣椒素激活 TRPV1

通道开放后，Ca^{2+}（通透性比 Na^+ 高 10 倍）和 Na^+ 顺浓度梯度内流，导致细胞内 Ca^{2+} 浓度从静息态 100 nmol/L 升至 μmol/L 级（10^4）。阳离子内流使膜电位从 -80 mV 去极化至阈电位（-55 mV），激活电压门控钠通道（Nav1.7），触发动作电位沿 Aδ/C 神经纤维传递。Ca^{2+} 内流激活钙调蛋白（CaM），促进感觉神经末梢释放 P 物质（Substance P，神经肽）和降钙素基因相关肽（CGRP），引发血管扩张和神经源性炎症。信号经脊髓背角传递至丘脑腹后外侧核（VPL），最终投射至大脑体感皮层和岛叶，形成热痛感知。释放的 P 物质结合外周组织（如皮肤、黏膜）的 NK1 受体，激活肥大细胞和内皮细胞；激活的肥大细胞释放组胺、蛋白酶及细胞因子（如 IL-1β、TNF-α），组胺等介质导致血管内皮间隙扩大，血浆蛋白外渗，形成水肿和红斑（神经源性炎症）。P物质直接刺激神经末梢释放缓激肽、前列腺素（PGE_2）等，增强痛觉信号并招募中性粒细胞等免疫细胞。P物质在脊髓背角释放后激活NK1受体，增强谷氨酸能突触传递，促进疼痛信号上传至大脑皮层。

四、TRPM8的分子结构与激活机制

TRPM8在人体中作为冷觉感受器，可以被15~28℃的低温激活，也可以被薄荷醇、冰素（Icilin）和PI（4，5）P2等配体激活。TRPM8是由四个亚基组成的同源四聚体，每个亚基包含6个跨膜螺旋（S1-S6），其中S1-S4构成电压敏感结构域，S5-S6形成离子通透孔道。冷冻电镜研究显示，其C端细胞内结构域包含TRP结构域和螺旋束，参与温度与配体的协同调控。薄荷醇结合口袋位于S2-S3跨膜区，与跨膜螺旋的疏水残基（如Leu784、Tyr745）形成氢键网络。PIP2结合位点：N端的碱性氨基酸簇（如Lys995、Arg998）通过静电作用结合磷脂酰肌醇二磷酸（PIP2），稳定通道开放状态。

TRPM8属于温度依赖性受体，在15~28℃被激活，核心敏感阈值约为25℃。低温诱导S4螺旋发生构象变化，使通道孔道开放，该过程依赖膜脂流动性及PIP2的局部浓度。薄荷醇和冰素（Icilin）通过变构效应模拟低温信号，直接结合S2-S3跨膜区，触发孔道开放。PIP2作为内源性激活剂，通过增强电压敏感结构域的稳定性，降低激活所需的温度阈值。PIP2的水解产物（如IP3）可拮抗通道活性，而溶血磷脂酰胆碱（LPC）在37℃下部分激活TRPM8，提示脂质代谢动态调节其温度敏感性。

TRPM8开放后介导Ca^{2+}和Na^+内流（Ca^{2+}占比5%~10%），导致背根神经节和三叉神经节神经元去极化，触发动作电位。TRPM8在棕色脂肪细胞中表达，激活后通过钙信号上调解耦联蛋白1（UCP1），促进线粒体产热，减少白色脂肪堆积。长期薄荷醇刺激可增强小鼠产热能力，改善高脂饮食诱导的肥胖，该效应在TRPM8敲除小鼠中消失。过量Ca^{2+}内流激活钙调蛋白（CaM），后者结合TRPM8的C端，引发PKC介导的磷酸化（如Ser1043），导致通道脱敏，终止冷信号传递

五、温度感知的生物学功能

通过皮肤、黏膜及中枢神经系统（如下丘脑）中的温度感受器TRPV1（>43℃）和TRPM8（<25℃）等通道，实时监测内外部温度变化，将温度刺激转化为电信号，激活神经冲动，信号传递至下丘脑的温敏神经元（灵敏度

达 0.1℃），通过交感神经调控血管收缩/扩张、汗腺分泌等，或驱动体温调节行为（如寻找遮阴或保暖环境），维持核心体温在 36~37℃。温度感知能力帮助生物应对极端环境，避免热损伤或低温失能。高温激活 TRPV1 通道触发热休克蛋白（HSPs）表达，保护细胞免受蛋白质变性损伤；低温通过 TRPM8 增强冷耐受性，抑制细胞凋亡，促进环境适应与生存。

温度感知与痛觉信号通路交叉，防止组织损伤。高温（>45℃）激活 TRPV1 引发灼烧痛，低温（<17℃）通过 TRPA1 触发冷痛，促使个体逃离危险环境。TRPV1 过度激活可释放神经肽（如 P 物质），加重炎性疼痛，其抑制剂用于治疗慢性疼痛。温度感知机制驱动生物形态和生理特征的适应性进化。寒冷地区动物（如北极狐）遵循贝格曼规律（体型增大）减少散热；沙漠植物叶片具蜡质层反射阳光，降低蒸腾。生理阈值差异：不同物种 TRP 通道激活温度范围各异，如家蝇耐受温度跨度达 39℃（6~45℃），确保生态位分化。

温度感知通过 TRP 通道网络和中枢整合系统，在维持体温平衡、规避环境风险、优化代谢效率及驱动适应性进化中发挥核心作用，是生物生存与繁衍的基础保障。

六、信号的失活

TRPV1 被高温激活后，迅速进入热失活状态（约 10 s 内），通道关闭且对后续热刺激无响应，这一机制可避免持续高温导致的过度痛觉信号传递。

Ca^{2+} 内流激活钙依赖性蛋白酶（如钙调磷酸酶），通过负反馈机制导致 TRPV1 脱敏（如长期辣椒素暴露后受体敏感性降低）。炎症因子（如缓激肽）通过激活 PKC 磷酸化 TRPV1，增强其对热和辣椒素的敏感性，参与慢性疼痛发生。环磷酸腺苷（cAMP）-PKA 通路可调节 TRPV1 的脱敏与再敏化，影响痛觉信号的持续性与可塑性。

七、冷刺激引发的荨麻疹反应实例

受冷或受风的刺激或是春暖接触花粉后在皮肤上时有大小不等的风疹块（团）出现，手摸之会有点发硬的感觉，有痒、胀感，此为风团疹学名荨麻疹，该病是小儿常见的皮肤病。患儿的风疹块突然出现，消失又很快，消失后不留任何痕迹，但又容易复发，一天中可出现数次。荨麻疹可在身体任何部位发生，当消化道受累时，可出现恶心、呕吐、腹痛、腹泻，还可引起喉头水肿、胸闷、憋气、窒息、支气管哮喘，病变侵犯肾脏会出现蛋白尿、手足颜面水肿，这都是很严重的表现。风疹产生的原因之一与瞬时受体电位（TRP）通道家族引起的信号转导相关。

TRPM8 主要感应 8~28℃ 的低温，寒冷刺激通过改变细胞膜脂质环境或直接引起通道蛋白构象变化，激活后 TRPM8 离子通道打开，导致 Ca^{2+}、Na^+ 内流，引发神经末梢去极化和神经冲动的产生。TRPA1 对极低温（<17℃）敏感，同时可被冷诱导的脂质氧化产物所激活，当 TRPA1 被激活后离子通道开放，阳离子内流引起神经细胞动作电位的产生和神经冲动在细胞间传递，进一步放大寒冷信号传导。

离子内流促使动作电位产生，信号经 Aδ 或 C 纤维传递至脊髓背角，最终投射至大脑皮层感知寒冷，寒冷信号同时通过轴突反射逆向传递至邻近神经末梢，刺激神经肽（如 P 物质、降钙素基因相关肽）释放。

皮肤神经末梢释放的 P 物质（SP）直接结合肥大细胞表面神经激肽受体（NK1R），NK1R 属于 G 蛋白偶联受体（GPCR）家族，受体胞内环与 G 蛋白（如 Gαq）偶联激活磷脂酶 C（PLC）信号通路。Gαq 激活 PLCβ，催化膜磷脂 PIP2 分解为 IP3（三磷酸肌醇）和 DAG（二酰基甘油）。IP3 促进内质网释放 Ca^{2+}，DAG 激活蛋白激酶 C（PKC），Ca^{2+} 信号通过钙调蛋白依赖性激酶（CaMK）激活肥大细胞内 v-SNARE 复合体，促使颗粒膜与细胞膜融合（颗粒膜上 v-SNARE 和细胞膜上 t-SNARE 相互识别和作用），释放预存介质组胺、TNF-α 等促炎因子。NK1R 激活可诱导角质形成细胞分泌 IL-8、γ 干扰素等细胞因子，放大局部炎症反应诱导肥大细胞脱颗粒。

蛋白酶激活受体 2（PAR2）的 N 端具有被蛋白酶切割的激活位点，SP 通过其酶活性（SP 丝氨酸蛋白酶活性直接切割 PAR2 的 N 端）或间接激活肥大细胞释放的类胰蛋白酶，切割 PAR2 后暴露的肽段作为"栓系配体"与受体跨膜结构域结合，触发信号传导。PAR2 主要偶联 Gαq/11 蛋白，通过激活磷脂酶 C（PLC）催化生成 IP3 和 DAG，进而升高细胞内 Ca^{2+} 浓度并激活蛋白激酶 C（PKC），Ca^{2+} 信号通过 CaMK 增强肥大细胞脱颗粒敏感性，促进组胺、白三烯等预存介质释放。

组胺通过激活血管内皮细胞膜上 H1 受体（GPCR，主要分布于毛细血管和小静脉），偶联 Gq 蛋白，激活磷脂酶 C（PLC），生成 IP3 和 DAG，导致细胞内 Ca^{2+} 浓度升高，诱导平滑肌短暂收缩后松弛；同时组胺通过激活 H2 受体（分布于小动脉），偶联 Gs 蛋白，激活腺苷酸环化酶（AC），升高 cAMP 水平，激活蛋白激酶 A（PKA），促进平滑肌松弛和血管扩张。血管通透性增高导致细胞间连接间隙增大，血浆成分渗入组织间隙，引发水肿；血管扩张导致血流量增加，引起皮肤潮红和红斑形成。缓激肽通过激活内皮细胞，延长炎症反应时间，导致迟发性风团；前列腺素与白三烯通过 Gs 蛋白激活腺苷酸环化酶（AC），升高细胞内 cAMP 水平，激活蛋白激酶 A（PKA），导致血管平滑肌松弛；cAMP 还可抑制肌球蛋白轻链激酶（MLCK），减少肌球蛋白磷酸化，进一步抑制平滑肌收缩增强血管扩张效应，促进中性粒细胞浸润，加剧组织水肿，风团范围扩大、持续时间延长。

冷风→TRPM8/TRPA1→Ca^{2+}/Na^+ 内流→细胞去极化→神经细胞末梢释放神经肽（如 P 物质、降钙素基因相关肽）→肥大细胞膜上受体 P 物质受体 NK1R（GPCR）→Gαq→PLCβ→PIP2→IP3/DAG→CaMK/PKC→肥大细胞脱颗粒（v-SNARE 和 t-SNARE）→组胺/前列腺素/白三烯等→血管内皮细胞上组胺受体→Gs/Gq→平滑肌松弛→血管舒张和通透性升高→组织水肿→荨麻疹。

寒冷刺激可能通过瞬时受体电位（TRP）通道（如 TRPA1、TRPM8）影响皮肤神经末梢，触发肥大细胞脱颗粒反应，促使其释放组胺、白三烯等炎症介质，组胺等通过血管内皮细胞组胺受体引发血管扩张、通透性增加及局部水肿，形成风团和瘙痒。

第七节　神经感知压力的信号通路

一、机械压力感受

美国分子生物学家帕塔普蒂安（Ardem patapoutian）与合作团队鉴定出一种细胞系，当用微量移液头戳中单个细胞时，它们都会发出一个可测量的电信号。他们首先假设被机械力激活的感受器是一种离子通道受体，随后识别出编码该受体的 72 个候选基因。他们通过将细胞中这些基因一一沉默，以寻找在这个细胞系中负责感知机械力的基因并成功确定了一个基因，当它被沉默之后，细胞对微量移液头的戳刺不再敏感。自此他们发现了一种全新的、对机械力敏感的离子通道，并以希腊语中表示"压力"的词汇，将其命名为 Piezo1（图 4-15）。他们还发现了一个与 Piezo1 相似的基因，并将其命名为 Piezo2，它在感觉神经元中处于高表达水平。通过进一步研究，他们证实 Piezo1 和 Piezo2 是离子通道受体，对细胞膜施加压力可直接激活这两种受体，Piezo2 在感知身体位置和运动（也称为本体感觉）中发挥着关键作用。此外，Piezo1 和 Piezo2 已被证明参与调控血压、呼吸和排尿等其他重要的生理过程。此后在多种细胞上都发现存在此类离子通道，即"压力感受器"。让人们开始意识到压力感知在触觉、疼痛、血压调节和本体感觉等方面的价值和作用。

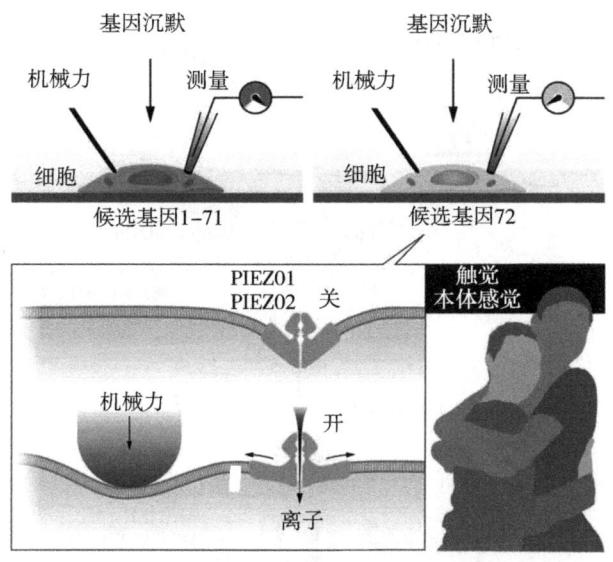

图 4-15　Piezo1 离子通道结构模型与机械力感知假说

二、压力感受器——压力受体

Piezo1 是机械敏感离子通道家族的核心成员，属于同源三聚体跨膜蛋白，每个亚基包含 38 次跨膜螺旋，总计 114 次跨膜区的形式组装形成独特的跨膜纳米曲率结构。Piezo1 通道的跨膜区以大曲度、而非平面形式存在，这可能是 Piezo 通道能有效感知细胞膜张力变化的重要结构基础之一。其整体结构呈现三聚体三叶螺旋桨状结构，可分为三个功能模块：①外周曲臂结构域（桨叶部分）：由共 9 个重复性的、以 4 次跨膜区为基础的结构单元串联构成的三叶螺旋桨状结构，3 根长约 90 Å 的长杆结构将远端桨叶区连接到中心孔道区部分，外周跨膜螺旋单位作为机械力感受器、而"长杆"作为机械传递装置，通过形变感知机械力刺激，从而完成其精细机械力感知与传递的机械门控机制；②中央孔道模块：包含选择性滤器和门控元件，中心为控制离子通透的孔道部分，包含"帽子"结构域（Cap）、IH 与 OH 组成的跨膜孔道以及胞内羧基端部分（CTD）所组成的三个侧向离子出口（portals），负责阳离子（如 Ca^{2+}、Na^+）的跨膜转运；③C 端胞内结构域：参与通道失活调节和信号传导（图 4-16）（Xiao，2024）。

Piezo1 是一种机械敏感性阳离子通道，存在关闭态、开放态、失活态三种构象，通过结构形变实现机械力信号转导。关闭态（Resting/closed state）是

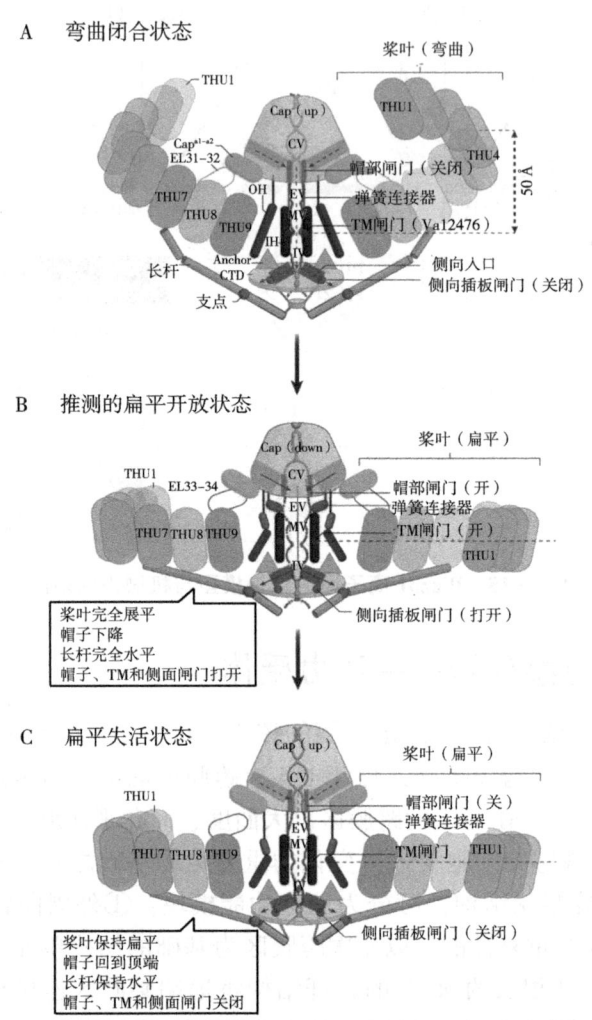

图 4-16 Piezo1 的独特结构和功能状态以及动态门控模型

（图片来源：Xiao，2024）

指在没有适当机械刺激时，通道处于非导电的构象（图 4-16A）。关闭状态下，中央孔区被疏水残基或结构域阻塞，防止离子通透，嵌在细胞膜中的桨叶呈现往细胞外高度弯曲的状态。帽结构（Cap）可能通过稳定跨膜区的构象，协助维持关闭态。在静息状态下，膜张力较低，不足以引发构象变化。

当膜受外力变形时，膜拉伸或局部曲率变化（如牵张力、血流剪切力、细胞形变），力通过 Piezo1 的桨叶结构传递，导致跨膜螺旋（TM38）向外移动，中央孔扩张（直径 10~15 Å），允许离子选择性通透（$PN_a^+/PC_a^{2+} \approx 0.8~1.2$），Piezo1 从关闭态转为开放态（图 4-16b）。Ca^{2+} 内流触发下游信号（如 NO 释放、血管舒张）。Piezo1 离子通道的开放在触觉、血压调节、红细胞体积维持中起关键作用。

失活态是通道孔关闭且对机械刺激无响应（短暂 Refractory period）（图 4-16C）。不同于关闭态，失活态需时间或负向膜张力恢复敏感性。开放态流入的 Ca^{2+} 结合通道（如 C-terminal EF-hand 域）或激活钙调蛋白（CaM），促使构象稳定在失活态（Ca^{2+} 依赖性失活）。机械力解除膜张力释放后，桨叶结构松弛但未完全复位，时间依赖性（数百毫秒至数秒）。膜负极或负向张力（如细胞回缩）可能加速恢复。

外力（如压力或膜曲率变化）作用于细胞膜时，外周曲臂结构域发生纳米级形变（曲率变化），Piezo1 蛋白发生构象变化，从弯曲状转变为平展状，从而扩张膜面积，触发中央孔道开放，这一过程允许 Ca^{2+}、Fe^{2+} 等阳离子内流，触发下游信号。开放态通道在毫秒内激活，随后通过 C 端结构域调控进入失活态，终止离子内流。膜脂质环境（如磷脂酰肌醇）通过稳定曲臂结构域增强机械敏感性（Liu，2025）。MDFIC/MDFI 蛋白是 Piezo1 的关键结合蛋白，通过 C 端脂化修饰的 α 螺旋插入孔道模块侧面，显著延长通道失活时间，解释内源与外源 Piezo1 门控特性差异。这一调控机制在淋巴管发育、血压调节等生理过程中至关重要。Piezo1 通过三聚体曲臂结构感知机械力，经动态构象转换实现离子通道门控。

小分子激动剂 Yoda1 可直接结合 Piezo1，模拟机械力作用，通过变构效应激活通道，例如 Yoda1 诱导的 Ca^{2+} 内流与机械刺激效果类似。长期机械应力（如椎间盘退变中的异常负荷）可上调 Piezo1 的表达，增强其对机械信号的敏感性，进一步促进阳离子内流和病理进程。Piezo1 能够对各种形式的机械刺激作出反应，包括戳、拉伸、剪切力、基底硬度，以及内源性的细胞牵拉力。

三、细胞感知压力的信号通路及信号传递

外力引起细胞膜张力变化，触发 Piezo1 外周曲臂结构域构象改变，中央孔道开放，导致 Ca^{2+} 和 Na^+ 快速内流。钙信号级联放大：Ca^{2+} 内流激活下游信号分子，包括钙调蛋白（CaM）、钙调磷酸酶（Calcineurin）和 NFAT 通路，调控基因转录与细胞功能（如炎症反应、细胞凋亡）。

1. 细胞活化

在体内，T 细胞活化既是一个机械过程，也是一个生化过程。为了正常激活 T 细胞，需要激活转录因子 NFAT（活化 T 细胞核因子）、NF-κB 和 AP-1

（Activator protein-1）来转录重要的蛋白质和细胞因子，例如肿瘤坏死因子 α（TNF-α）、IL-2 和干扰素 γ（IFN-γ）。

T 细胞在血流或组织微环境中受到流体剪切应力（FSS，$0.5\sim5.0\ \text{dyn/cm}^2$）或细胞间接触的机械力刺激时，Piezo1 通道的跨膜结构域发生构象变化，形成开放的离子通道，导致 Ca^{2+} 快速内流。胞内 Ca^{2+} 浓度升高后与钙调蛋白（CaM）结合，触发 CaM 构象改变，激活下游激酶如 Ca^{2+}/CaM 依赖性激酶（CaMKII）。Ca^{2+} 信号通过 CaMKII 和磷酸酶（如 Calcineurin）分别调控以下通路：①NFAT 通路：Calcineurin 使 NFAT 去磷酸化，促进其核转位，启动 IL-2（白介素 2）、IFN-γ 等细胞因子基因的转录；②NF-κB 通路：CaMKII 通过 IKK 复合体激活 NF-κB，促进促炎因子［如 TNF-α（肿瘤坏死因子 α）、IL-6］的表达；③AP-1 通路：Ca^{2+} 信号激活 MAPK（如 JNK 和 ERK），诱导转录因子 AP-1（c-Fos/c-Jun 异源二聚体）的合成，增强 T 细胞增殖相关基因的表达。胞内 Ca^{2+} 浓度升高使蛋白激酶-70（ZAP70）磷酸化，pZAP70 与 CD3 结合是 T 细胞活化的必要步骤（图 4-17）。

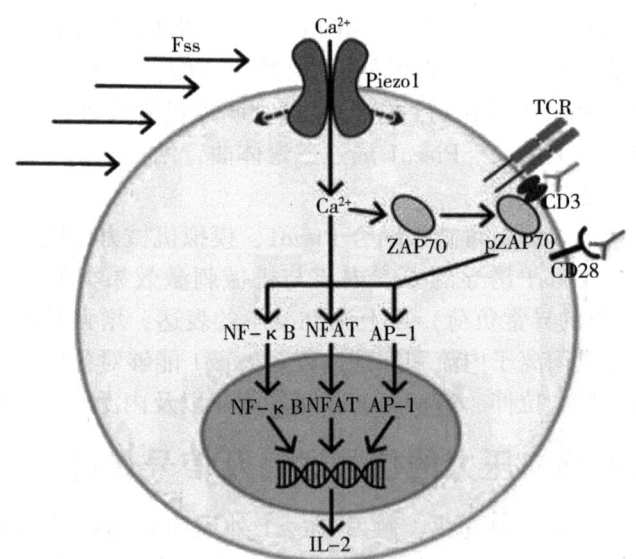

图 4-17　压力感受器介导的信号通路

（图片来源：Hope et al., 2022）

信号通路：压力→Piezo1→Ca^{2+}→CaM→CaMKII→ZAP70 磷酸化/核转录因子（NF-κB、AP-1 和 NFAT 在核中定位，引起 IL-2、TNF-α 和 IFN-γ 合成）。ZAP70（Zeta 链相关蛋白激酶 70）是一种在免疫细胞信号转导中起关键作用的酪氨酸激酶，是 T 细胞活化的核心分子，磷酸化的 ZAP70 与 CD3 结合激活磷脂酶 Cγ（PLCγ），促进 IP3 释放和内质网 Ca^{2+} 动员，与 Piezo1 介导的 Ca^{2+} 内流协同放大 NFAT 活性。TNF-α 主要由活化的巨噬细胞和 T 细胞产生，能够引起急性炎症反应，如血管扩张、通透性增加等。它还能促进其他细胞（如成纤维细胞、内皮细胞）分泌更多的细胞因子和基质成分，从而参与慢性炎症过程。此外，TNF-α 还参与了免疫系统的许多其他方面，包括调节白细胞的生成、诱导细胞凋亡以及参与某些自身免疫性疾病的发生。IL-2 由活化的 T 细胞产生，能够促进 T 细胞的增殖和分化，增强自然杀伤细胞的活性，并且对 B 细胞的抗体产生也有促进作用。IL-2 还能调节 T 细胞亚群的比例，维持免疫系统的平衡。IFN 称为干扰素，它是一组活性蛋白质，是糖蛋白和由单核细胞以及淋巴细胞产生的细胞因子，具有抗病毒但并不会影响细胞生长和分化，以及调节免疫功能的生物细胞活性，能够使细胞对病毒感染产生抗体性，从而阻止和限制病毒感染，是目前来说最主要的抗病毒感染和抗肿瘤的物品。

NFAT 不仅驱动细胞因子分泌，还促进免疫突触的形成，增强 T 细胞与抗原呈递细胞（APC）的稳定接触，提升抗原识别效率。NF-κB 与 AP-1 在启动子区域形成复合物，协同激活 IL-2、IL-6 等基因的转录，放大 T 细胞活化的炎症信号。

2. 血管内皮细胞感知血压变化的通路

血压升高时，血管壁扩张牵拉内皮细胞膜，通过改变膜张力（牵张力/剪切力）触发 Piezo1/Piezo2 通道构象变化（从弯曲态向平展态转变），直接开放离子通道。可响应 pN 级力学刺激，是血管系统最灵敏的机械传感器之一。Piezo 开放后介导 Ca^{2+} 内流（非选择性阳离子通道），形成局部钙微区（Calcium microdomain），作为核心信号枢纽。NO 依赖性血管舒张：Ca^{2+} 内流激活钙调蛋白（CaM）→ 活化内皮型一氧化氮合酶（eNOS）→ 催化生成一氧化氮（NO）；NO 扩散至血管平滑肌，激活鸟苷酸环化酶（sGC）→ 升高 cGMP → 降低细胞内 Ca^{2+}→ 血管平滑肌松弛→ 快速降低血管阻力，抵消血压升高。

3. Piezo1 调控肠道蠕动的核心机制

在肠道，Piezo1 特异性表达于胆碱能肠神经元（非上皮细胞或肌肉细胞），直接感知肠腔内容物移动产生的压力变化。信号传导：机械力刺激→Piezo1 通道开放→Ca^{2+} 内流→激活神经元→释放乙酰胆碱（ACh）→驱动平滑肌收缩。运动时内脏器官碰撞增加肠道压力→Piezo1 激活→加速蠕动（解释运动后便意增强现象）。急性压力（如束缚应激）通过上调 Piezo1 敏感性促进蠕动,而慢性炎症则破坏此通路。

4. Piezo1 异常激活与疾病关联

持续机械应力（如肿瘤高刚度微环境）导致 Piezo1 过度激活,引发 Ca^{2+} 超载和 T 细胞耗竭；而低 FSS 环境（低流体剪切应力环境,通常低于 4 dyn/cm²）抑制 Piezo1 活性,削弱 T 细胞抗病毒功能。心肌梗死发生时,梗死区机械应力升高→Piezo1 过度激活→ROS 积累→心肌细胞凋亡及成纤维细胞活化。

四、压力感受的生物学意义

Piezo1 作为机械敏感离子通道,通过感知细胞膜张力、压力等机械刺激,触发 Ca^{2+} 内流,将机械信号转化为化学信号,驱动细胞适应性反应。例如,肠道神经元依赖 Piezo1 实时监测肠腔压力变化,调控胃肠蠕动节律。在心肌细胞中,Piezo1 通过 Ca^{2+} 信号介导心脏 Frank-Starling 机制（心脏收缩力随前负荷增加而增强）和 Anrep 效应（压力负荷增加时心肌收缩力适应性提升）,维持心输出量与血流动力学的动态平衡。

Piezo1 激活后通过 Ca^{2+} 依赖通路调节细胞代谢与组织修复,例如在骨骼和心血管系统中,Piezo1 通过调控成骨细胞分化和血管内皮细胞迁移,参与骨重塑与血管生成。此外,其介导的 Ca^{2+} 信号可调节淋巴管发育,影响免疫细胞运输。肠道神经系统通过 Piezo1 感知机械力变化,调控免疫细胞（如巨噬细胞）的浸润与活化,维持肠道免疫稳态。抗肿瘤免疫：T 细胞中 Piezo1 的活性抑制可增强细胞牵引力,提升肿瘤杀伤效能,而阻断 Piezo1 不依赖传统细胞因子途径,提示其非经典免疫调节机制。

五、信号的失活

当机械刺激消失时,膜张力恢复,Piezo1 构象从平展状恢复为弯曲状,通道自发关闭。特异性抑制剂 GsMTx-4 可结合 Piezo1 的叶片结构,使其构象压紧,阻断机械力传导并抑制通道开放。实验表明,GsMTx-4 能显著减少机械应力诱导的 Fe^{2+} 内流和铁死亡。钙依赖性失活,Piezo1 激活后,Ca^{2+} 内流可能通过负反馈机制促进通道失活。

第八节 声音传播中的信号通路

一、声音信号

声音是由物体振动产生的声波并以波的形式振动传播。当演奏乐器、拍打一扇门或者敲击桌面时，他们的振动会引起介质——空气分子有节奏的振动，使周围的空气产生疏密变化，形成疏密相间的纵波，这就产生了声波，这种现象会一直延续到振动消失为止。耳蜗呈螺旋形骨管结构，由前庭阶、鼓阶和蜗管构成，内含外淋巴液和内淋巴液。基底膜上的螺旋器（柯蒂氏器）含毛细胞，负责将机械振动转化为神经电信号。当外界的声波经过外耳道传到鼓膜，鼓膜的震动通过听小骨传到内耳，刺激了耳蜗内对声波敏感的感觉细胞——毛细胞，毛细胞就将声波信息转化为电信息并通过听觉神经传给大脑的听觉中枢，形成听觉。人耳能听到的声音频率范围通常为 20~20 000Hz（表4-4）。

表 4-4 不同生物听觉范围

动物	蝙蝠	海豚	狗	猫	鳄鱼	青蛙	人
听力范围（Hz）	10 000~20 000	7 000~120 000	45~18 000	60~65 000	20~60 000	50~8 000	20~20 000

二、机械门控阳离子通道

毛细胞分为内毛细胞和外毛细胞。内毛细胞位于耳蜗螺旋器的内侧，单列排列，数量较少（约3 000个/耳），主要功能为传递声音信号。外毛细胞位于外侧，3~4列排列，数量较多（约1.2万个/耳），负责放大和调节声音敏感性。毛细胞顶端细胞膜突出形成的纤毛内轴心由肌动蛋白束构成，每个毛细胞顶端边缘大约有100根纤毛。纤毛沿背离蜗轴边逐渐变长，最长的一侧纤毛为动纤毛，通常为单根、较长且具有微管核心结构；其余短纤毛为静纤毛，较短、呈阶梯状排列，短纤毛顶端借助顶连接细丝（Tip links）与邻近的长纤毛相互附着，短纤毛顶端总是偏向长的一边。

在毛细胞静纤毛的顶部有机械门控阳离子通道（属于TRPV家族成员），每个毛细胞上大约有100个换能通道。通道通常由多个亚基构成，每个亚基具有特定的结构和功能，共同参与通道的开闭调控。通道的机械敏感性与其跨膜蛋白构象密切相关，当毛细胞纤毛受到声波等机械刺激时，通道的构象发生改变，导致离子通透性变化，推测存在连接细丝等物理结构，将机械力传递至通道蛋白，触发开放或关闭（图4-18）。当离子通道开放时，允许带正电荷的 K^+ 等快速移动，进而产生膜电位（Jia et al., 2020）。毛细胞顶端纤毛或与耳蜗盖膜接触，或插入盖膜下表面覆盖的胶状质内，这些纤毛顶端与盖膜通过摩擦将机械振动转化为电信号。静纤毛的排列和连接方式影响其对不同频率声音的响应特性。毛细胞底部与螺旋神经节细胞的周围突形成突触连接，通过释放神经递质传递电信号至中枢神经系统。部分毛细胞（如前额叶皮层神经元）具有初级纤毛，调控压力感知和神经信号传导。

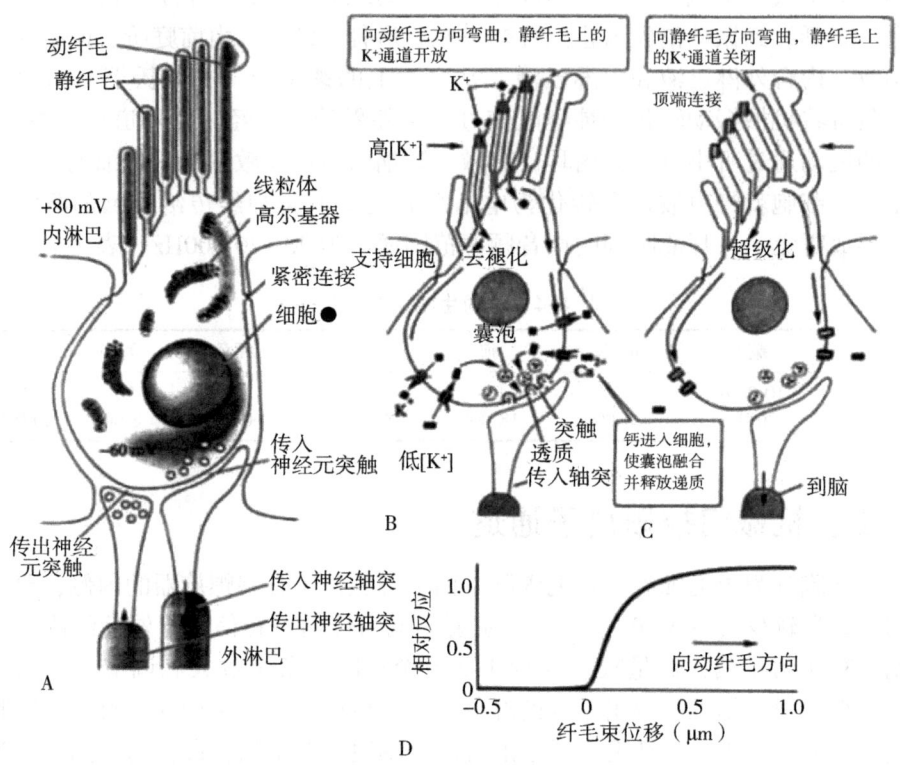

图 4-18　毛细胞激活机制和机械能电能的转换
（图片来源：左明雪，2019）

A. 毛细胞结构；B. 毛细胞纤毛束向动纤毛方向弯曲，K^+通道开启；C. 毛细胞纤毛束向静纤毛方向弯曲，K^+通道关闭；D. 纤毛束位移与毛细胞电导的相对变化关系。

三、声音转化为听觉的信号通路

安静环境状态下，大约15%的离子通道是开放的，此时毛细胞的静息电位为$-70 \sim -60$ mV（图4-18A）。当声音形成的声波传递到内耳，声波引起基底膜振动，使毛细胞顶端的静纤毛随盖膜运动而弯曲，纤毛因受力向长的动纤毛一侧倾斜位移，相邻纤毛的纤维丝产生拉扯，引起静纤毛顶端100~300个机械门控阳离子换能通道开放，使带正电的K^+快速内流（毛细胞是胞外高K^+，跟一般细胞的胞外低K^+不同）引起毛细胞感受器电位的产生，K^+流入毛细胞，导致整个毛细胞去极化，产生了几十毫伏去极化电位，转而激活电压门控的Ca^{2+}通道，Ca^{2+}的流入（图4-18D）。毛细胞本身不产生动作电位，而是产生感受器电位，Ca^{2+}浓度升高促进毛细胞底部的神经递质的释放（内毛细胞的主要兴奋性神经递质为谷氨酸，在毛细胞内有许多谷氨酸的突触囊泡）。释放的谷氨酸与螺旋神经节神经元（听觉传入纤维）突触后膜上的谷氨酸受体（如 AMPA/NMDA 受体）结合，引发 Na^+ 内流，导致突触后膜去极化（动作电位形成）。突触后电信号通过螺旋神经节神经元的轴突以局部电流形式传导至听觉中枢，完成听觉信号传递（表 4-5）。谷氨酸释放量受 Ca^{2+} 内流强度的调控，与声波刺激强度呈正相关，实现声音信号编码的精准性（图 4-18B）。反之，当阴性刺激（如反向机械力）使毛细胞纤毛向短纤毛一侧位移时，静纤毛尖端与相邻纤毛间的连接丝松弛，导致纤毛顶端机械门控离子通道关闭，同时也关闭了静息期间大约 15% 保持开放的换能通道，导致 K^+ 外流增加，引发细胞膜快速超极化，此时毛细胞膜电位低于静息水平（-120 mV）（图 4-18C）。膜的超极化抑制电压门控 Ca^{2+} 通道的开放和突触前囊泡释放谷氨酸的量显著降低，听觉传入纤维的突触后去极化反应减弱，减少听神经纤维的冲动发放，听觉信号传递被抑制（图 4-18C）。信号通路：声波刺激→耳蜗基底膜共振→毛细胞纤毛受力牵拉→离子通道开放→K^+ 内流→毛细胞去极化→电压门控 Ca^{2+} 通道打开→Ca^{2+} 内流→突触囊泡释放 Glu 递质→听觉传入神经元上 Glu 受体（AMPA/NMDA）激活→Na^+ 快速内流引发突触后膜去极化→神经冲动传入神经中枢→听觉。

表 4-5 超极化与去极化构成毛细胞的双向电位响应机制

细胞膜电位	触发条件	纤毛运动方向	离子流动方向	神经递质释放	听觉信号编码作用
去极化	有效声波刺激	静纤毛正向弯曲（朝向动纤毛）	K^+ 内流为主	促进 Glu 释放	启动神经冲动，传递声波相位信息
超极化	内淋巴液流动方向改变等	静纤毛反向弯曲（远离动纤毛）	K^+ 外流为主	抑制 Glu 释放	抑制背景噪声，增强信号对比度

四、信号的失活（信号恢复）

用荧光标记的实验方法（Flu3，一种钙离子探针），发现这些钙通道分布在内毛细胞侧底部称为突触前膜兴奋区（Presynaptic active zones）的部位。Ca^{2+} 浓度的增高，可进一步促使钙依赖性 K^+ 通道的开放，使 K^+ 外流（内高外低），从而使毛细胞电位复极化，完成一个兴奋性周期（图 4-18B）。内毛细胞的电压依赖型 Ca^{2+} 通道对毛细胞产生感受器电位至关重要，对这些钙通道的特点有许多表达（图 4-18B）。

五、声音特色在信号转导的调节

声音的特性包括音调、响度和音色。音调是指声音的高低，它取决于声波的频率。频率越高，音调越高；频率越低，音调越低。人类可以听到的音调范围大致在 20~20 000 Hz。响度是指声音的强弱，它取决于声波的振幅，振幅越大，响度越大；振幅越小，响度越小。另外，距离发声体越远，响度也会越小。音色是指声音的品质，它取决于声波的波形；波形不同，音色也会有所不同。例如，同样是 C 音，钢琴弹出来的声音和吉他弹出来的声音是不同的，这是因为它们的波形不同。

声音的频率决定了音调的高低（如低音或高音），毛细胞通过位置编码和时间编码区分频率。位置编码（Place coding）：耳蜗的基底膜（从蜗底到蜗顶逐渐变宽）在不同位置对不同频率的声波产生最大共振，高频振动（如尖锐声）发生在基底膜的起始部位、主要激活耳蜗基底部的毛细胞；低频振动（如低音鼓声）则发生在基底膜的更远部分、激活顶端附近的毛细胞；基底膜振动的频率与进入耳的声波频率相同。这种"位置-频率"对应关系称为音调拓扑（Tonotopy）。

时间编码（Temporal coding）：对于低频声音（<1 000 Hz），毛细胞通过同步放电频率与声波频率匹配来传递信息（称为相位锁定）。由于低频声波波长较长，头部对声波的阻碍作用较小，双耳接收到的声音强度差异较小。此时神经元主要依赖时间差而非强度差进行声源定位。高频声波的频率过高（如 4 000 Hz），神经元的放电频率无法与声波周期同步，此时听觉系统通过基底膜上毛细胞的位置选择性激活来传递频率信息。

声音的强度（振幅）决定响度，毛细胞的编码方式包括：①放电频率：声波振幅越大，毛细胞纤毛偏折程度越大，产生的神经冲动频率越高；②激活毛细胞的数量：强声音会激活更多毛细胞（包括对阈值要求较高的细胞），通过神经纤维的汇总传递更强的信号。

音色由声音的谐波成分（泛音）决定，毛细胞通过以下机制解析：①频谱分解：耳蜗基底膜的不同区域分离声音的基频和谐波成分（如钢琴和小提琴演奏同一音高时，谐波分布不同）。这些成分被不同毛细胞群检测，通过神经模式传递到大脑整合；②时间模式分析：毛细胞对声音波形的瞬时变化（如起音、衰减）敏感，这些时间特征帮助区分音色。

声音刺激导致听神经产生神经冲动，并将产生的神经冲动以不同的组合形式在神经纤维中的传输，包括在同一纤维上按时间程序进行不同组合—时间构型（Temporal pattern）和在一组纤维中按空间进行组合空间构型。

六、听觉障碍和人工耳蜗

一些基因突变或家族遗传导会致听觉器官发育异常,①编码缝隙连接蛋白 Connexin 基因(如 *Gap junction protein beta 2*,*GJB2* 基因)突变导致内耳钾离子循环障碍,破坏毛细胞功能,引发先天性重度耳聋(占遗传性耳聋 50% 以上),其遗传模式属常染色体隐性遗传(双拷贝突变致病);②编码碘转运蛋白 Pendrin 的 *SLC26A4*(*Solute carrier family 26 member 4*)基因突变引起内淋巴液离子失衡,导致前庭导水管扩大综合征(LVAS),轻微外伤可诱发突发性听力下降,遗传模式为常染色体隐性遗传;③编码耳畸蛋白(Otoferlin)的 *OTOF* 基因突变影响毛细胞与听神经突触间的神经递质释放,导致先天性极重度耳聋(DFNB9 型),占遗传性耳聋 2%~8%;④肌球蛋白 VIIA 调控毛细胞纤毛运动,其编码基因(*MYO7A*)突变导致 Usher 综合征(耳聋伴视力丧失)或非综合征型耳聋;编码 12S rRNA 线粒体基因突变使线粒体蛋白质合成障碍,导致氨基糖苷类抗生素敏感性耳聋(一针致聋),遗传模式为母系遗传(仅女性传递)。除了基因突变和遗传因素外,还有许多外界因素影响听力的正常,如孕期母体感染(如梅毒)、接触耳毒性药物(氨基糖苷类抗生素)或放射线;产期分娩损伤、缺氧等导致内耳结构受损。还有一些人因年龄增长导致耳蜗毛细胞凋亡、听神经功能减退;或因血管疾病:高血压、动脉硬化等影响内耳微循环,加剧听力损失。

对于助听器无效的重度耳病患者可进行人工耳蜗治疗。人工耳蜗由体外部分和植入部分组成,其中体外部分:麦克风采集声音,言语处理器编码为电信号,发射线圈传输至体内;植入部分:接收线圈解码信号,电极阵列刺激听神经,替代受损毛细胞功能。具体信号传递过程:声波→电信号编码→神经刺激→大脑解析为听觉感知。通过多通道电极模拟自然耳蜗的频率选择特性,但现有人工耳蜗电极数量(≤24 通道)远低于正常耳蜗毛细胞(约 3 500 个),导致声音细节还原不足。

参考文献

常盛，2008. PI3K/Akt 信号通路与胰岛素抵抗的研究进展 [J]. 中医药导报，14（7）：113-116.

雷鸣，苏映军，王钠，等，2016. 泌乳素及其受体的研究进展 [J]. 现代生物医学进展，10：1979-1983.

李华，林葵，吴更，2011. PDZ 结构域的结构特点和其识别特异性配体的机制 [J]. 中国生物化学与分子生物学报，27（12）：1107-1112.

李琦，胡红雨，2001. WW 结构域-蛋白质-蛋白质相互作用的一种模式 [J]. 生物化学与生物物理进展，28（3）：333-336.

刘瑾，张文昌，2007. 1,25-二羟维生素 D3 与维生素 D 受体的研究 [J]. 海峡预防医学杂志（2）：29-31.

刘玲玉，2006. 信号转导蛋白的调节性结合结构域研究进展 [J]. 阴山学刊（自然科学版），2：36-38.

彭镜，吴蕾，张慈柳，等，2011. Dynamin-Ⅰ的功能结构域及其在突触囊泡内吞过程中的作用 [J]. 生理科学进展，42（2）：121-124.

齐焰，谢院生，2015. 视黄酸的结构、代谢、受体及其与器官发育的关系 [J]. 中华肾病研究电子杂志，5：35-38.

石宁，2003. 两种 DOK 蛋白 PTB 结构域晶体结构及其相关功能的研究 [D]. 北京：中国协和医科大学.

宋蒙胜，余霄，戎鹏泽，等，2021. 甲状旁腺激素经不同信号通路调节骨代谢的研究进展 [J]. 中国骨伤，6：584-588.

孙逊，朱尚权，1999. 生长激素受体的结构、功能和其信号途径 [J]. 国外医学生理、病理科学与临床分册，19（1）：9-14.

王川，张少玲，2009. 盐皮质激素受体的结构和功能 [J]. 国际内科学杂志，12：730-733，741.

王麟，魏敏杰，金万宝，2006. α-雌激素受体介导的膜信号转导通路

［J］. 生命的化学, 6: 526-529.

翟中和, 王喜忠, 丁明孝, 等, 2011. 细胞生物学［M］. 4版. 北京: 高等教育出版社.

张瑞华, 李丽琴, 王惠芳, 等, 2003. A-型γ氨基丁酸受体结构及其有关药物［J］. 生命的化学, 23 (6): 441-443.

张志文, 2010. 激素第二信使cAMP的发现［J］. 生物学通报, 45 (7): 59-62.

左明雪, 2019. 人体及动物生理学［M］. 4版. 北京. 高等教育出版社.

Aaldijk E, Vermeiren Y, 2022. The role of serotonin within the microbiota-gut-brain axis in the development of Alzheimer's disease: a narrative review ［J］. Ageing Research Reviews, 75: 101556.

Avena N M, Rada P, Hoebel B G, 2008. Evidence for sugar addiction: behavioral and neurochemical effects of intermittent, excessive sugar intake ［J］. Neuroscience & Biobehavioral Reviews, 32 (1): 20-39.

Basak S, Gicheru Y, Rao S, et al., 2018. Cryo-EM reveals two distinct serotonin-bound conformations of full-length 5-HT3A receptor ［J］. Nature, 474: 54-60.

Bohnen N I, Yarnall A J, Weil R S, et al., 2022. Cholinergic system changes in Parkinson's disease: emerging therapeutic approaches ［J］. The Lancet Neurology, 21 (4): 381-392.

Castillo K, Diaz-Franulic I, Canan J, et al., 2018. Thermally activated TRP channels: molecular sensors for temperature detection ［J］. Physical Biology, 15 (2): 021001.

David J, 2013. TRP Channels and Pain ［J］. Annual Review of Cell and Developmental Biology, 29: 355-384.

Doyle D A, Lee A, Lewis J, et al., 1996. Crystal structures of a complexed and peptide-free membrane protein-binding domain: molecular basis of peptide recognition by PDZ ［J］. Cell, 85 (7): 1067-1076.

Hope J M, Dombroski J A, Pereles R S, et al., 2022. Fluid shear stress enhances T cell activation through Piezo1 ［J］. BMC Biology, 20: 61.

Huang S, Xu P, Shen D D, et al., 2022. GPCRs steer Gi and Gs selectivity via TM5-TM6 switches as revealed by structures of serotonin receptors ［J］. Molecular Cell, 82 (14): 2681-2695.

Jia Y, Zhao Y, Kusakizako T, et al., 2020. TMC1 and TMC2 proteins 1 are pore-forming subunits of 2 mechanosensitive ion channels [J]. Neuron, 105 (2): 310-321.

Kang Y L, Liu R, Wu J X, et al., 2019. Structural insights into the mechanism of human soluble guanylate cyclase [J]. Nature, 574 (10): 206-210.

Laboute T, Zucca S, Holcomb M, et al., 2023. Orphan receptor GPR158 serves as a metabotropic glycine receptor: mGlyR [J]. Science, 79 (6639): 1352-1358.

Li M, Niu X F, Li S, et al., 2023. Intercellular signaling across plasmodesmata in vegetable species [J]. Vegetable Research, 3: 22.

Liu S, Yang X, Chen X, et al., 2025. An intermediate open structure reveals the gating transition of the mechanically activated PIEZO1 channel [J]. Neuron, 113 (4): 590-604.

Pappas T C, Gametchu B, Watson C S, et al., 1995. Membrane estrogen receptors identified by multiple antibody labeling and impeded ligand binding [J]. The FASEB Journal, 9 (5): 404-410.

PietrasR J, Szego C M, 1977. Specific binding sites for oestrogen at the outer surfaces of isolated endometrial cells [J]. Nature, 265: 69-72.

Rzandi M, Pedram A, Greene G L, et al., 1999. Cell membrane and nuclear estrogen receptors (ERs) originate from a single transcript: studies of ERα and ERβ expressed in Chinese hamster ovary cells [J]. Molecular Endocrinology, 13 (2): 307-319.

Sekhoacha M, Riet K, Motloung P, et al., 2022. Prostatecancer review: genetics, diagnosis, treatment options, and slternative spproaches [J]. Molecules, 27 (17): 5730.

Song R X, McPherson R A, Adam L, et al., 2002. Linkage of rapid estrogen action to MAPK activation by ERalpha-Shc association and Shc pathway activation [J]. Molecular Endocrinology, 16 (1): 116-127.

Wang S, Xie Y, Huo Y W, et al., 2020. Airway relaxation mechanisms and structural basis of osthole to improve lung function in asthma [J]. Science Signaling, 13 (659): eaax0273.

War S P G, Yetshanskaya M V, Nadezhdin K D, et al., 2024. Kainate receptor channel opening and gating mechanism [J]. Nature, 630: 762-768.

Weikum E R, Xu L, Ortlund E A, 2018. The nuclear receptor superfamily: a structural perspective [J]. Protein Science, 27 (11): 1876-1892.

Xiao B L, 2024. Mechanisms of mechano transduction and physiological roles of PIEZO channels [J]. Nature reviews: molecular cell biology, 11: 886-903.

Zhao L H, Ma S S, Sutheviciute L, et al., 2019. Structure and dynamics of the active human parathyroid hormone receptor-1 [J]. Science, 6436: 148-153.

缩略语表

英文名称	中文名称	英文名称	中文名称
Acetylcholine, Ach	乙酰胆碱	Hypothalamus-pituitary-gonadal axis, HPG 轴	下丘脑-垂体-性腺轴
Adrenaline, Epinephrine, AD	肾上腺素	Insulin	胰岛素
Adrenocorticotropic hormone, ACTH	促肾上腺皮质激素	Insulin-like growth factor receptor, IGFR	胰岛素样生长因子受体
Androgen receptor, AR	雄激素受体	Interferon, IFN	干扰素
Antidiuretic hormone, ADH	抗利尿激素	Interleukin, IL	白细胞介素
Bone morphogenetic proteins, BMP	骨形成蛋白	Leukemiainhibitory factor, LIF	白血病抑制因子
Calcitonin gene-related peptide, CGRP	降钙素基因相关肽	luteinizing hormone, LH	促黄体生成素
Calmodulin, CaM	钙调蛋白	Male hormones	雄激素
Colony-stimulating factor, CSF	集落刺激因子	Mineralocorticoid receptor, MR	盐皮质激素
Corticotropin releasing hormone, CRH	促肾上腺皮质激素释放激素	Melatonin	褪黑素
Erythropoietin, EPO	促红细胞生成素	Nervegrowth factor, NGF	神经生长因子
Epidermal growth factor, EGF	表皮生长因子	Norepinephrine, NE 也称 Noradrenaline, NA	去甲肾上腺素
Estrogen	雌激素	Nuclear receptor, NR	核受体
Estrogen receptor, ER	雌激素受体	Oncostatin M, OSM	抑瘤素 M
Fibroblast growth factor, FGF	成纤维细胞生长因子	Parathyroid hormone, PTH	甲状旁腺激素

(续表)

英文名称	中文名称	英文名称	中文名称
Follicle-stimulating hormone, FSH	促卵泡刺激素	Platelet-derived growth factor, PDGF	血小板衍生的生长因子
Gastrin	胃泌素	Progestin	孕激素
Gaba	γ-氨基丁酸	Progesterone receptor, PR	孕酮受体
Gabar	γ-氨基丁酸受体	Prolactin, PRL	催乳素
G-cyclase, sGC	可溶性鸟苷酸环化酶	Retinoic acid receptors, RARs	视黄酸受体
G protein-coupledreceptor, GPCR	G蛋白偶联受体	Retinoid X receptor, RXR	视黄醇X受体
Glucocorticoids, GC	糖皮质激素	Substance P	P物质
Glucocorticoid receptor, GR	糖皮质激素受体	Glucocorticoid receptor, GR	糖皮质激素受体
Gonadotropins, Gn	促性腺激素	5-Hydroxytry-Ptamine, 5-HT	5-羟色胺
Gonadotropin-releasing hormone, GnRH	促性腺激素释放激素	Thyroid hormone, TH	甲状腺激素
Growth hormone release inhibiting hormone, GHRIH	生长抑素	Thyroid hormone receptors, TRs	甲状腺激素受体
Glucagon	胰高血糖素	Thyroid stimulating hormone, TSH	促甲状腺激素
Guanine nucleotide-exchange factor, GEF	鸟苷酸交换因子	Thyrotropin releasing hormone, TRH	促甲状腺激素释放激素
Hepatocyte growth factor, HGF	肝细胞生长因子	Transient receptor potential, TRP	瞬时受体电位
Hormone response element, HRE	激素反应元件	Tumor necrosis factor, TNF	肿瘤坏死因子
Hypothalamic-pituitary-adrenal axis, HPA轴	下丘脑-垂体-肾上腺轴	Vasoactiveintestinal peptide, VIP	血管活性肠肽
Humangrowth hormone, HGH	生长激素	Ventral periventricular nucleus, VPN	下丘脑室旁核

本书著者发表的学术论文

1. Ding H D, Zhang A Y, Wang J X, Lu R, Zhang H, Zhang J H, Jiang M Y. Partial purification, identification and characterization of an ABA-activated 46 kDa mitogen-activated protein kinase from maize (*Zea mays*) leaves [J]. Planta, 2009, 230: 239-251.

2. Lin F, Ding H D, Wang J X, Zhang H, Jiang M Y. Positive feedback regulation of maize NADPH oxidase by mitogen-activated protein kinase cascade in abscisic acid signaling [J]. Journal of Experimental Botany, 2009, 60: 3221-3238.

3. Wang J X, Ding H D, Zhang A Y, Ma F F, Cao J M, Jiang M Y. A Novel MAP kinase gene in maize (*Zea mays*), *ZmMPK3*, is involved in response to diverse environmental cues [J]. Journal of Integrative Plant Biology. 2009, 52, 442-452.

4. Wang J X, Wang Q, Li J R, Shen Q Q, Wang F, Wang L. Cadmium induces hydrogen peroxide production and initiates hydrogen peroxide-dependent apoptosis in the gill of freshwater crab, *Sinopotamon henanense* [J]. Comparative Biochemistry and Physiology, Part C: Toxicology & Pharmacology, 2012, 156: 195-201.

5. Wang J X, Zhang P P, Shen Q Q, Wang Q, Liu D M, Li J, Wang L. The effects of cadmium exposure on the oxidative state and cell death in the gill of freshwater crab *Sinopotamon henanense* [J]. Plos One, 2013, 8 (5): e64020.

6. Wang J X, Wang Q, Liu N, Jin W, Wang L, Zhou F. Hydrogen peroxide leads to cell damage and apoptosis in the gill of freshwater crab Sinopotamon henanense (Crustacea, Decapoda) [J]. Hydrobiologia, 2014, 10.1007/s10750-013-1760-x.

7. Wang J X, Zhang P P, Liu N, Wang Q, Luo J X, Wang L. Cadmium in-

duces apoptosis in freshwater crab sinopotamon henanense through activating calcium signal transduction pathway [J]. Plos One, 2015, 10 (12): e0144392.

8. Liu J X, Wang J X, Lee S C, Wen RY. Copper-caused oxidative stress triggers the activation of antioxidant enzymes via ZmMPK3 in maize leaves [J]. Plos One, 2018, 13 (9): e0203612.

9. Li X, Wang J, Qu Y, Li Y, Humaira Y, Muhammad S, et al. Comparison of storage and lignin accumulation characteristics between two types of snow pea [J]. Plos One, 2022, 17 (7): e0268776.

10. 王金香, 蒋明义, 马芳芳, 丁海东. 玉米促分裂原激活蛋白激酶ZmMPK7的表达特性及功能分析 [J]. 南京农业大学学报, 2011, 34: 68-73.

11. 王金香, 王兰. 华溪蟹几丁质的提取与壳聚糖的制备 [J]. 食品工业科技, 2005, 26: 109-111.

12. 张娉娉, 王金香, 郎兴萍, 井维鑫, 王兰. 钙信号对镉诱导河南华溪蟹细胞凋亡的调控 [J]. 环境科学学报, 2014, 34 (6): 1621-1627.

13. 王金香, 王艳芝, 幸丽璇, 刘建霞, 王润梅. 赤霉素对盐胁迫下绿宝糯黍子幼苗根生长及渗透调节的影响 [J]. 作物杂志, 2022, 6: 98-104.

14. 王金香, 幸丽璇, 王艳芝, 周利青, 王志超. 赤霉素对盐胁迫诱导黍子幼苗根氧化损伤的影响 [J]. 天津农业科学, 2022, 11: 1-6.

15. 高昆, 王金香, 张萌. 大同市PM (2.5) 和PM (10) 浓度变化特征及其与气象因子的关系 [J]. 山西大同大学学报 (自然科学版). 2023, 6: 75-80.